中国罗非鱼产业经济研究

主　编：袁永明
副主编：代云云　张红燕

海洋出版社

2017年·北京

图书在版编目(CIP)数据

中国罗非鱼产业经济研究 / 袁永明主编. —北京：
海洋出版社, 2017.6
ISBN 978-7-5027-9783-6

Ⅰ. ①中… Ⅱ. ①袁… Ⅲ. ①罗非鱼－水产养殖业－
研究－中国 Ⅳ. ①S965.125

中国版本图书馆CIP数据核字(2017)第121001号

责任编辑：赵 武 黄新峰
责任印制：赵麟苏

海洋出版社 出版发行
http://www.oceanpress.com.cn
北京市海淀区大慧寺路 8 号 邮编：100081
北京画中画印刷有限公司印刷 新华书店北京发行所经销
2017年6月第1版 2017年6月第1次印刷
开本：787mm×1092mm 1／16 印张：15
字数：290千字 定价：78.00元

发行部：010-62132549 邮购部：010-68038093 总编室：010-62114335
海洋版图书印、装错误可随时退换

目　录

导　言

第一章　世界罗非鱼生产与贸易分析

第二章　中国罗非鱼生产发展分析

第三章 中国罗非鱼加工与流通分析

第四章 中国罗非鱼国内市场消费分析

第五章　中国罗非鱼进出口贸易分析

第六章　中国罗非鱼产业国际竞争力分析

第七章　中国罗非鱼产业发展组织模式分析

导　言

1950 年世界罗非鱼产量为 1590 吨，2012 年为 515 万吨，年均增长率为 8.38%。2012 年中国罗非鱼产量为 155 万吨，占全世界总产量的 30%，2014 年罗非鱼产量为 170 万吨。中国已连续多年成为世界罗非鱼生产与消费第一大国，具有举足轻重的地位。因此，在国家罗非鱼产业技术体系项目的支持下，本书以中国罗非鱼产业经济发展为主要研究对象，对罗非鱼产业生产环节、加工环节、流通环节、消费环节、贸易环节与产业组织进行分析，总结出罗非鱼产业发展的现状与存在的问题，对于促进中国罗非鱼产业健康稳定发展具有重要的理论意义和现实意义。

第一节　研究意义

渔业是农业的重要组成部分，随着渔业的不断发展，其在国民经济中的地位越来越重要，不仅满足了人类社会生存和发展的食物需要，为人类提供优质蛋白源，还为相关产业发展提供加工原料。这一功能是渔业的传统功能也是最基本的功能，对维护中国食物安全、促进社会经济稳定等具有重要作用。

中国 1956 年引进罗非鱼，1978 年开始进行大规模养殖，罗非鱼在经历了从引进、推广到创新等阶段的成长之后，形成了由苗种、成鱼养殖、产品加工、市场流通、国际贸易等行业构成的外向型产业。罗非鱼产业涵盖了一二三产业，产业包括了苗种、成鱼养殖等第一产业，产品加工和饲料、渔药等第二产业以及市场流通、国际贸易、生产服务等第三产业。罗非鱼产业是水产业中效益较高的一个，为国民提供优质动物蛋白、保障国家食物安全、增加国家外汇收入的同时，增加了渔民就业机会，提高了渔民收入水平，推动了饲料、水产品冷藏、加工、物流、渔业装备等相关产业的发展。

罗非鱼产业在中国渔业经济发展中占据十分重要的地位，主要表现在：

（1）产业每年提供 67 万吨鲜活罗非鱼和 40 万吨罗非鱼加工产品，满足国内外市场需求。2014 年中国罗非鱼养殖面积约为 200 万亩[①]，约占全国淡水养殖总面积的 2.6%，总产量为 170 万吨，约占全国淡水养殖总产量的 6.0%，产值达 176.8 亿元，约占全国淡水养殖总产值的 3.7%，产业生产力明显高于其他淡水养殖品种。

（2）产业解决了中国 23.8 万渔业专业人员和 15 万兼业、临时从业人员的就业问题，提高了渔民收入，产业内渔民年均收入超过 3.5 万元。在产业专业人员中，苗种、成鱼养殖业就业人员约 14.9 万人，约占全国海淡水养殖从业人员的 2.2%、产品加工业约 3.4 万人、饲料生产约 1.8 万人、市场流通及服务等约 3.7 万人。

（3）产业每年为中国创造外汇收入超过 15 亿美元。在罗非鱼养殖产量中，其中

---

① 1 平方米 = 0.0015 亩，后同。

60% 的产量用于加工出口，2014 年罗非鱼产品加工出口量约为 40 万吨，出口额为 15 亿美元，占中国水产品出口总额的 8%，其中冻罗非鱼、冻罗非鱼鱼片产品出口贸易额分别占世界罗非鱼该种产品出口总贸易额的 87% 和 83%。产品销往非洲、亚洲、欧洲、北美洲、大洋洲和南美洲六大洲，涵盖 88 个国家和地区。

　　21 世纪以来，中国罗非鱼产业迅猛发展，产业发展的任务从以数量增加为主转向为以质量提高为主的新阶段。同时，中国罗非鱼产业也存在着一些问题，严重影响了产业的持续发展。从外部环境来看，中国罗非鱼产业在国际市场上面临着诸多挑战，尤其是主要进口国对中国罗非鱼产品不断设置新的技术壁垒；从区域分布来看，罗非鱼的生产区域分布不均衡，即使在罗非鱼主产区也存在着地区、部门等之间非常大的差距或差异；从行业来看，苗种与成鱼养殖生产、产品加工、流通运输、市场贸易以及相关行业的环境、资源条件制约因素非常大；从经济运动过程来看，产业生产各个环节（生产、分配、交换、消费）结构不合理。本书从经济学角度出发，探索罗非鱼产业发展的规律，在对历史数据进行详细分析的基础上，对罗非鱼产业生产环节、加工环节、流通环节、消费环节、贸易环节与产业组织进行概况总结，指导罗非鱼产业的发展，促进产业结构优化升级、产业布局和产业组织合理化。因此，本书对中国罗非鱼产业经济发展的研究，不仅具有一定的理论意义，更具有现实的政策指导意义。

第二节　研究框架

　　本书主要从中国罗非鱼产业经济发展的角度，分析罗非鱼产业发展的现状与存在的问题，探究罗非鱼产业生产环节、加工环节、流通环节、消费环节、贸易环节与产业组织的发展态势，为罗非鱼产业的健康稳定发展提供指导。

　　第一章以世界罗非鱼生产与贸易为研究内容。本章主要分析了世界罗非鱼的生产情况与贸易状况，生产情况的分析主要包括 1991—2012 年世界罗非鱼生产的区域布局及变化，以及世界罗非鱼主产国的发展情况；贸易情况的分析主要以 1990—2011 年世界罗非鱼进出口情况为研究内容，并由此引出中国罗非鱼产业的发展情况。

　　第二章以中国罗非鱼生产发展分析为研究内容。本章主要对 2001—2014 年以来中国罗非鱼生产变化和布局进行概括，总结中国罗非鱼产业的生产规律，同时对罗非鱼养殖的成本收益情况进行分析，从而指出中国罗非鱼未来的生产发展趋势。

　　第三章以中国罗非鱼加工与流通分析为研究内容。本章通过对中国罗非鱼加工业的发展现状、存在问题、产业绩效等方面进行研究，重点分析了中国罗非鱼加工的区域布局、产业化水平、发展趋势等问题。本章还对中国罗非鱼的流通情况进行了分析，主要回顾了中国罗非鱼流通体制的变化，分析了目前的流通现状，揭示了罗非鱼流通过程中存在的问题，并对罗非鱼流通体制中的利益分配进行了探讨。

第四章以中国罗非鱼消费分析为研究内容。本章以中国罗非鱼国内市场与消费情况为分析基础，通过对国内消费量进行核算，总结出中国罗非鱼国内消费的特点。同时从现有文献总结出罗非鱼国内消费的影响因素，并利用辽宁省的调研数据进行实证分析，提出拓展罗非鱼国内市场的营销策略。

第五章以中国罗非鱼进出口贸易分析为研究内容。本章利用2002—2014年中国罗非鱼进出口贸易的数据，对贸易变化情况进行描述，分析了中国罗非鱼出口总量、出口区域和贸易国的变化，同时概括了中国罗非鱼贸易的影响因素，并利用引力模型对贸易影响因素进行实证分析，并对未来贸易趋势给予展望。

第六章以中国罗非鱼产业国际竞争力分析为研究内容。本章通过构建国际竞争力的评价指标对中国罗非鱼产业竞争力进行评价，并对中国罗非鱼产业竞争力的影响因素进行了总结，通过中印罗非鱼产品在美国市场出口竞争力的比较，指出中国罗非鱼产业出口贸易存在的问题与影响因素。

第七章以中国罗非鱼产业发展组织模式为研究内容。本章首先描述了中国罗非鱼产业组织模式发展的背景、演变过程与现状，并在大量实地调研的基础上，总结出不同组织模式的经济效益。通过国外渔业产业组织发展模式的成功经验，从中探索出未来中国罗非鱼产业组织的发展模式。

第一章
世界罗非鱼生产与贸易分析

第一节　世界罗非鱼生产发展分析

罗非鱼原产于非洲，隶属于鲈形目、鲈形亚目、丽鱼科、罗非鱼属。该属有 600 多种，目前被养殖的有 15 种。罗非鱼具有生长快、繁殖力强、食性杂、病害少、抗病力强、适应性强等特点，并且罗非鱼肉质厚、骨刺少，富含多种不饱和脂肪酸，被公认为健康食品，称其为"21 世纪之鱼"。从 1976 年开始，罗非鱼已被联合国粮农组织列为向世界各国推广养殖的鱼类，目前世界上已有 100 多个国家和地区养殖罗非鱼。

一、世界罗非鱼生产历史

罗非鱼作为世界主要养殖鱼类，是世界动物性蛋白质的主要来源之一，在国际水产品流通和贸易方面占据举足轻重的地位。

尼罗罗非鱼（Oreochromis niloticus）原产地是非洲，主要分布在布基纳法索、喀麦隆、乍得、科特迪瓦、埃及、冈比亚、加纳、几内亚、利比里亚、马里、尼日尔、尼日利亚、塞内加尔、塞拉利昂、苏丹和多哥。早在 1757 年，瑞典的著名生物学家林奈，第一个为尼罗罗非鱼定名，它属于罗非鱼中的一个种。罗非鱼是非洲鱼类中比较大的一个"家族"，共有 116 个种，其中以尼罗罗非鱼的个体较大，在原产地最大个体达 5500 多克。1962 年日本从埃及引进尼罗罗非鱼，从那时候起，尼罗罗非鱼养殖生产在日本增长很快，1967 年仅为 0.5 吨，1975 年为 60 吨，到 1978 年发展到 3000 ~ 4000 吨，目前为日本养殖业中颇受重视的一个养殖品种。中国台湾从 1966 年引入尼罗罗非鱼后，大力推广养殖尼罗罗非鱼以及它的杂交种，目前年产量 7 万吨左右，占台湾淡水鱼总产量的 31.5%。在东南亚、中南半岛、印度、巴基斯坦等亚洲其他国家，尼罗罗非鱼也是普遍养殖对象。尼罗罗非鱼原产地处热带，适温范围较广，在 16 ~ 45℃ 水温范围内都能生存，最适宜水温为 24 ~ 32℃，但当水温下降到 16 ~ 18℃ 以下，常常出现病害和死亡，所以在我国养殖尼罗罗非鱼，要保温越冬饲养。保温越冬饲养方式，可采用温泉、温室、工厂废热水等办法。

莫桑比克罗非鱼（Oreochromis mossambicus）原产于马拉维、莫桑比克、斯威士兰、赞比亚、津巴布韦和南非。在南非，其范围仅限于东开普省和夸祖鲁－纳塔尔省。莫桑比克罗非鱼的活动范围主要在赞比西河下游、下希雷河和赞比西河三角洲奥歌亚湾沿海平原。地域范围延伸到东开普省到布什曼斯河同时在德兰士瓦在林波波系统也发现了该品种。此外，莫桑比克罗非鱼广泛分散至内陆地区，西南和西部沿海河流，包括较低的奥兰治河和纳米比亚。莫桑比克罗非鱼是一个适应力很强的物种，甚至可以在许多不同的环境中茁壮成长。对于罗非鱼本身来说，这自然是一件好事，但它也会给非本地水域带来危机。即使在食物匮乏的环境下，雌鱼每年都可以多次繁殖。莫桑比克罗非鱼对水质的要求很低，耐低氧。生存环境包括一切主要河流湖泊和沟渠、池塘，并可以同时生存在咸水和淡水的环境。莫桑比克罗非鱼同时也是一种要求不高的杂食动物，它的食物来源可以包括浮游生物、植物根、无脊椎动物和鱼类鱼苗。所以尼罗罗非鱼和莫桑比克罗非鱼成了当前罗非鱼养殖的主要品种。

二、世界罗非鱼生产的区域布局及变化

世界罗非鱼产量呈现不断增长的趋势，从 2000 年的 180.25 万吨增加到 2012 年的 515.08 万吨，年均增长率为 9.14%。世界罗非鱼产量由捕捞产量和养殖产量两部分组成，世界养殖生产罗非鱼的国家由 2000 年的 85 个增加到 2012 年的 119 个，捕捞国家数在 30 个左右（表 1-1）。20 世纪 90 年代，世界罗非鱼养殖业迅速崛起，养殖产量开始逐渐超过捕捞产量，2012 年世界罗非鱼养殖产量和捕捞产量分别为 450.61 万吨和 64.47 万吨。

表 1-1　2000—2012 年世界罗非鱼生产国家及产量

年　份	捕捞产量 （万吨）	捕捞国家数	养殖产量 （万吨）	养殖国家数	总产量 （万吨）
2000	61.26	31	118.98	85	180.25
2001	60.90	27	130.22	81	191.12
2002	59.47	32	141.74	86	201.22
2003	61.30	30	158.71	87	220.00
2004	67.30	26	179.52	94	246.82
2005	64.82	32	199.16	99	263.98
2006	60.57	26	223.40	99	283.97
2007	66.75	29	255.40	103	322.14
2008	68.32	30	282.63	107	350.95
2009	68.60	28	310.86	112	379.47
2010	69.63	28	349.62	111	419.24
2011	71.05	30	397.45	117	468.50
2012	64.47	29	450.61	119	515.08

数据来源：联合国粮农组织（FAO）数据库（www.fao.org）

罗非鱼生产分布在各大洲之间差距显著，产地主要集中在亚洲、非洲和美洲，其中亚洲是罗非鱼的主要生产区，占据了世界罗非鱼产量的近 3/4，其次是非洲，美洲（图 1-1）。2008—2012 年亚洲的中国、印度尼西亚、菲律宾和泰国的罗非鱼生产区年产量最高，分别为 100 万～150 万吨、27 万～63 万吨、27 万～30 万吨、18 万～26 万吨；非洲东北部的埃及年产量为 36 万～73 万吨、中部的乌干达年产量也很高，为 9 万～19 万吨，西部的尼日利亚、东部的坦桑尼亚、肯尼亚及东北部的苏丹罗非鱼年产量均在 2 万～7 万吨左右；拉丁美洲的巴西罗非鱼年产量为 10 万～26 万吨，北美洲的墨西哥年产量为 7 万～8 万吨，拉丁美洲的厄瓜多尔和哥伦比亚年产量均为 2 万～4 万吨，美洲的罗非鱼主要生产区还包括了拉丁美洲哥斯达黎加和中北美洲洪都拉斯等国。中国、厄瓜多尔、泰国等国家是罗非鱼的主要出口国，美国是罗非鱼的最大消费国，进口量居世界首位。

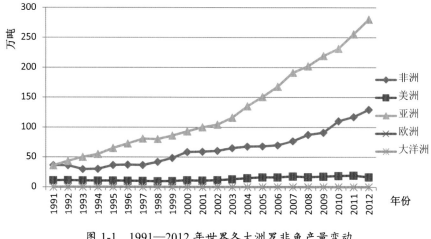

图 1-1　1991—2012 年世界各大洲罗非鱼产量变动

数据来源：FAO 数据库（FAOSTAT）

在 1961—2012 年的 50 多年间，罗非鱼的生产区域有进一步集中的发展趋势（表 1-2）。在罗非鱼生产相对较早的国家中，印度尼西亚罗非鱼产量占世界总产量的比例呈先下降后上升的态势，1971—2005 年基本在 6%～7% 之间波动，2011—2012 年上升至 14%。亚洲的马来西亚、老挝，非洲的尼日利亚、肯尼亚相对平稳，罗非鱼产量占世界产量的比例在 1%～5% 之间。亚洲的孟加拉国和越南等国，非洲的苏丹，美洲的厄瓜多尔和哥伦比亚等国，以及欧洲和大洋洲部分国家罗非鱼生产起步较晚，其罗非鱼产量占世界总产量的比例相对稳定在 1% 左右。1961 年至 2012 年中国罗非鱼产量占世界总产量的比例大幅增长，从 60 年代初的 2.92% 增长到 2011—2012 年的 30.44%，增长了 27.52 个百分点。

表 1-2　1961—2012 年世界罗非鱼主要生产区域布局

单位：%

	年份	1961—1965	1966—1970	1971—1975	1976—1980	1981—1985	1986—1990	1991—1995	1996—2000	2001—2005	2006—2010	2011—2012
	世界(万吨)	13.31	19.18	23.93	30.96	45.05	67.13	105.81	152.19	224.63	351.15	491.79
亚洲	中国	2.92	2.76	2.81	2.57	3.48	8.90	19.27	31.03	31.24	32.99	30.44
	印度尼西亚	11.83	9.38	6.77	7.70	6.67	7.23	7.15	6.14	6.83	9.89	14.20
	菲律宾	0.17	0.48	1.16	5.31	9.77	13.63	10.09	7.04	7.34	8.14	6.21
	泰国	0.52	0.70	1.18	2.23	2.62	5.02	9.80	7.93	7.30	6.87	3.88
	孟加拉国	0.00	0.00	0.00	0.00	0.00	0.00	0.00	0.00	0.23	2.32	
	越南	0.00	0.00	0.00	0.00	0.00	0.00	0.00	0.00	1.13	1.68	
	马来西亚	0.00	0.00	0.02	0.07	0.05	0.23	0.61	0.93	1.01	0.98	0.97
	斯里兰卡	3.83	4.23	3.72	5.03	6.61	4.71	1.46	1.73	0.86	0.74	0.77
	老挝	0.00	0.01	0.02	0.04	0.07	0.13	0.13	0.71	1.09	0.49	0.50
非洲	埃及	1.92	1.28	1.55	2.26	3.01	3.72	11.59	13.16	14.48	13.54	16.29
	乌干达	20.06	22.65	26.40	22.93	10.80	11.67	8.26	5.49	5.32	4.39	2.00
	尼日利亚	3.26	4.19	6.27	4.85	3.40	2.43	1.41	1.17	1.27	1.55	1.51
	坦桑尼亚	12.47	15.50	5.93	6.29	5.37	4.90	2.83	2.15	2.01	1.15	0.97
	苏丹	0.00	0.00	0.00	0.00	0.00	0.01	0.22	1.01	0.95	0.94	0.44
	肯尼亚	2.18	1.30	1.93	1.20	1.97	3.09	2.52	2.13	1.14	0.70	1.04
	马里	19.83	16.70	10.16	7.69	4.25	2.82	2.26	1.56	1.36	0.87	0.56
美洲	巴西	0.00	0.03	0.29	1.47	1.73	1.66	1.04	2.00	3.00	3.50	5.70
	墨西哥	0.14	0.19	1.39	3.79	11.99	9.91	7.36	4.92	3.06	2.08	1.57
	厄瓜多尔	0.00	0.00	0.00	0.00	0.00	0.00	0.03	0.24	0.68	0.83	0.89
	哥伦比亚	0.00	0.00	0.00	0.02	0.04	0.14	0.99	1.19	1.08	0.99	1.03
	哥斯达黎加	0.00	0.00	0.00	0.00	0.01	0.02	0.22	0.37	0.65	0.56	0.48
	洪都拉斯	0.00	0.00	0.00	0.00	0.00	0.02	0.01	0.07	0.46	0.61	0.28
欧洲	荷兰	0.00	0.00	0.00	0.00	0.00	0.00	0.00	0.00	0.01	0.02	0.00
大洋洲	新几内亚岛	0.00	0.00	0.00	0.00	0.00	0.00	0.00	0.00	0.00	0.00	0.00

数据来源：FAO 数据库（FAOSTAT）

　　菲律宾和泰国的罗非鱼产量占世界总产量的比重虽远远低于中国，但也有显著增长，

1961 年至 2012 年分别增长了 6.04 和 3.36 个百分点。80 年代初至 90 年代初，菲律宾、泰国等国家的罗非鱼产量占世界总产量的比例达到了 50 年内最高水平，之后有所下降。90 年代中国罗非鱼产量急剧上升。罗非鱼原产区非洲的养殖历史比较悠久，60 年代初乌干达、坦桑尼亚、马里等国家的罗非鱼产量占世界总产量的比例是世界最高水平，分别为 20.06%、12.47% 和 19.83%，随着罗非鱼生产区域布局的变化，这三个非洲国家的罗非鱼产量占世界总产量的比例大幅下降，到 2011—2012 年分别下降为 2.00%、0.97%、0.56%。从以上分析可知，世界罗非鱼的生产区域正在向亚洲集中，非洲生产量虽有小幅上升，但其占世界总产量的比例却大幅下降，美洲罗非鱼产量占世界总产量的比例也有小幅上升。亚洲的罗非鱼主要生产区域是中国和印度尼西亚，非洲是埃及。

三、主要生产国生产区域情况

（一）世界罗非鱼养殖生产状况

1. 主要养殖生产的国家和地区

世界主要罗非鱼养殖生产的国家和地区有中国、埃及、印度尼西亚、巴西、菲律宾、泰国、孟加拉、越南、中国台湾和哥伦比亚等（表 1-3），2012 年罗非鱼养殖产量分别为 155.27 万吨、76.88 万吨、71.78 万吨、28.65 万吨、26.05 万吨、15.34 万吨、12.37 万吨、10.00 万吨、7.33 万吨、5.27 万吨，占世界罗非鱼养殖产量的 34.46%、17.06%、15.93%、6.36%、5.78%、3.40%、2.75%、2.22%、1.63%、1.17%（图 1-2）。这些国家和地区的养殖总产量为 408.94 万吨，占世界罗非鱼养殖产量的 90.75%。

表 1-3　2008—2012 年世界主要罗非鱼生产国家和地区养殖产量

单位：万吨

国家（地区）	2008年	2009年	2010年	2011年	2012年
中国	111.03	125.80	133.19	144.11	155.27
埃及	38.62	39.03	55.70	61.06	76.88
印度尼西亚	32.88	35.62	45.88	60.13	71.78
巴西	11.11	13.30	15.55	25.38	28.65
菲律宾	25.71	26.09	25.88	25.74	26.05
泰国	21.73	22.11	17.94	15.56	15.34
孟加拉	0.00	1.62	2.48	10.47	12.37
越南	5.00	7.32	7.60	6.50	10.00
中国台湾	8.10	6.73	7.49	6.72	7.33
哥伦比亚	3.10	4.26	4.99	4.84	5.27
其他	25.34	28.99	32.92	36.94	41.67
合计	282.63	310.86	349.62	397.45	450.61

数据来源：联合国粮农组织（FAO）数据库（www.fao.org）

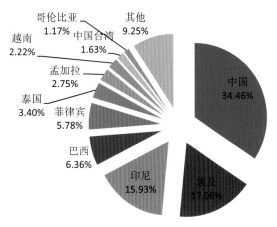

图 1-2 2012 年世界主要国家和地区罗非鱼养殖产量

数据来源：联合国粮农组织（FAO）数据库（www.fao.org）

2. 主要养殖品种

世界罗非鱼养殖主要品种有尼罗罗非鱼、奥尼罗非鱼、莫桑比克罗非鱼、奥利亚罗非鱼、三点罗非鱼、大臂罗非鱼、伦氏罗非鱼、斯匹勒斯罗非鱼、萨罗罗非鱼、加利略寻齿罗非鱼和齐氏罗非鱼等（表1-4）。2012 年尼罗罗非鱼、奥尼罗非鱼、奥利亚罗非鱼养殖产量分别为 319.73、38.81 和 2.44 万吨，占世界罗非鱼养殖产量的 70.96%、8.61% 和 0.54%（图 1-3）。

表 1-4 2008—2012 年世界罗非鱼主要养殖品种及产量

单位：吨

品　种	2008年	2009年	2010年	2011年	2012年
尼罗罗非鱼（Nile tilapia）	2061391	2240096	2537462	2808741	3197330
奥尼罗非鱼（Blue-Nile tilapia, hybrid）	277600	314500	333322	360737	388139
莫桑比克罗非鱼（Mozambique tilapia）	38064	33095	30966	35811	24385
奥利亚罗非鱼（Blue tilapia）	5786	5657	4989	4937	4995
三点罗非鱼（Three spotted tilapia）	2014	3090	3735	3860	4038
大臂罗非鱼（Longfin tilapia）	187	1174	1420	1453	1620
伦氏罗非鱼（Redbreast tilapia）	160	849	1001	1036	1617
斯匹勒斯罗非鱼（Sabaki tilapia）	105	105	300	300	300
萨罗罗非鱼（Blackchin tilapia）	9	12	16	54	58
加利略寻齿罗非鱼（Mango tilapia）	4	4	4	4	5
齐氏罗非鱼（Redbelly tilapia）	131	129	171	81	2
其他罗非鱼	440842	509911	582774	757534	883568
合计	2826293	3108622	3496160	3974549	4506057

数据来源：联合国粮农组织（FAO）数据库（www.fao.org）

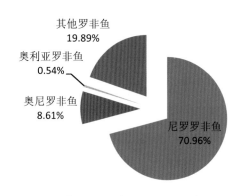

图 1-3 2012 年世界罗非鱼主要品种养殖产量

数据来源：联合国粮农组织（FAO）数据库（www.fao.org）

（二）世界罗非鱼捕捞生产状况

1. 主要捕捞生产国

世界罗非鱼主要捕捞生产国家有埃及、尼日利亚、墨西哥、乌干达、菲律宾、坦桑尼亚、印度尼西亚、斯里兰卡、泰国和肯尼亚等（表 1-5），2012 年罗非鱼捕捞产量分别为 10.22 万吨、5.99 万吨、5.58 万吨、5.39 万吨、4.74 万吨、4.26 万吨、4.17 万吨、3.96 万吨、3.78 万吨、2.82 万吨，占世界罗非鱼捕捞产量的 15.85%、9.30%、8.65%、8.35%、7.36%、6.60%、6.47%、6.14%、5.86%、4.37%（图 1-4）。这些国家捕捞总产量为 50.91 万吨，占世界罗非鱼捕捞产量的 78.95%。

表 1-5 2008—2012 年世界罗非鱼主要捕捞生产国捕捞产量

单位：万吨

国家	2008年	2009年	2010年	2011年	2012年
埃及	9.13	10.50	13.03	12.02	10.22
尼日利亚	4.76	5.42	5.66	5.80	5.99
墨西哥	6.18	6.29	6.24	6.49	5.58
乌干达	0	0	8.35	6.27	5.39
菲律宾	4.27	4.35	4.49	4.58	4.74
坦桑尼亚	3.56	3.87	4.47	4.95	4.26
印度尼西亚	2.40	2.34	3.20	3.60	4.17
斯里兰卡	2.52	2.63	2.83	3.21	3.96
泰国	5.23	3.75	3.26	3.52	3.78
肯尼亚	1.78	2.23	2.82	4.12	2.82
其他	28.49	27.21	15.27	16.48	13.56
合计	68.32	68.60	69.63	71.05	64.47

数据来源：联合国粮农组织（FAO）数据库（www.fao.org）

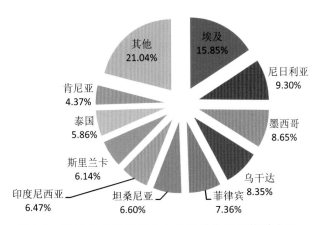

图1-4 2012年世界罗非鱼主要捕捞生产国捕捞产量
数据来源：联合国粮农组织（FAO）数据库（www.fao.org）

2. 主要捕捞品种

罗非鱼捕捞品种主要有尼罗罗非鱼、莫桑比克罗非鱼、奥利亚罗非鱼等（表1-6）。

表1-6 2008—2012年世界罗非鱼主要捕捞品种及产量

单位：吨

品种	2008年	2009年	2010年	2011年	2012年
尼罗罗非鱼（Nile tilapia）	206172	213990	205403	217286	195651
莫桑比克罗非鱼（Mozambique tilapia）	8548	10677	14615	13500	13216
奥利亚罗非鱼（Blue tilapia）	2764	2526	2028	1341	1597
萨罗罗非鱼（Blackchin tilapia）	635		4873	1063	1131
其他	465119	458837	469355	477285	433107
合计	683238	686030	696274	710475	644702

数据来源：联合国粮农组织（FAO）数据库（www.fao.org），下同

2012年这些品种的捕捞产量分别为19.57万吨、1.32万吨、0.16万吨、0.11万吨，分别占世界罗非鱼捕捞产量的30.35%、2.05%、0.25%、0.18%（图1-5）。

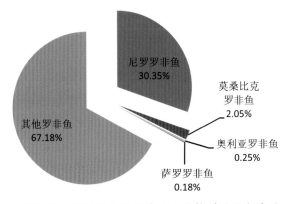

图1-5 2012年世界罗非鱼主要捕捞品种与产量

四、罗非鱼主要生产国的生产发展趋势

（一）主要养殖生产国

2012 年世界罗非鱼主要养殖国家排在前五位的是中国、埃及、印度尼西亚、巴西和菲律宾等，这 5 个国家的罗非鱼养殖产量为 358.7 万吨，占世界罗非鱼养殖总产量的 79.59%。

1. 中国

中国罗非鱼养殖起步于 20 世纪 60 年代，从 80 年代开始特别是 90 年代以后，中国罗非鱼养殖业进入飞速发展期，罗非鱼养殖产量大幅度递增，养殖产量位居世界首位，主要养殖品种为尼罗罗非鱼和奥尼罗非鱼。2000 年中国罗非鱼养殖产量为 62.92 万吨，2014 年为 169.85 万吨，年均增长率为 7.35%（图 1-6）。预测中国罗非鱼养殖产量将继续增长，但增速放缓。

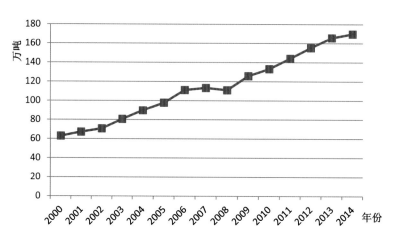

图 1-6　2000—2014 年中国罗非鱼养殖产量
数据来源：中国渔业统计年鉴

2. 埃及

埃及罗非鱼主要养殖品种为尼罗罗非鱼，2000—2012 年埃及罗非鱼养殖产量呈增长态势，罗非鱼养殖产量从 2000 年的 15.74 万吨增加到 2012 年的 76.88 万吨，年均增长率为 14.13%，其中 2000—2006 年埃及罗非鱼养殖产量缓慢增长稳中有升，从 2008 年开始罗非鱼养殖产量快速增长（图 1-7）。预测埃及罗非鱼养殖产量将继续增长。

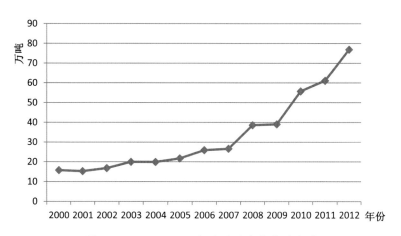

图 1-7　2000—2012 年埃及罗非鱼养殖产量

数据来源：联合国粮农组织（FAO）数据库（www.fao.org）

3. 印度尼西亚

印度尼西亚罗非鱼主要养殖品种为尼罗罗非鱼和莫桑比克罗非鱼。2000—2012 年印度尼西亚罗非鱼养殖产量增长迅猛，养殖产量由 2000 年的 8.52 万吨增加到 2012 年的 71.78 万吨，年均增长率为 17.36%（图 1-8）。预测印度尼西亚罗非鱼养殖产量继续增长。

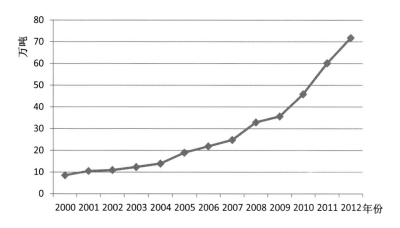

图 1-8　2000—2012 年印度尼西亚罗非鱼养殖产量

数据来源：联合国粮农组织（FAO）数据库（www.fao.org）

4. 巴西

2000—2012 年巴西罗非鱼养殖产量呈增长趋势，养殖产量由 2000 年的 3.25 万吨增加到 2012 年的 28.65 万吨，年均增长率为 19.90%（图 1-9），尤其是 2010—2012 年增速提高。预测巴西罗非鱼养殖产量继续增长。

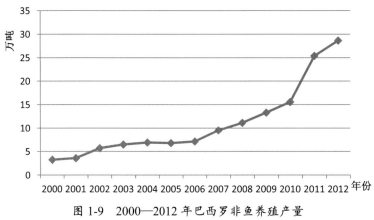

图 1-9　2000—2012 年巴西罗非鱼养殖产量

数据来源：联合国粮农组织（FAO）数据库（www.fao.org）

5. 菲律宾

菲律宾罗非鱼主要养殖品种为尼罗罗非鱼，2000—2012 年菲律宾罗非鱼养殖产量呈现先增长后保持稳定态势，罗非鱼养殖产量由 2000 年的 9.3 万吨增加到 2008 年的 25.7 万吨，年均增长率为 11.62%，从 2008 年到 2012 年罗非鱼养殖有小幅度下降，但基本保持稳定态势（图 1-10）。预测菲律宾罗非鱼养殖产量保持稳定。

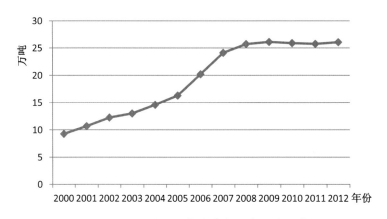

图 1-10　2000—2012 年菲律宾罗非鱼养殖产量

数据来源：联合国粮农组织（FAO）数据库（www.fao.org）

（二）主要捕捞生产国

2012 年世界罗非鱼主要捕捞国家排在前五位的是埃及、尼日利亚、墨西哥、乌干达和菲律宾，这 5 个国家的捕捞产量为 31.92 万吨，占世界罗非鱼捕捞产量的 53.42%。

1. 埃及

2012 年埃及罗非鱼捕捞产量为 10.22 万吨，占世界罗非鱼捕捞产量的 15.85%。

2004年之前埃及罗非鱼捕捞产量较高，均在14万吨，2005年开始捕捞产量直线下降，产量仅为9万吨，产量减少了50%以上，2010年产量又恢复到13万吨，但随后又开始下降（图1-11），预测埃及罗非鱼捕捞产量仍将呈波动态势，徘徊在10万吨左右。

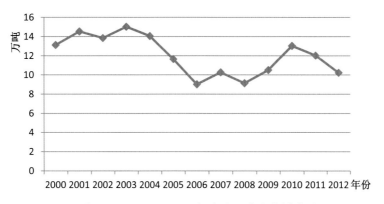

图1-11 2000—2012年埃及罗非鱼捕捞产量

数据来源：联合国粮农组织（FAO）数据库（www.fao.org）

2. 尼日利亚

2012年尼日利亚罗非鱼捕捞产量为5.99万吨，占世界罗非鱼捕捞产量的10.03%。

从2000年到2006年尼日利亚罗非鱼捕捞产量在波动中有所上升，2006—2012年尼日利亚罗非鱼捕捞产量呈稳步上升趋势（图1-12），预测尼日利亚罗非鱼捕捞产量将有所增加，但增长的幅度会越来越小，并趋于稳定，产量在6.5万吨左右。

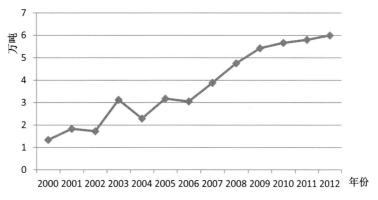

图1-12 2000—2012年尼日利亚罗非鱼捕捞产量

数据来源：联合国粮农组织（FAO）数据库（www.fao.org）

3. 墨西哥

2012年墨西哥罗非鱼捕捞产量为5.58万吨，占世界罗非鱼捕捞产量的9.34%。

2000年到2012年墨西哥罗非鱼捕捞产量在6.5万吨上下不断波动（图1-13），2012年降到十年间最低。预测墨西哥罗非鱼捕捞产量将继续下降，但下降幅度不会太大。

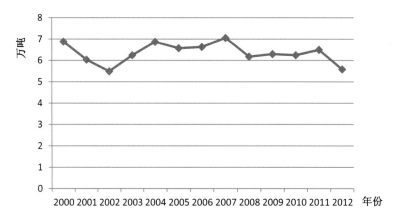

图 1-13　2000—2012 年墨西哥罗非鱼捕捞产量

数据来源：联合国粮农组织（FAO）数据库（www.fao.org）

4. 乌干达

2012 年乌干达罗非鱼捕捞产量为 5.39 万吨，占世界罗非鱼捕捞产量的 9.01%。

2000 到 2003 年乌干达罗非鱼捕捞产量保持稳定，基本在 10 万吨左右，2004 到 2006 年产量上升到 15 万吨左右，2007 到 2009 年没有捕捞产量，2010 年捕捞产量开始恢复，但是远不及 2004—2006 年，2011、2012 年产量继续下降（图 1-14）。预测乌干达罗非鱼捕捞产量将继续下降。

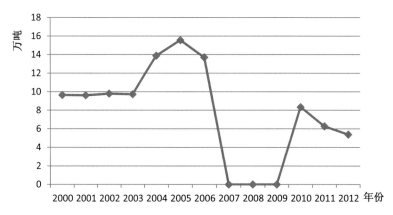

图 1-14　2000—2012 年乌干达罗非鱼捕捞产量

数据来源：联合国粮农组织（FAO）数据库（www.fao.org）

5. 菲律宾

2012 年菲律宾罗非鱼捕捞产量为 4.74 万吨，占世界罗非鱼捕捞产量的 7.94%。

2000—2012 年菲律宾罗非鱼捕捞产量总体呈上涨趋势（图 1-15）。预测菲律宾罗非鱼捕捞产量将稳定增长。

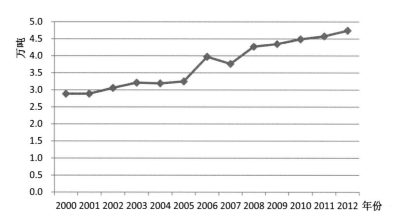

图 1-15　2000—2012 年菲律宾罗非鱼捕捞产量

数据来源：联合国粮农组织（FAO）数据库（www.fao.org）

五、世界罗非鱼生产增长的动因

罗非鱼养殖产量在近二十年内呈指数级上涨趋势，1990 年为 28.08 万吨，2012 年为 362.25 万吨，年均增长率达 12.33%。罗非鱼在世界范围内发展如此迅速，主要可以归因为以下几个驱动因素。

（一）技术因素

在 1956 年罗非鱼养殖初期，主要养殖品种为莫桑比克罗非鱼，由于莫桑比克罗非鱼个体较小，逐步被其他罗非鱼和杂交品种所替代。20 世纪 70 年代罗非鱼雄性化技术取得了重大的突破，全雄性罗非鱼生长较快，个体相对较大。此外，包括 GIFT 在内生长速度较快的罗非鱼新品种的引进与研发、罗非鱼营养和养殖技术的研究以及罗非鱼市场和加工行业的发展，推动罗非鱼产业在 20 世纪 80 年代中期得到快速发展。除以上技术因素外，罗非鱼产业还有以下自身特点：

（1）广阔适宜的养殖区域。罗非鱼是一种被人们普遍接受的食物，通常生活于淡水中，也能生活于咸水中，它有很强的适应能力，绝大部份罗非鱼是杂食性，常吃水中植物和碎物。所以对罗非鱼来说，其有广阔适宜的养殖区域，养殖量自然就有了很大程度的提升。

（2）罗非鱼养殖产量高。罗非鱼本身具有生长周期短、养殖产量高、养殖环境广等优点，对养殖技术的要求不高，养殖户对罗非鱼养殖积极性高，罗非鱼养殖产量发展迅速。

（二）市场因素

（1）诱人的市场价格，低廉的养殖成本。罗非鱼本身生存条件受限制少，成本低廉，市场价格相对较高，且有着广阔的国际市场和国内待开拓市场，所以养殖户养殖热情较高，导致了罗非鱼养殖产量的增加。

（2）丰富的市场需求。随着世界鳕鱼等资源锐减，世界白鱼产品价格上升，欧美、日韩等发达国家已将罗非鱼转变为可替代逐年短缺的鳕鱼等海洋优质的"白色三文鱼"。全世界罗非鱼消费量逐年增加，罗非鱼国际消费市场正在形成。国内消费市场潜力巨大，中国现有水产品消费水平还较低，人均年消费水平还不足 20 千克，低于世界平均水平，仅是日本的 1/5。随着人均收入水平的不断提高，水产品消费逐年增长，吃高品质、价廉的鱼更是广大群众所期盼的，而罗非鱼正是这一类的优质鱼，它无肌间小刺，更是老人、小孩的最佳食品，1 尾 1 千克左右的罗非鱼 16～20 元，三口之家吃一餐很划算，所以罗非鱼的价格与消费市场的发展是相吻合的。随着人们对罗非鱼的了解和加深，今后如能做到多季节鲜活上市。中、高档餐馆也能吃到罗非鱼，再随着罗非鱼加工产品的多样化，消费水平会整体提高，国内罗非鱼的消费量必将有更大的增长。

（3）鉴于目前世界海洋渔业资源衰竭严重，大家也都试图找到这样一个品种来替代，缓解海洋渔业资源衰竭带来的问题。罗非鱼既有捕捞产量也有养殖产量，可以作为一种替代品种来缓解海洋渔业资源的衰竭，所以罗非鱼养殖产量的增加对于缓解海洋渔业资源衰竭起着十分重要的作用，为了缓解海洋渔业资源的恶化，转向发展罗非鱼产业势在必行。

（三）政策因素

从政府的支持力度来看，随着罗非鱼产业的发展，世界许多罗非鱼生产国陆续出台了一些罗非鱼养殖的补贴政策，这激发了罗非鱼养殖的热情，促进了罗非鱼产量的增长。另外，各罗非鱼主产国在罗非鱼养殖方面的科学研究投入也逐年递增，合理的养殖管理方式研究对于罗非鱼养殖提供了有利的指导作用，使得罗非鱼产量上升。

第二节　世界罗非鱼进出口贸易分析

罗非鱼产品是世界上最有发展潜力的水产品之一，在国际市场上销售的罗非鱼产品主要有冻罗非鱼、冻罗非鱼片和鲜冷罗非鱼片。其中冻罗非鱼和冻罗非鱼片大量出口美国和欧洲，鲜冷罗非鱼片主要出口日本、韩国、美国和欧洲市场。

一、世界罗非鱼贸易量变化

根据 FAO 世界贸易统计资料分析，1990—2011 年世界罗非鱼贸易量呈现不断上升的趋势（图 1-16）。罗非鱼产业的迅速发展，产量的快速增加带来世界罗非鱼进出口量持续增加，1990 年世界罗非鱼贸易量仅为 79 吨，到 1999 年已经增加到 8.09 万吨，从 2000 年至 2010 年罗非鱼贸易量年平均增长率为 20%，2011 年比上年下降了 3.40%，进出口贸易量出现了首次下降。

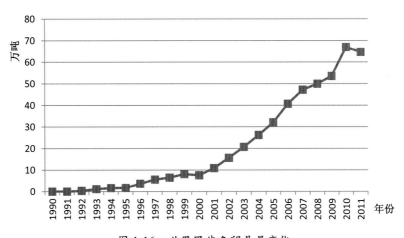

图 1-16　世界罗非鱼贸易量变化

资料来源：联合国粮农组织（FAO）数据库（www.fao.org）

据联合国粮农组织统计显示，世界罗非鱼贸易快速发展。1990 年世界罗非鱼贸易额为 6.90 万美元，仅占世界水产品贸易额的 0.11%；而 2000 年世界罗非鱼贸易额增长至 1.72 亿美元，占水产品贸易额比重已上升至 2.05%；至 2011 年世界罗非鱼贸易额为 24.71 亿美元（表 1-7）。

表 1-7　1992—2011 年世界罗非鱼贸易量与贸易额情况

单位：万吨，千万美元

年份	1992	1993	1994	1995	1996	1997	1998	1999	2000	2001
贸易量	0.34	1.14	1.63	1.68	3.65	5.57	6.47	8.09	7.55	10.86
贸易额	0.65	2.02	3.26	4.01	8.12	9.69	10.23	16.16	17.15	21.67
年份	2002	2003	2004	2005	2006	2007	2008	2009	2010	2011
贸易量	15.64	20.68	26.18	32.01	40.67	47.17	49.93	53.51	66.91	64.63
贸易额	33.78	46.88	59.77	82.92	108.49	131.44	182.57	176.00	231.48	247.07

资料来源：联合国粮农组织（FAO）数据库（www.fao.org）

近年来随着罗非鱼产量的增加和世界性海洋渔业资源的衰退，罗非鱼作为鳕鱼的替代品，国际市场需求量不断增大，罗非鱼生产和贸易发展很快，在世界淡水产品贸易中，罗非鱼居第三位，仅次于鲑鱼和鳟鱼。在罗非鱼国际市场上，美国、墨西哥为最主要的罗非鱼进口国，俄罗斯、比利时及英国等部分欧盟国家的罗非鱼市场需求也在逐年增加。在罗非鱼产业全球化的进程中，以出口目的国地域划分逐步形成了美洲贸易圈与欧洲贸易圈。美洲贸易圈的主要进口国为美国、墨西哥两国，主要出口国（或地区）为中国、中国台湾、印度及哥斯达黎加、洪都拉斯等国家。欧洲贸易圈主要进口国为俄罗斯、丹麦、比利时等欧盟国家，主要出口国（或地区）为中国、中国台湾、哥伦比亚等国家（表1-8）。

表1-8　世界罗非鱼主要贸易圈

产品	美洲贸易圈	欧洲贸易圈
鲜鱼	美国本土养殖	欧洲本土养殖
鲜、冷罗非鱼片	厄瓜多尔、哥斯达黎加、洪都拉斯、巴拿马	牙买加、厄瓜多尔、津巴布韦
冻罗非鱼片	中国、中国台湾、印尼	中国台湾、印尼
冻罗非鱼	中国、中国台湾	中国台湾、中国

资料来源：联合国 FAO 数据库（www.fao.org/）

世界最主要的罗非鱼进口国是美国，2011 年美国进口的罗非鱼达 19.36 万吨，占世界罗非鱼进口量的 85% 以上。其他罗非鱼进口消费国家和地区还有欧洲、日本、韩国、中东等。罗非鱼出口地区主要为东南亚、南美洲和非洲等亚热带和热带地区，中国是世界最大的罗非鱼出口国。

二、罗非鱼进口情况分析

（一）世界罗非鱼主要进口国

2011 年世界罗非鱼进口国进口额排在前十位的国家是美国、以色列、西班牙、波兰、德国、韩国、荷兰、加拿大、沙特阿拉伯和哥斯达黎加（表1-9），其中美国为世界第一大罗非鱼进口国，占世界罗非鱼进口总额的 83.7%，这 10 个国家占世界罗非鱼进口总额的 95.42%。

表 1-9　2011 年世界罗非鱼主要进口国家进口金额

国家	进口额（千美元）	比例（%）
美国	897942	83.70
以色列	26701	2.40
西班牙	17133	1.60
波兰	15685	1.46
德国	15148	1.41
韩国	15032	1.40
荷兰	10789	1.01
加拿大	9822	0.92
沙特阿拉伯	7845	0.73
哥斯达黎加	7595	0.71
其他	49177	4.58
合计	1072869	100

数据来源：联合国粮农组织（FAO）数据库（www.fao.org）

1. 美国

美国是罗非鱼进口量最大的国家。美国本地的罗非鱼产量很低，进口大量的罗非鱼来满足市场需求。进口量与进口额呈逐步增长的趋势，2011 年美国进口的罗非鱼达 19.36 万吨，年进口量一直占世界罗非鱼贸易量一半以上。2000 年至 2011 年美国罗非鱼进口情况见表 1-10。

表 1-10　2000—2011 年美国罗非鱼进口量与进口额

单位：万吨、亿美元

年份	2000	2001	2002	2003	2004	2005	2006	2007	2008	2009	2010	2011
进口量	4.05	5.63	6.72	9.03	11.30	13.50	15.93	17.69	18.10	18.41	21.55	19.36
进口额	0.11	0.14	0.19	0.27	0.33	0.44	0.54	0.63	0.80	0.76	0.91	0.90

数据来源：联合国粮农组织（FAO）数据库（www.fao.org）

2000—2011 年美国进口的罗非鱼产品主要有鲜冷罗非鱼片、冻罗非鱼片和冻罗非鱼，其中冻罗非鱼片的进口额所占比例增长迅猛，从 2000 年的 21.69% 增加到 2011 年的 71.68%；鲜冷罗非鱼片进口额所占比例呈下降趋势，从 2000 年的 44.81% 下降到 2011 年的 18.66%；冻罗非鱼进口额所占比例呈下降趋势，从 2000 年的 33.5% 下降到 2011 年的 9.66%（图 1-17）。

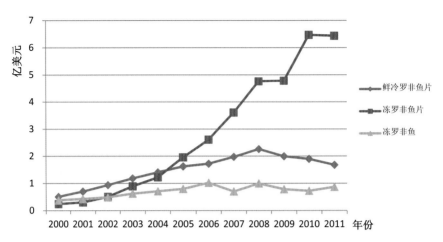

图 1-17　2000—2011 年美国罗非鱼产品进口额

数据来源：联合国粮农组织（FAO）数据库（www.fao.org）

2. 以色列

2011 年以色列罗非鱼产品进口金额为 0.27 亿美元，占世界罗非鱼进口总额的 2.40%。以色列罗非鱼产品进口主要有鲜冷罗非鱼片、冻罗非鱼片和冻罗非鱼，其中冻罗非鱼片所占比例较高（图 1-18）。

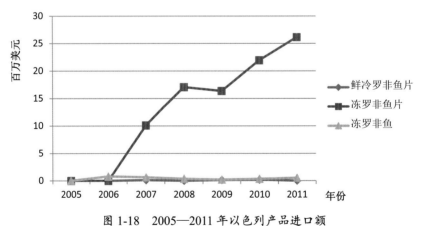

图 1-18　2005—2011 年以色列产品进口额

数据来源：联合国粮农组织（FAO）数据库（www.fao.org）

3. 其他进口国

除美国、以色列外其他罗非鱼主要进口国有墨西哥、俄罗斯、西班牙、波兰、德国、韩国等，2011 年其他国家罗非鱼产品进口额占世界罗非鱼产品进口总额的 16.30%。

（二）罗非鱼进口价格变化

世界罗非鱼生产规模在逐年扩大，产量也在逐年增加，从 2000 年的 180.25 万吨增加到 2012 年的 515.08 万吨，年均增长率为 9.14%，但是罗非鱼的进出口贸易获利能力并没有很大的改善。如表 1-11 所示，鲜冷罗非鱼片价格从 2000 年的 6.78 美元／千克上升到 2011 年的 8.07 美元／千克，鲜冷罗非鱼在十年的时间内价格上升了 2 美元／千克，是罗非鱼产品中价格上升较快的产品种类。冻罗非鱼的价格在波动中呈上升趋势，从 2000 年的 1.37 美元／千克上升到 2011 年的 1.99 美元／千克。而冻罗非鱼片的价格在波动中呈下降的趋势，从 2000 年的 4.72 美元／千克下降到 2010 年的 4.17 美元／千克，2011 年又有所回升，由此可以看出受美国的消费倾向和饮食习惯的影响鲜冷罗非鱼片市场的发展对冻罗非鱼片市场的冲击很大。

表 1-11　2000—2011 年世界罗非鱼进口平均价格

单位：美元/千克

	2000	2001	2002	2003	2004	2005	2006	2007	2008	2009	2010	2011
冻罗非鱼片	4.72	4.14	4.17	3.88	3.63	3.62	3.56	3.56	4.67	4.12	4.17	4.74
冻罗非鱼	1.37	1.12	1.20	1.27	1.25	1.40	1.58	1.41	1.97	1.73	1.61	1.99
鲜冷罗非鱼片	6.78	6.86	6.62	6.59	6.57	7.14	7.43	7.51	7.73	8.16	7.96	8.07
鲜冷罗非鱼	1.38	1.43	1.16	1.39	1.34	1.21	0.61	0.28	0.75	1.05	2.98	3.46
制作或保藏的罗非鱼	—	—	—	—	—	—	0.87	1.35	1.73	1.37	—	4.78

数据来源：联合国粮农组织（FAO）数据库（www.fao.org）

三、罗非鱼出口情况分析

（一）世界罗非鱼主要出口国

2011 年世界罗非鱼主要出口国家（或地区）有中国、中国台湾、厄瓜多尔、哥斯达黎加、洪都拉斯、泰国、哥伦比亚、美国、比利时和荷兰等（表 1-12），这 10 个国家的罗非鱼出口额占世界罗非鱼出口额的 99.27%。出口产品主要有鲜冷罗非鱼、冻罗非鱼、鲜冷罗非鱼片、冻罗非鱼片、制作或保藏的罗非鱼等（图 1-19）。

表 1-12　2011 年世界罗非鱼主要出口国家（或地区）出口金额

国家	出口额（千美元）	比例（%）
中国	1106749	79.17
中国台湾	82591	5.91

续表1-12

国家	出口额（千美元）	比例（%）
厄瓜多尔	59809	4.28
哥斯达黎加	42033	3.01
洪都拉斯	27264	1.95
泰国	24452	1.75
哥伦比亚	20565	1.47
美国	9606	0.69
比利时	7856	0.56
荷兰	6742	0.48
其他	10206	0.73
合计	1397873	100

数据来源：联合国粮农组织（FAO）数据库（www.fao.org）

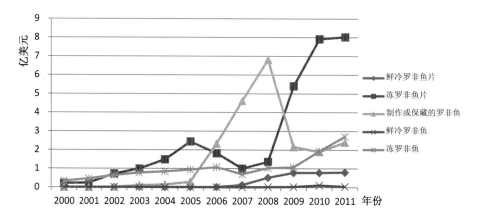

图1-19 2000—2011年世界罗非鱼产品出口额

数据来源：联合国粮农组织（FAO）数据库（www.fao.org）

1. 中国

2002年中国大陆地区罗非鱼产品出口额为0.50亿美元，2011年为11.07亿美元，占世界罗非鱼产品出口总额的79.17%，年均增长率为36.38%（图1-20）。中国罗非鱼出口产品主要有冻罗非鱼、冻罗非鱼片和制作或保藏的罗非鱼等，其中2002—2005年以冻罗非鱼片为主，2006—2008年以制作或保藏的罗非鱼为主，2009—2011年以冻罗非鱼片为主。2011年在出口罗非鱼产品中冻罗非鱼片占59.99%，制作或保藏的罗非鱼占21.72%，冻罗非鱼占18.29%。

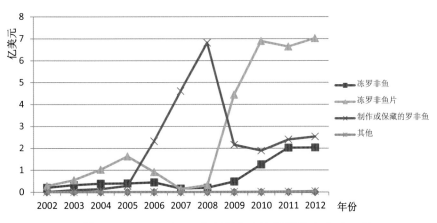

图 1-20　2002—2011 年中国大陆地区罗非鱼产 出口额

数据来源：联合国粮农组织（FAO）数据库（www.fao.org）

2000—2011 年中国台湾罗非鱼产品出口额呈波动上升趋势，2000 年中国台湾罗非鱼产品出口额 0.46 亿美元，2011 年为 0.83 亿美元占世界罗非鱼产品出口额的 5.91%，年均增长率为 5.56%（图 1-21）。罗非鱼出口产品主要有冻罗非鱼和冻罗非鱼片。

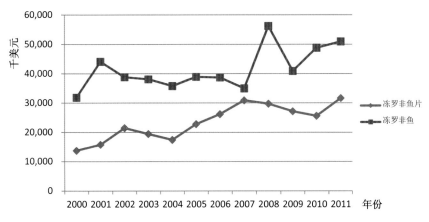

图 1-21　2000—2011 年中国台湾罗非鱼产品出口额

数据来源：联合国粮农组织（FAO）数据库（www.fao.org）

2. 厄瓜多尔

厄瓜多尔位于南美洲赤道两旁，具有良好的天然养殖罗非鱼环境，靠近罗非鱼两大进口国美国和墨西哥，具有很大的地理位置优势。因此，近年来厄瓜多尔的罗非鱼产业快速发展，2009 年成为世界上第二大罗非鱼出口国。2007 年出口量为 9698 吨，2011 年增长至 59809 吨，五年时间内增长为原来的 6.17 倍。2011 年罗非鱼产品出口额占世界罗非鱼出口额的 4.28%。

厄瓜多尔罗非鱼产品有 4 种：鲜冷罗非鱼片、冻罗非鱼片、鲜冷罗非鱼、冻罗非鱼。

鲜冷罗非鱼片在所有产品中占据绝对优势,约占总量的85%,2011年占89.09%(图1-22)。由于厄瓜多尔临近进口国美国,地理优势节省了运输费用,所以厄瓜多尔生产鲜冷罗非鱼片为主供美国市场。

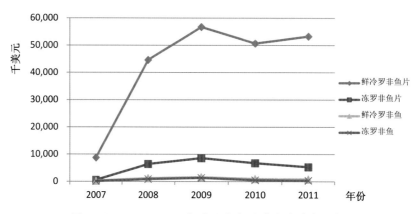

图 1-22　2007—2011 年厄瓜多尔罗非鱼产品出口额

数据来源:联合国粮农组织（FAO）数据库（www.fao.org）

3. 哥斯达黎加

罗非鱼产业是哥斯达黎加渔业的主要产业之一,其国内有很多罗非鱼产品加工公司和养殖户。

罗非鱼已成为该国产量最大的水产品,市场前景看好。哥斯达黎加非常重视卫生检疫和养殖技术,生产的罗非鱼日益受到美国消费者的青睐,已成为世界罗非鱼的第四大供应国（地区）。2002—2009 年哥斯达黎加罗非鱼产品出口额较少,2010—2011年哥斯达黎加罗非鱼产品出口额急剧增加,2011 年罗非鱼产品出口额占世界罗非鱼出口额的3.01%（图1-23）。哥斯达黎加罗非鱼出口产品主要有鲜冷罗非鱼和冻罗非鱼片,其中冻罗非鱼片所占比重较高,2011 年占 99.05%。

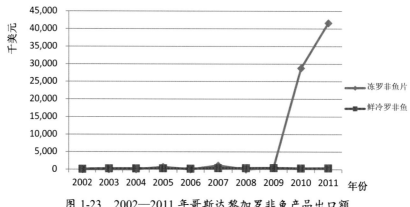

图 1-23　2002—2011 年哥斯达黎加罗非鱼产品出口额

数据来源:联合国粮农组织（FAO）数据库（www.fao.org）

4. 洪都拉斯

洪都拉斯位于中北美洲，濒临太平洋和加勒比海，全年气候湿热，适宜罗非鱼的养殖，罗非鱼产业在洪都拉斯发展也很迅速。从 2000 年的 7807 吨到 2009 年的 49069 吨，平均年增长 22.66%。其中 2000—2005 年增长尤为显著，2010—2011 年出口量大幅度下降，2011 年出口量仅为 27264 吨，占世界罗非鱼出口额的 1.95%。洪都拉斯成为世界五大罗非鱼出产国。

洪都拉斯罗非鱼出口的目的国主要是美国，产品主要是冻罗非鱼片（图 1-24），美国市场鲜冷罗非鱼片需求量的增加为洪都拉斯罗非鱼产业提供了更大的发展机遇，因邻近目的国，运输成本方面等有很大的优势，洪都拉斯鲜冷罗非鱼片加工的飞速发展，是当地罗非鱼产业发展的支柱。

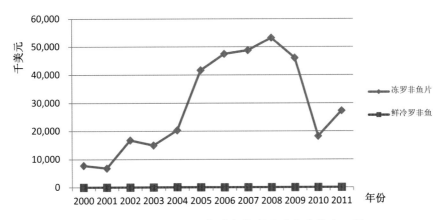

图 1-24　2000—2011 年洪都拉斯罗非鱼产品出口额

数据来源：联合国粮农组织（FAO）数据库（www.fao.org）

（二）世界罗非鱼出口价格变化

世界罗非鱼贸易飞速发展始于 2002 年，罗非鱼产品出口价格逐年增长，平均出口价格从 2002 年的 1.61 美元 / 千克增加到 2011 年 3.48 美元 / 千克，年均增长率为 8.91%（表 1-13）。2002—2008 年世界罗非鱼产品出口价格增长稳定，2009 年受到国际金融危机的影响罗非鱼产品出口价格有所下降，与 2008 年相比下降了 10.25%，2010—2011年世界罗非鱼产品出口价格继续回升增长。

表 1-13　2002—2011 年世界罗非鱼产品出口平均价格

年份	出口量（吨）	出口额（千美元）	价格（美元/千克）
2002	87086	140463	1.61
2003	112779	189489	1.68

续表1-13

年份	出口量（吨）	出口额（千美元）	价格（美元/千克）
2004	143485	248468	1.73
2005	176806	369805	2.09
2006	233422	524396	2.25
2007	276752	643834	2.33
2008	303332	975316	3.22
2009	327349	945963	2.89
2010	403173	1263592	3.13
2011	401855	1397873	3.48

数据来源：联合国粮农组织（FAO）数据库（www.fao.org）

1. 鲜冷罗非鱼片

鲜冷罗非鱼片出口价格 2002 年为 2.66 美元/千克，2011 年为 6.28 美元/千克，年均增长率为 10.02%，其中 2003—2005 年价格有所降低，2006—2011 年开始回升继续保持增长态势（表 1-14）。

表 1-14　2002—2011 年世界鲜冷罗非鱼片出口平均价格

年份	出口量（吨）	出口额（千美元）	价格（美元/千克）
2002	475	1264	2.66
2003	341	1206	3.54
2004	204	636	3.12
2005	639	1417	2.22
2006	433	1057	2.44
2007	3047	12216	4.01
2008	10893	51352	4.71
2009	13193	77561	5.88
2010	12782	77714	6.08
2011	12723	79938	6.28

数据来源：联合国粮农组织（FAO）数据库（www.fao.org）

2. 冻罗非鱼片

2002—2011 年世界冻罗非鱼片出口平均价格呈波动态势，其中 2002—2004 年价格呈下降趋势，2005—2008 年价格呈上涨趋势，2009 年受国际金融危机的影响，价格较 2008 年下降了 34.91%，2010—2011 年冻罗非鱼片价格呈上涨趋势（表 1-15）。

表 1-15　2002—2011 年世界冻罗非鱼片出口平均价格

年份	出口量（吨）	出口额（千美元）	价格（美元/千克）
2002	19465	72306	3.71
2003	29702	100150	3.37
2004	47661	149478	3.14
2005	72395	245157	3.39
2006	49854	182673	3.66
2007	20161	101074	5.01
2008	24780	137254	5.54
2009	150200	541527	3.61
2010	204735	791885	3.87
2011	179309	802276	4.47

数据来源：联合国粮农组织（FAO）数据库（www.fao.org）

3. 鲜冷罗非鱼

2002—2011 年世界鲜冷罗非鱼出口平均价格呈波动趋势，其中 2002—2007 年鲜冷罗非鱼出口平均价格呈增长态势，2008 年较 2007 年略有下降，下降了 6.44%，2008—2010 年呈上涨趋势，2011 年较 2010 年略有下降，下降了 4.98%（表 1-16）。

表 1-16　2002—2011 年世界鲜冷罗非鱼出口平均价格

年份	出口量（吨）	出口额（千美元）	价格（美元/千克）
2002	1223	1629	1.33
2003	778	1031	1.33
2004	857	1167	1.36
2005	556	930	1.67
2006	359	770	2.14
2007	328	754	2.30
2008	1055	2269	2.15
2009	1066	2782	2.61
2010	1941	11130	5.73
2011	798	4348	5.45

数据来源：联合国粮农组织（FAO）数据库（www.fao.org）

4. 冻罗非鱼

2002 年世界冻罗非鱼出口平均价格为 1.12 美元 / 千克，2011 年为 1.86 美元 / 千克，年均增长率为 7.34%，2004 年较 2003 年有所降低，下降了 4%，2004—2007 年价格平稳增长，年增长率为8.1%，2009年价格较2008年下降了9.17%，2010—2011年冻罗非鱼出口价格呈增长态势（表1-17）。

表1-17 2002—2011年世界冻罗非鱼出口平均价格

年份	出口量（吨）	出口额（千美元）	价格（美元/千克）
2002	64869	63772	0.98
2003	77233	77457	1.00
2004	86982	83367	0.96
2005	88697	93794	1.06
2006	91880	107300	1.17
2007	57135	69166	1.21
2008	62917	102605	1.63
2009	72732	107735	1.48
2010	124138	193059	1.56
2011	145646	270946	1.86

数据来源：联合国粮农组织（FAO）数据库（www.fao.org）

5. 制作或保藏的罗非鱼

2002—2011年制作或保藏的罗非鱼出口价波动较大，2003年较2002年增加了44.2%，2004年较2003年降低了12.99%，2005—2006年呈增长态势，2007年较2006年降低了8.2%，2008年较2007年增加了42.5%，2009年较2008年减少了28.31%，2010—2011年呈增长态势（表1-18）。

表1-18 2002—2011年世界制作或保藏的罗非鱼出口平均价格

年份	出口量（吨）	出口额（千美元）	价格（美元/千克）
2002	1054	1492	1.42
2003	4725	9645	2.04
2004	7781	13820	1.78
2005	14519	28507	1.96
2006	90896	232596	2.56
2007	196081	460624	2.35
2008	203687	681836	3.35
2009	90158	216358	2.40
2010	59577	189804	3.19
2011	63379	240365	3.79

数据来源：联合国粮农组织（FAO）数据库（www.fao.org）

第二章
中国罗非鱼生产
发展分析

第一节　中国罗非鱼生产区域布局

我国是世界罗非鱼养殖和出口最大的国家，"十五"、"十一五"和"十二五"规划中，农业部渔业局将其列为重点发展的水产品种之一。2014年我国罗非鱼养殖产量169万吨，在国内淡水养殖品种中排列第六位。罗非鱼养殖区域主要集中在广东、海南、广西、福建和云南五省区，这些地区罗非鱼养殖产量占全国罗非鱼总产量95%以上。除主产区外，河北省利用地热资源和便利交通，每年生产罗非鱼1万多吨，主要供给京津冀地区零售市场。山东、江西、安徽、贵州、江苏、湖北以及四川等地年产量在5万吨左右，主要供给当地零售市场。

一、苗种生产

罗非鱼苗种生产是罗非鱼产业发展的基础，中国罗非鱼苗种生产主要依照传统土池池塘或水泥池塘育苗技术，随着现代科技发展，目前不少发达地区开始采用工厂化育苗技术，养殖苗种规格均匀、成活率高、雄性率高，促进了罗非鱼成鱼产量增长及产品质量的提高。

（一）苗种生产概况

随着我国罗非鱼生产量的逐年增加，苗种产业得到了蓬勃发展，从图2-1可以看出，除2008、2009年苗种产量变化幅度较大之外，其他年份苗种产量基本呈稳定上升态势，2014年苗种年产量达到256.45亿尾。

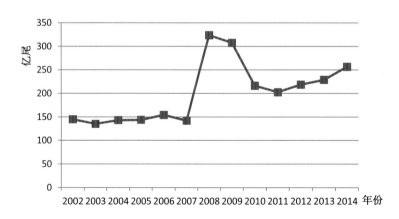

图2-1　2002—2014年中国罗非鱼苗种产量

数据来源：中国渔业统计年鉴

自 2010 年开始，我国罗非鱼苗种年均产量为 200 多亿尾，生产区域主要分布在气候温和的南方地区。据农业部《2015 年中国渔业统计年鉴》公布数据统计，2014 年我国有 17 个省市自治区生产罗非鱼苗种，其中广东、海南、广西、云南和福建五省区占全国总产量 90% 以上，苗种产量分别为 117.00 亿尾、78.28 亿尾、20.26 亿尾、11.49 亿尾和 8.35 亿尾，分别占全国总产量的 46%、31%、8%、4% 和 3%（图 2-2）。

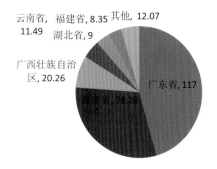

图 2-2　2014 年中国罗非鱼苗种产区产量情况（亿尾）

数据来源：中国渔业统计年鉴

（二）主要苗种生产区域

目前全国共有国家级水产良种场 75 家，其中罗非鱼国家级良种场 7 家，年产优质罗非鱼苗种二十多亿尾，约占全国总产量的 10%。良种场的建立为健全我国罗非鱼苗种管理体制、提高良种覆盖率提供了有力的基础保障。随着产业的发展和科技进步，良种覆盖率会逐渐扩大。我国罗非鱼鱼苗的生产区域有广东、海南、广西、云南和福建等五省区，生产品种有吉富罗非鱼、新吉富罗非鱼、奥尼罗非鱼等。

1. 广东省

广东省是罗非鱼苗种生产量最大的省份，占全国总产量的 50% 左右。截至 2014 年全省共有国家级罗非鱼良种场 2 个，罗非鱼苗种生产企业主要分布在茂名市、湛江市、梅州市、惠州市等地区，其中茂名市有罗非鱼种苗场 28 家，年繁殖罗非鱼种苗 11 亿尾，是全省最大罗非鱼苗种繁育地区。繁育品种主要包括吉富、新吉富、奥尼、吉奥、奥吉和红罗非鱼等品系，其中以吉富和新吉富系列所占比例最大。苗种培育方式主要以池塘培育、网箱培育和水泥池培育为主。2008 年广东省罗非鱼苗种产量达到了 196 亿尾，达到近十一年最高峰（图 2-3），近几年年产量在 90 亿～ 120 亿尾间变动，苗种产量的增长趋势逐步放缓。

2. 海南省

海南省是我国罗非鱼苗种生产第二大省份，苗种产量约占全国产量的 25%。全省共有 6 家省级罗非鱼良种场。年产 1 亿尾以上的苗企数量约占全省苗企数量的 45%。苗种生产企业主要分布在海口、文昌、澄迈等地区，生产苗种主要有吉富系列罗非鱼、奥尼罗非鱼、红罗非鱼等，其中约有总产量的 30% 在本省内销售，70% 销往外省。苗种培育方式主要有池塘培育、网箱培育、水泥池培育和网套箱（大网箱套小网箱）培育。从图 2-4 可以看出，海南省罗非鱼苗种产量基本呈稳步上升态势，2009 年以后年产量稳定在 50 亿尾左右，2014 年苗种产量大幅增加，达到了 78 亿尾，2003 年以来年均增长率达到 15.4%。

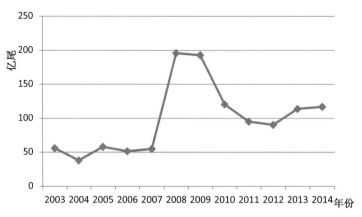

图 2-3 2003—2014 年广东省罗非鱼苗种产量

数据来源：中国渔业统计年鉴

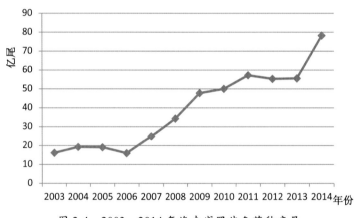

图 2-4 2003—2014 年海南省罗非鱼苗种产量

数据来源：中国渔业统计年鉴

3. 广西壮族自治区

广西壮族自治区是我国罗非鱼苗种生产第三大省区，年产量约 18 亿尾。截至 2014 年，全区共有 1 个国家级、2 个自治区级罗非鱼良种场。苗种生产主要分布于南宁、北海、玉林、梧州、柳州等地。繁育品种主要包括吉富、新吉富、奥尼和红罗非鱼等品系，其中吉富系列产量占 50%，奥尼系列产量占 43%，其他品种产量占 7%。苗种培育方式主要有池塘培育、网箱培育和水泥池培育，大部分生产苗场仅培育生产当年苗种，也有少量生产苗场培育生产越冬苗种。全区约 70% 的苗种供区内养殖，其余销往广东等其他地区。从图 2-5 可以看出，2003 年全区罗非鱼苗种产量 16.74 亿尾，经过 6 年稳步增长，达到 20.68 亿尾，2010 年苗种产量有较大幅度的下降，2011 年以后苗种产量稳步回升至 20 亿尾。

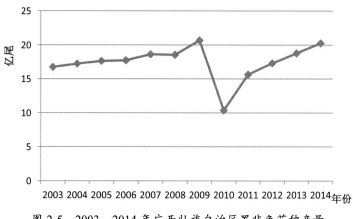

图 2-5　2003—2014 年广西壮族自治区罗非鱼苗种产量

数据来源：中国渔业统计年鉴

4. 福建省

福建省罗非鱼苗种年产量约 8 亿尾。目前省内有 1 个国家级罗非鱼良种场和 1 个省级罗非鱼良种场，其他绝大多数生产企业都是小规模、家庭作坊式生产方式，这些企业主要分布在漳州、厦门、泉州三个城市，尤其在漳州的芗城区、龙海、南靖、漳浦、平和、长泰等地最多。繁育的苗种品种主要有吉富罗非鱼、奥尼罗非鱼。苗种培育方式主要有池塘培育、网箱培育和水泥池培育，生产苗种主要供给本地养殖。从图 2-6 可以看出，2006 年以来福建省罗非鱼苗种产量逐步增长，2014 年产量达 8.35 亿尾。

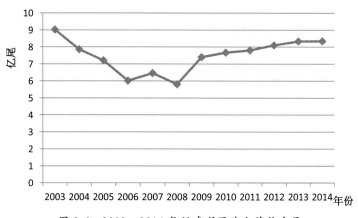

图 2-6　2003—2014 年福建省罗非鱼苗种产量

数据来源：中国渔业统计年鉴

5. 云南省

云南省水资源丰富，南部地区气温较高，适宜罗非鱼养殖生产，是我国罗非鱼苗种生产第四大省区。云南省还没有国家级、省级罗非鱼苗种场，苗种生产企业主要集中在滇南的版纳州和普洱市一带。主要生产苗种有吉富、奥尼、新吉富等品种，其中80%以上为吉富、新吉富品系罗非鱼，奥尼仅占10%左右。苗种培育方式主要有池塘培育和网箱培育。从2003年到2014年云南省罗非鱼苗种产量增长迅速，其中2003年苗种生产量1.99亿尾，到2014年产量达11.49亿尾，年均增长率为17.3%（图2-7）。

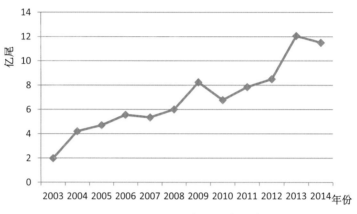

图 2-7　2003—2014 年云南省罗非鱼苗种产量

数据来源：中国渔业统计年鉴

二、成鱼生产

罗非鱼具有生长快、食性杂、抗病力强和无肌间刺等优点，国际需求旺盛，国内消费市场也在不断扩大，现已成为我国继传统养殖水产品种鲢鱼、鳙鱼、草鱼、鲤鱼和鲫鱼之后的第六大淡水养殖水产品种，是我国南方地区主要养殖的经济鱼类，也是我国出口量最大的鱼类品种。自20世纪60年代罗非鱼引入我国进行养殖后，产量一直不断增长，2014年产量已达到169万吨，占世界生产总量34%，出口量40万吨，占世界罗非鱼出口总量80%。我国罗非鱼产量增长的同时带动了苗种、饲料、加工、贸易等行业的蓬勃发展，带动就业、出口创汇，使我国罗非鱼养殖业在农业中的地位逐渐增强，走上了产业化、规模化的道路，在国际上具有较强的竞争优势。

（一）成鱼生产概况

罗非鱼是一个引进品种，对环境适应力较强，既可在淡水养殖，也可在半咸水或盐度低于25‰的海水中养殖。我国最早引进的罗非鱼品种是莫桑比克罗非鱼，该品种体型小，体色较黑，生长速度较慢，消费者和养殖户的接受度均不高，因此养殖发展受限。1978年我国引进尼罗罗非鱼，该品种生长速度快，在我国养殖生产规模不断扩大，但在养殖生产过程中依然存在着雄性率低、生长速度慢等问题，养殖依赖仍然有限。1983年引进了奥利亚罗非鱼，进行了奥尼罗非鱼杂交高雄性育种选育工作，解决了雄性率低和生长速度慢的问题，养殖效益迅速提升，开始大规模养殖。1994 年随着吉富品系罗非鱼的引进，养殖模式的优化，我国罗非鱼养殖生产进入了迅速增长时期。目前主要养殖品种有吉富罗非鱼、奥尼罗非鱼和红罗非鱼等，主要养殖模式有池塘养殖、山塘养殖、水库养殖、网箱养殖和稻田养殖等。2014 年养殖面积超过 220 万亩，产量已达到 169 万吨，其中吉富罗非鱼养殖面积约占 60% 以上，奥尼罗非鱼养殖面积约占30%，红罗非鱼等其他品种养殖面积大约占 10%。

（二）成鱼生产区域布局

　　罗非鱼在我国养殖分布的区域较广，除西藏、青海和宁夏外，全国 31 个省市自治区，均有罗非鱼养殖生产。罗非鱼养殖生产分布很不平衡，生产区域主要集中在广东省、广西壮族自治区、海南省、福建省和云南省五省区，占了全国生产总量的 95% 以上，其他地区如河北省、山东省、江西省等所占比例不足 5%。广东省是我国罗非鱼养殖最早、养殖面积最大和产量最高的地区，其次为广西、海南、福建和云南等省份，2012 年海南省罗非鱼养殖面积超过广西，位居全国罗非鱼养殖面积和产量第二位。在自然环境下，我国北方的罗非鱼生长期短，但在地热资源丰富的地区，越冬温室罗非鱼养殖较为常见，河北、山东是我国北方养殖罗非鱼较多的地区，由于地域原因，罗非鱼销售价格与南方产区相比有明显的优势。

1. 广东省

　　广东省位于我国大陆最南部，属于亚热带、热带气候，降水充沛，是我国光、热和水资源最丰富的地区之一，也是我国养殖罗非鱼最早、养殖面积最多和产量最高的地区，产量约占全国总产量的 40%。由于气候条件适宜，有多种养殖模式，最早养殖地区是珠江三角洲地区，如今已经拓展到内陆山区。广东省罗非鱼生产的主产片区集中在粤西和珠江三角洲地区，其中珠江三角洲以广州市和珠海市较为集中；粤西片区以茂名市、湛江市、化州和肇庆为主。从图 2-8 可以看到，除 2008 年受极端天气的影响，罗非鱼产量有所下降外，其他年份罗非鱼产量均呈上升趋势，2014 年全省罗非鱼养殖面积 75 万亩，主要以池塘养殖为主，养殖产量达到 71 万吨。罗非鱼养殖品种主要有吉富、奥尼和红罗非鱼等品种，养殖模式主要有池塘养殖、山塘养殖、水库养殖和综合经营模式。

　　（1）茂名市。

　　茂名市位于广东省西南部地区，属热带季风暖湿气候区，光照充足，热量丰富，雨量充沛，夏长冬暖，罗非鱼养殖区域主要分布在高州、茂南、化州等地，包括了 24 个镇。

　　主要养殖模式有全程全价饲料精养、分级综合高产饲养，立体综合养殖等三种模式，主要养殖品种有奥尼、吉富等品种，其中奥尼品系占 50%，吉富系列品种占 40%，其他品种占 10% 左右。2014 年全市水产养殖面积 56 万亩，水产品产量达 90 万吨，年总产值 66.5 亿元，其中罗非鱼养殖面积 22 万亩，年产量 18 万吨，年产值 16.8 亿元。罗非鱼产量约占广东省的 1/3，茂名是广东省规模最大的罗非鱼产业基地，享有"中国罗非鱼之都"之称。罗非鱼产业成为茂名市现代农业的支柱产业。全市约 1.5 万户农户经营罗非鱼养殖。其中 1000 亩以上规模养殖企业 20 多家，500 亩以上规模的专业大户 40 多户，100 亩以上规模的养殖户 300 多户。

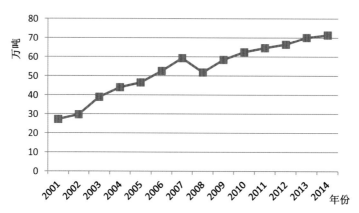

图 2-8　2001—2014 年广东省罗非鱼产量
数据来源：中国渔业统计年鉴

（2）珠海市。

珠海市位于广东省东南部，属亚热带季风气候，热量丰富，生长季长，河道纵横，是广东省罗非鱼连片养殖的主要区域之一。罗非鱼养殖区域主要集中在平沙镇，主要养殖模式有单养和混养两种，主要养殖品种有吉富、新吉富等品种，2014 年平沙罗非鱼成片养殖基地罗非鱼养殖面积为 1.4 万亩，罗非鱼总产量达到 1.5 万吨，产值 1.3 亿元；混养虾产量达到 2500 吨，产值 0.5 亿元；实现鱼虾生产总值 1.8 亿元。平沙罗非鱼养殖基地成为平沙人民创业致富的重要平台。

（3）惠州地区。

惠州地处广东省东南部，位于珠江三角洲东北端，属于亚热带季风气候，境内雨量充沛，气候温和。罗非鱼养殖区域主要分布在惠城区、博罗县、龙门县、惠阳区、仲恺区等地，主要养殖模式有鱼 - 鸭、鱼 - 猪综合经营模式、高密度纯投料单、混养模式和鱼菜共生养殖模式，主要养殖品种有奥尼、吉富等品种，2014 年全市水产养殖面积约 52 万亩，其中淡水池塘养殖面积约 35 万亩，山塘、水库约 10 万亩。其中罗非鱼的养殖面积约 15 万亩，年产量 10 万吨，年产值 9 亿元。

2. 海南省

海南省位于我国最南端，属于热带季风气候，全省年平均气温 22 ～ 25.5℃，雨量充沛，光照充足，是我国第二大罗非鱼养殖地区，罗非鱼全年都可以生长，并可自然越冬，水质条件优良，拥有良好的养殖生态环境。全省罗非鱼养殖产量约占全国总产量的 20%，养殖区域主要集中在文昌、琼海、澄迈及儋州等地，产量约占海南罗非鱼总产量的 71% 以上，其中文昌市占海南罗非鱼总产量的 45.15%。全年产量超过万吨的市县有 7 个，在文昌市和琼海市分别形成了万亩连片的罗非鱼养殖基地，以精养鱼塘为主，罗非鱼养殖历史悠久，养殖户技术水平较高。从图 2-9 可以看出，2001 年以来海南罗非鱼产业发展迅猛，呈稳定增长的趋势，2014 年全省养殖面积为 45 万亩，其中池塘养殖面积为 31.28 万亩，占 67.3%，水库占 32.8%。网箱养殖 37440 立方米，养殖产量达到 33 万吨。养殖品种主要以吉富、新吉富、奥尼罗非鱼为主。海南罗非鱼主要养殖模式有池塘养殖、网箱养殖、水库养殖，以池塘养殖模式为主，兼以水库放养和水库网箱养殖等模式。另外，生态健康养殖模式逐渐凸显，养殖户根据当地情况自发将鱼菜、鱼虾、鱼蟹等进行混养，不但提高了罗非鱼产量、质量，降低环境污染，而且利用菜、虾、蟹的收获增加了养殖经济效益。

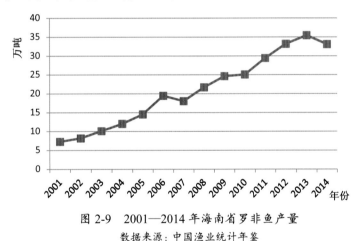

图 2-9　2001—2014 年海南省罗非鱼产量

数据来源：中国渔业统计年鉴

（1）文昌市。

文昌市地处海南省东北部，属于热带季风气候，气候温和，是海南省养殖面积和养殖产量最大的区域，罗非鱼养殖区域主要分布在潭牛、抱罗、冯坡、锦山、翁田、昌洒、龙马、宝芳等地，其中潭牛镇是文昌市最大的罗非鱼养殖基地。2014 年全市罗非鱼池塘养殖面积达 11.8 万亩，养殖产量 13.7 万吨，主要养殖品种有吉富、新吉富等，养殖模式主要有池塘单养和混养两种。2013 年全市从事罗非鱼产业养殖户达 1300 余户，从业人员 6800 余人。全市有罗非鱼种苗场 13 家，年繁育种苗达 16 亿尾，饲料加工厂 3 家，年加工饲料约 100 万吨；商品鱼养殖规模 10 万亩，年产量 18 万吨，成鱼加工厂 2 家，年加工成品鱼 12 万吨，贸易金额 10.5 亿元。

（2）琼海市。

琼海市地处海南省东部，属于热带海洋性季风气候，是海南省仅次于文昌的罗非鱼养殖大市，罗非鱼养殖区域主要集中在市内的塔洋、大路、潭门等镇，单户养殖面积以十几到几十亩居多，拥有 100 亩以上鱼塘面积的养殖户只占很少比例。2014 年全市罗非鱼养殖面积 3.8 万亩，其中池塘养殖面积 2.4 万亩，水库养殖面积 1.4 万亩，年产量 3 万亩。主要养殖品种有吉富、奥尼等，养殖模式主要有池塘单养和混养、网箱养殖。

3. 广西壮族自治区

广西地处于我国南疆，属于南亚热带季风气候，该区水资源丰富、降水丰沛、日照适中、全年不结冰，适宜的气候和地理条件使得广西成为我国罗非鱼养殖的优势区域，是我国第三大罗非鱼养殖地区。主要养殖区域有南宁、钦防（钦州与防城港）、合浦等几个核心区域，这些核心区域的周边城镇也有一定的养殖量，如贵港、玉林、百色、来宾、崇左、柳州、河池等。其中河池、百色两市大型水库较多，罗非鱼养殖多以网箱养殖为主。从图 2-10 可以看到，除 2006 年产量有所下降外，近年来广西罗非鱼产量呈直线上升态势，2014 年全区罗非鱼养殖面积 34.8 万亩，养殖产量达到 30.69 万吨。养殖品种主要有奥尼罗非鱼、吉富罗非鱼品系，此外也有一部分红罗非鱼与福寿鱼。其中吉富品系罗非鱼占总放养面积的 50%，奥尼罗非鱼约占 40%，其他罗非鱼约占 10%。广西罗非鱼养殖历史悠久，养殖模式经典，且极具地域特色，按地域划分主要有合浦立体养殖模式、南宁精养模式和钦防半精养模式三种。

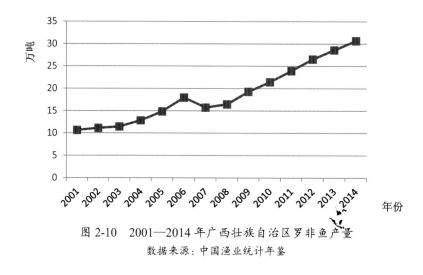

图 2-10　2001—2014 年广西壮族自治区罗非鱼产量

数据来源：中国渔业统计年鉴

（1）南宁市。

南宁市地处广西南部，属亚热带季风区，阳光充足，雨量充沛，霜少无雪，气候温和，年均气温在 21.7℃左右。自 20 世纪 70 年代起，南宁就开始饲养罗非鱼，养殖面积和产量位居广西第一位。养殖品种主要有吉富、奥尼、红罗非和奥利亚罗非鱼等，养殖模式有池塘精养、山塘、水库混养和网箱养殖，以池塘精养为主，全程投喂人工配合饲料。南宁的罗非鱼不仅供应南宁和区内的桂林、柳州、百色等地，也长期供应西南成都、重庆和贵州等地。同时，南宁的罗非鱼已经跨出国门，远赴大洋彼岸，成为美国、欧洲等地百姓的日常佳肴。南宁仅罗非鱼出口一项，全年出口的外汇超过 2000 万美元，是全市重要的出口创汇的产业。

（2）北海市。

北海市地处广西南端，北部湾东北岸，属于亚热带气候，雨量充沛、江河交错，水库、池塘星罗棋布，是广西水产业的龙头城市。加工龙头企业实力雄厚，十分适合出口型罗非鱼产业化发展。养殖品种有吉富、奥尼、吉奥、红罗非鱼等，养殖模式以罗非鱼混养（家鱼）为主，山塘综合养殖，部分开展鱼虾混养殖（以鱼为主 / 鱼虾并重）等模式。

全市淡水养殖面积约 9.8 万亩，产量 6.26 万吨，产值 4.9 亿元。其中罗非鱼出口总量 2.21 万吨，占全市水产品出口总量的 74%，占全广西罗非鱼出口总量的 72%；出口总值 0.91 亿美元占全市水产品出口总值的 71%，占全广西罗非鱼出口总值的 70%。

（3）钦州市。

钦州市地处广西南部，南海之滨，属于海洋性的热带季风气候。2014 年全市的罗非鱼养殖面积大约有 4 万亩左右，年产量 1 万～ 1.2 万吨左右。钦州市罗非鱼养殖的品种有吉富、奥尼、尼罗和红罗非鱼等，养殖品种主要以吉富罗非鱼和奥尼罗非鱼为主，分别约占罗非鱼总养殖量的 45% 和 30%，少数养殖尼罗罗非鱼和红罗非鱼，分别约占总比例的 10% 和 5%，其他品种罗非鱼，如奥利亚、福寿罗非鱼等养殖比例约占 10%。

养殖模式以混养为主，比例占到 90%，单养和网箱养殖均占 5%。沿海城镇罗非鱼养殖模式主要以鱼虾混养、鱼蟹混养为主，而非沿海城镇如灵山、浦北则以山塘水库的鱼类混养（如罗非鱼与四大家鱼的混养）为主，网箱养殖模式较少。

4. 福建省

福建省位于我国中南沿海，属于亚热带气候，气候温和，雨量充沛，适合罗非鱼养殖，是我国第四大罗非鱼养殖地区。养殖区域主要集中在闽南沿海地区，其中漳州市、福州市、厦门市三地市的罗非鱼养殖产量占全省罗非鱼养殖总量的 90% 以上，闽北地区的三明市、南平市和宁德市有少部分养殖。伴随罗非鱼养殖模式的不断优化，促进了闽西北内陆地区罗非鱼养殖进一步发展，使福建省罗非鱼养殖面积和养殖总产量略有增加。从图 2-11 可以看出，2001 年以来福建省罗非鱼生产一直较为稳定，2014 年福建省罗非鱼养殖总面积 15 万亩左右，养殖产量约 13 万吨。养殖品种主要以吉富罗非鱼和奥尼杂交鱼为主，同时有少量红罗非鱼养殖。养殖模式以池塘、小山塘为主，连片、规模化、集约化的生产基地不多，仅在福清市建立了几个 2000 亩以上的连片罗非鱼生产基地；漳州地区共有中型水库 16 座，小型水库 76 座，小二型水库 392 座，主要以小山塘水库罗非鱼养殖为主；龙岩、南平等山区主要以水库罗非鱼网箱养殖为主。

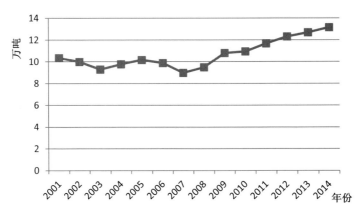

图 2-11　2001—2014 年福建省罗非鱼产量

数据来源：中国渔业统计年鉴

5. 云南省

云南省位于我国西南部，气候类型丰富，水系发达，从 20 世纪 70 年代开始养殖罗非鱼，目前已经成为全省第一大淡水鱼类养殖品种，产量占全部淡水养殖鱼类的 27.7%。养殖区域主要分布在普洱、西双版纳、德宏、曲靖、文山等 5 个州市，面积和产量约占全省的 90% 以上。从图 2-12 可以看出，近几年全省罗非鱼养殖产量增加迅速，2014 年养殖面积约 13 万亩，养殖产量 14 万吨，首次超过福建省。罗非鱼主要养殖品种中奥尼系列约占总放养面积的 10%，吉富、新吉富品系约占 80%，其他品种罗非鱼约占 10%。罗非鱼养殖模式主要有池塘养殖和网箱养殖两种方式。云南省充分利用水电站库区水面，开展库区网箱养殖，既解决了电站库区渔民生活问题，又丰富了山区人民菜篮子。

（1）景洪市。

景洪市位于云南省南部，气候属热带和南亚热带气候，兼有大陆性气候和海洋性气候的优点，水资源丰富，罗非鱼全年均可生长，是发展罗非鱼生产的优势区域，也是全省罗非鱼养殖的主要产区之一。全市自然条件优越，池塘、水库、电站库区等水源供给和水质能满足罗非鱼繁殖生长，经过多年的养殖推广，罗非鱼养殖面积占全市水产养殖面积的 78%，产量占养殖总产量的 80%，罗非鱼养殖技术及规模已达到一定水平。全市主养罗非鱼品种以吉富罗非鱼和奥杂罗非鱼两个品系为主，同时少量养殖尼罗罗非鱼等其他种类，养殖模式主要有静水池塘单养模式。

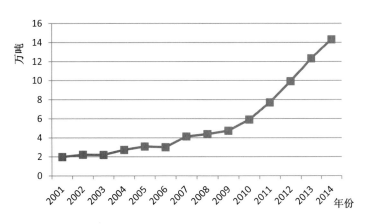

图 2-12 2001—2014 年云南省罗非鱼产量

数据来源：中国渔业统计年鉴

（2）罗平县。

罗平县是云南省曲靖市下辖的县之一，地处云南省东部，属于南亚热带气候和高原季风气候，水资源十分丰富，境内有 8 条主要河流，可养殖水域面积 10 万亩，发展罗非鱼养殖非常有利，是全省罗非鱼主产区之一。养殖区域主要分布在鲁布革、长底、九龙乡、钟山等地，2014 年全县罗非鱼养殖产量 9051 吨，产值达 10861 万元，养殖品种以吉富和奥尼杂交罗非鱼两个品系为主，养殖模式主要有池塘混养和高原库区罗非鱼网箱养殖。

第二节　中国罗非鱼成鱼养殖生产模式

我国罗非鱼成鱼养殖生产模式类型繁多，主要有池塘、网箱、水库、稻田等养殖模式。按品种搭配比例可分为单养和混养等模式；按集约化程度可分为精养、半精养和粗养等模式；按养殖周期不同可分为一年一茬、一年二茬和两年三茬等养殖模式。由于各地区罗非鱼养殖环境不同，地域自然条件和经济状况也不相同，便形成了适合不同地区的主流养殖模式。在南方广东、海南、广西、福建和云南地区，以单养和混养模式为主，北方山东、河北、北京等地区利用地热或工厂余热资源开展越冬温棚养殖模式。无论何种模式，能够合理利用当地气候条件和自然资源，生态环保节能，保证水产品质量，提高养殖者经济效益是各种养殖模式生存发展的基本条件。

一、按品种搭配比例划分

（一）单养

单养是指在同一养殖水体中仅放养一个品种的养殖模式。在罗非鱼成鱼养殖生产中，不论是池塘、网箱还是山塘，单养养殖生产均适用半集约化、集约化养殖生产方式。通常采用春季放苗，秋季起捕出售的一年一茬生产方式，也有些地方采用分级标苗、轮捕轮放或分批起捕上市的生产方式，单养放养量可以根据实际生产情况确定，每亩1000到10000尾不等。单养模式优点是管理方便，不同阶段使用相同规格的优质商品饲料，收获也比较集中，也可以高密度集约化养殖，其缺点是由于品种单一，不能有效利用池塘天然生物饵料及水体空间。

（二）混养

混养是指同一水体内同时放养一个品种以上的养殖模式。在罗非鱼养殖领域中，罗非鱼不仅可以与其他养殖鱼类同时混养，而且也可以与非鱼类的贝类、虾类、经济植物混合种养殖。混养模式的最大优点是不同养殖品种各自利用自身的不同生理习性、生长特性，充分利用养殖水体空间、天然饵料互补，提高了生产率。养殖经营上，混合养殖模式也减少了生产水产品市场波动的影响，降低了生产经营者生产风险。除此之外，与单养相比，混养养殖模式有饵料利用率高，各养殖对象发病低等优点，缺点是管理不方便，养殖操作复杂。

常见的罗非鱼混养模式有鱼虾混养、鱼蟹混养和与其他鱼类混养（如山塘水库）等三种形式。

1. 鱼类混养

在罗非鱼与其他鱼类混养模式中，混养品种主要有四大家鱼和淡水白鲳等其他养殖品种。养殖户根据市场状况和养殖条件，确定罗非鱼与其他养殖鱼类的品种放养比例以及放养密度，充分利用各品种各自生长特性，合理放养，轮捕轮放。这种养殖模式在福建、广东、广西等地区开展较为常见，养殖技术也比较成熟。

这种养殖模式虽然在一定程度上降低罗非鱼养殖产量，但也减少病害发生、市场波动等生产风险，生产经济效益相对稳定。

2. 鱼虾混养

在罗非鱼鱼虾混养模式中，常见的混养品种有南美白对虾。根据罗非鱼和南美白对虾间的互利共生原理，利用自然环境物质循环系统，在一定的养殖空间和区域内，促进罗非鱼和南美白对虾在同一环境中共同健康生长的混养生产模式。实践证明，这种养殖模式运用生态技术措施，改善养殖水质和生态环境，减少了病害，降低成本，提高了效益。具有高密度、高效益、低成本等特点。

在实际生产中,通常先放养虾苗一段时间,然后再放养罗非鱼,在整个生产过程中,仅投喂罗非鱼商品饲料,虾类利用罗非鱼残饲及排泄物,有时罗非鱼也有清理死虾功能。在生产期间,虽然南美白对虾需氧较高,但这种模式仍可采用集约化养殖。有些地区采用 24 小时微孔增氧,罗非鱼放养密度超过 10000 尾 / 亩,虾苗 30000 尾 / 亩,经过四个月的养殖生产,获得了每亩罗非鱼 15000 斤 / 亩,虾 400 斤 / 亩的收成。

3. 鱼蟹混养

在罗非鱼与蟹混养模式中,以罗非鱼为主,混养锯缘青蟹,利用养殖品种间不同生活习性,充分利用养殖水环境,提高饲料利用率,降低有害微生物大量繁殖,减少养殖生物的病害,二者互利共生。罗非鱼的生长速度、成活率以及单位面积产量明显高于单养模式。

罗非鱼混养锯缘青蟹,方法简便,技术容易掌握。养殖过程中不用投喂锯缘青蟹饲料,锯缘青蟹以罗非鱼的残饵、浮游生物为食。锯缘青蟹养殖 2 ~ 3 个月后进行捕捞,捕大留小,出塘规格较大,品质优于专养锯缘青蟹池。锯缘青蟹在池塘底部活动,可捕食病鱼、吃掉残饵甚至鱼类的粪便,有效改善底部环境,降低有害微生物大量繁殖,增强养殖水体的自净能力,增强体质,大大降低了发病机率,成活率较单养明显增大,达到增产增效,是一种高效、环保、健康的养殖模式,对稳定养殖户积极性有着积极的作用。

二、按养殖环境划分

根据养殖水域环境不同,罗非鱼养殖生产模式可分为池塘、山塘、湖泊、水库、稻田、流水、地下水和温泉水等养殖方式。其中池塘、山塘、湖泊与水库最为常见。

(一)池塘养殖

池塘养殖是指利用人工开挖或天然的池塘进行水产经济动植物养殖的一种生产方式,是人们通过苗种和相关的物质投入,干预和调控影响养殖动物生长的环境条件,以期获得最大产出的复杂的系统活动。池塘养殖是罗非鱼养殖最广泛采用的方式。池塘面积从几亩到几百亩大小不等,通常面积大小以 5 ~ 20 亩管理最为方便。随着各地自然、社会、经济条件的不同,池塘养殖生产力也不同。池塘养殖大多数采用精养和半精养方式,进行适当的密度混养,较充分地发挥了饲料、肥料和水体的生产潜力,资源利用程度较高。池塘养殖模式繁多,主要有池塘单、混养养殖模式,一年一茬或多茬养殖模式等。

（二）网箱养殖

网箱养殖是将由网片制成的箱笼，放置于一定水域，进行水生动物养殖的一种生产方式。网箱多设置在有一定水流、水质清新、溶氧量较高的江、河、湖、水库等水域中。网箱养殖罗非鱼可单养、混养，一般以单养为主。在网箱中标粗、培育各种规格鱼种、成鱼，均可操作。网箱规格一般有两种，2.5米×2.5米和5.0米×5.0米，深度根据水体深度控制。池塘罗非鱼网箱养殖操作灵活、成活率高。罗非鱼耐低溶氧，抗病力强，食性杂，可摄食网箱壁上的附着藻类，起到清洁箱体的作用，因此罗非鱼非常适合网箱养殖，具有密放、精养、高产、灵活和简便等优点。

这种养殖模式能充分利用水源、场地、人力，生产稳定、收益高。

（三）稻田养殖模式

稻田养鱼是将种稻、养鱼有机结合在同一块田中的农业生产方式，实现稻鱼互利共生，使稻田的生态系统从结构和功能上都得到合理的改造，并发挥稻田的最大"负载力"，属于循环经济型的生态农业。中国是世界上发展稻田养鱼最早的国家，在农业自然资源逐渐劣化、农药残留问题日益严重、环境污染日益加深的当下，发展传统、绿色、高效型的生态农业已成为时代的需要，而稻田养鱼无疑是符合发展要求的。

稻田由于水层浅、水温较高、鱼类饵料生物较丰富，非常适合奥尼罗非鱼的养殖，并已逐渐成为稻田养鱼的新对象，一般亩产奥尼罗非鱼20～30千克。利用稻田养殖奥尼罗非鱼，是充分利用水资源、增加单位面积产出、调整农业产业结构、增加农民收入的种养结合项目，可以利用奥尼罗非鱼生长速度快、产量高、效益好的优点，在农村广泛推广。

（四）温泉水养殖模式

温泉水养殖模式是利用当地天然温泉，经与冷水混合调温或自然降温达到鱼类养殖最佳温度后，再注入鱼池使用。这种养殖模式常用于罗非鱼反季节养殖，在河北、山东、广西等地区均有这种养殖模式存在。如广西桂中地区，有着大量的地下温泉水资源，常年水温在20℃左右，溶解氧浓度高，水质好，单产较高，同时泉水养殖出的鱼品质相对较好，又是反季节销售，售价也比普通池塘养殖成鱼高1.0～2.0元/千克左右。

三、按集约化程度划分

根据集约化程度不同，罗非鱼养殖模式可分为精养、半精养和粗养等养殖模式。精养模式全程投喂颗粒或膨化饲料，养殖效率高，成鱼质量易控制，但养殖成本相对较高，当成鱼价格高时采用这种养殖方式。半精养养殖模式是在养殖前期依靠畜禽粪便肥塘培育生物饵料，供鱼苗鱼种摄食，中后期投喂商品饲料以促进鱼类生长，加速罗非鱼商品鱼上市，这种养殖方式水质不易控制，易导致发病，产品质量不易控制。粗养模式不投喂商品饲料。

（一）精养模式

精养模式是指纯粹的单一水产品种养殖，全程投喂人工配合饲料，强化日常管理。养殖技术含量需求较高，养殖设备、条件投入需求也较大。罗非鱼精养模式常见于工厂化、池塘、网箱等养殖方式，对养殖生产的基本配置要求比较高，使用循环水，配备增氧机、投饲机等机械，采取高密度放养方式，全程投喂罗非鱼商品饲料，具有投资大、成本高、利润高等特点。

在各地罗非鱼养殖方式中，常见于池塘分级标粗，全程投喂罗非鱼配合饲料。又分为一年一茬、一年二茬和两年三茬。从放养罗非鱼苗入塘开始，全程投喂罗非鱼颗粒或膨化饲料，直至商品鱼出塘，这种养殖模式水体利用率高，水质易于控制，技术要求高，养殖成本相对较高，但成鱼品质安全得到保证，也是符合出口产品质量要求的模式。

（二）半精养模式

半精养模式是介于精养与粗养模式中间的一种养殖模式，在放养密度、投饵量、管理水平和产量方面都与精养模式有很大不同，这种模式在充分利用天然饵料资源的基础上，再补充性饲料和肥料的投入，常见于中、小型水库、网箱、河沟中进行。系统中鱼类营养需要是由天然饵料生物和人工饲料共同提供。在市场价格不稳时，养殖户更愿意选择这种半精养模式，一般会在罗非鱼鱼种体重达到的 4～5 天前不投喂商品饲料，之后集中投料半个月到一个月后捕鱼出售。

（三）粗养模式

粗养模式是指完全利用天然饵料生物，极少或没有饲料和肥料投入，养殖过程中很少管理，基本相当于让鱼类处于天然水域中自然生长的一种状态。这种养殖模式的特征是放养密度低，资金投入少，产量和产值均不高。在我国南方地区常见于大、中型水库、山塘中进行罗非鱼养殖。

（四）立体养殖模式

立体养殖模式是以池塘养鱼为主体，综合经营作物栽培、畜禽饲养和农畜产品加工等生产方式，使水体中生产和池堤面的作物种植、畜禽养殖及农产品加工有机结合，互相促进，充分利用水陆资源与废弃物，提高产品产量，节约能源，保持物质良性循环，形成多功能、高效益的复合人工生态系统。

这种模式在我国 20 世纪 80 年代较为盛行，塘基养猪或鸭，粪便肥水养鱼。将罗非鱼与鲢鳙鱼混养，少量投喂或不投喂饲料，在当前饲料成本占养殖成本最大份额的前提下，这种养殖模式无异于可节约生产成本。但目前还存在以下几个问题：第一，由于是半投料甚至不投料养殖，鱼生长速度慢，且长速不均匀以致商品鱼规格不整齐，容易集中在年底出鱼高峰上市，而这个时候鱼价往往不好；第二，由于猪鸭等禽畜粪便过多时，容易使水体生物链失衡，水质极易恶化，这种环境对水体的鱼类生长速度影响极大；第三，当池塘中水质恶性循环时，鱼类容易暴发病害甚至死亡；第四，养殖环境、苗种、饲料、水产动物用药、禽畜用药等环节都可能存在药物残留；第五，养殖户科学管理意识淡薄，对鱼病防治及水质调节不够重视，极易因为水质恶化引起病害造成经济损失。

由于这种养殖模式养殖成本相对较低，鱼价低迷时，利润空间较大，可操作性强，在广东省和广西部分地区，罗非鱼综合经营模式比较多见，尤其以粤西地区非常适合综合经营，以罗非鱼 - 鸭综合经营模式为主，塘基养鸭，池塘养殖罗非鱼，从管理技巧上进一步提高立体养殖效益，是所需解决的主要问题。

四、按养殖周期划分

按照养殖周期可以将罗非鱼养殖模式分为一年一茬（一周年养殖周期内完成一批成鱼养殖生产活动）、一年二茬（一周年养殖周期内完成两批成鱼养殖生产活动）和两年三茬（两周年养殖周期内完成三批成鱼养殖生产活动）养殖模式。

（一）一年一茬养殖模式

这种养殖模式是每年养殖一批罗非鱼，具有简单，易操作的特点，即在年初 3—4 月份放养苗种，经过 7—8 个月的养殖周期，在 10—12 月期间收获上市，此时商品鱼规格可以达到 1.5 ~ 2.5 斤 / 尾。但这种模式存在一些不足：由于每年 10—12 月是罗非鱼集中上市时间，也是全年鱼价最低时期，经济效益不高。

（二）一年二茬养殖模式

这种模式常在池塘、山塘、网箱中开展。适合在海南、广东地区进行，全年平均温度适合在一年内两次放苗种饲养，分别是 6 月底投苗 11 月底出鱼和 12 月初投苗 6 月初出鱼，两次清塘收获。

这种养殖模式全程正常投料，养殖周期缩短，一年二造，放养的是大规格罗非鱼鱼种，可以提高成活率，产量提高，降低塘租成本，还有一个最主要的优势，第二次出鱼在 6 月底，在高温天气时即使发生病害相对损失也小，同时能达到错峰出鱼，提高经济效益。

（三）两年三茬养殖模式

这种养殖模式是两周年内使罗非鱼饲养池塘出现三次放鱼种饲养、三次清塘收获的养殖方式。具体操作方法可以如下进行：（1）第一年3—4月放养60～140尾/千克大规格鱼种，当年7—9月上市；（2）当年新种苗快速标粗，到8—9月上市后养成10～20尾/千克的大规格鱼种过塘，次年5月份清塘上市；（3）5月份放养当年12朝（120～160尾/千克）鱼种，年底上市。

第三节　中国罗非鱼成鱼成本收益分析

我国罗非鱼成鱼养殖生产以池塘养殖为主。受自然、社会、经济条件的影响，各地区池塘成鱼养殖模式不同，各模式的养殖生产成本差异比较大。本节着重对罗非鱼单养、混养与综合经营等三种池塘成鱼养殖模式进行生产成本、生产经济效益分析。

一、生产成本分析

生产成本分析数据取于国家罗非鱼产业技术研发体系2011—2015年产业经济跟踪点实际调研资料，涵盖了罗非鱼主产区广东省、广西壮族自治区、海南省、福建省、云南省5个省（自治区）12个县，共有300个养殖户1500组生产记录数据。通过对调研数据的整理、分析与处理，分析了罗非鱼池塘成鱼养殖生产成本的基本构成，选取了苗种费、饲料费、水面费、人工费、水电费、燃料费、捕捞费、渔药费以及其他等成本项目指标，采用简单的数理统计分析方法对罗非鱼单养、混养与综合经营等三种池塘成鱼养殖模式的生产成本分别作了统计分析。

（一）单养

我国罗非鱼池塘养殖单养模式在罗非鱼主产区均有分布。2011—2015年主产区罗非鱼池塘养殖单养模式年平均养殖产量为1120千克/亩，年平均养殖生产成本为9300元/亩，年平均增长率为6.83%。其中广东省、广西壮族自治区、福建省、云南省、海南省等省区年平均每亩养殖生产成本分别为8420元、8367元、9514元、11976元和8202元，在主产区罗非鱼池塘养殖单养模式生产成本中，苗种费、饲料费、渔药费、水电费、人工费、燃料费、捕捞费、水面费以及其他等成本项目年平均每亩支出分别为428元、6774元、124元、261元、531元、47元、224元、858元和61元，各项目指标占总生产成本的比例分别为4.60%、72.84%、1.33%、2.81%、5.71%、0.51%、2.41%、9.23%和0.66%。在单养模式中，饲料费、人工费和水面费这三项成本占生产总成本的75%以上，是最主要的生产支出项目，其中饲料费占生产成本比例最大，达到70%左右。

苗种费、水面费、水电燃料费、人工费等约占30%。以下分别对罗非鱼五个主产区池塘养殖单养模式生产成本进行统计分析。

1. 广东省

2011—2015年广东省罗非鱼池塘养殖单养模式的平均每亩养殖产量分别为1000千克、1000千克、1075千克、1104千克和1200千克，年平均养殖产量为1076千克/亩；2011—2015年每亩生产成本分别为6800元、7576元、9732元、8691元和9302元，年平均养殖生产成本为8420元/亩，年平均增长率为8.15%；每亩利润分别为1285元、1424元、1233元、1911元和898元，年平均利润为1353元/亩。其中2011—2015年广东省罗非鱼池塘养殖单养模式生产成本中，苗种费、饲料费、渔药费、水电费、人工费、燃料费、捕捞费、水面费以及其他等成本项目年平均每亩支出分别为371元、5869元、135元、296元、559元、65元、215元、843元和67元，各项目指标占总生产成本的比例分别为4.40%、69.72%、1.61%、3.52%、6.64%、0.77%、2.56%、10.01%和0.79%（表2-1）。

表2-1 2011—2015年广东省池塘单养模式下的罗非鱼生产成本收入表

年份	2011	2012	2013	2014	2015
成本					
苗种费	320	430	430	336	338
饲料费	4650	5320	6558	6022	6796
渔药费	100	80	323	73	101
水电费	300	240	323	275	344
人工费	500	520	538	618	621
燃料费	100	100	30	13	80
捕捞费	190	236	215	171	265
水面费	600	600	1290	1100	625
其他费用	40	50	27	83	133
小计（元/亩）	6800	7576	9732	8691	9302
收入					
亩产（千克）	1000	1000	1075	1104	1200
平均售价（元/千克）	8.09	9.00	10.20	9.60	8.50
总收入（元/亩）	8085	9000	10965	10602	10200
净利润					
净利润（元/亩）	1285	1424	1233	1911	898
成本利润率（%）	18.90%	18.80%	12.67%	21.99%	9.66%

从2011年起，受饲料费、苗种费、人工费用和水面费等生产资料持续上涨的影响，2011—2013年广东省罗非鱼生产成本呈逐年上涨的趋势，2014年受生产成本上涨、销

售价格低迷和链球菌病高发的影响，养殖户减少了罗非鱼的苗种投放密度，因而饲料成本得到相应减少，导致 2014 年罗非鱼亩均生产成本比 2013 年下降了 10.41% 左右，2015 年罗非鱼饲料价格未有明显上涨，但由于市场行情不佳，多数养殖户拉长了罗非鱼养殖周期，增大了饵料系数，罗非鱼的生产成本比 2014 年小幅上涨了 7% 左右。

2. 广西壮族自治区

2011—2015 年广西壮族自治区罗非鱼池塘养殖单养模式的平均每亩养殖产量分别为 1000 千克、1000 千克、1000 千克、1050 千克和 1000 千克，年平均养殖产量为 1010 千克 / 亩；2011—2015 年每亩生产成本分别为 7200 元、7500 元、9150 元、9623 元和 8363 元，年平均养殖生产成本为 8367 元 / 亩，年平均增长率为 3.91%；每亩利润分别为 2000 元、1668 元、1450 元、1403 元和 638 元，年平均利润为 1432 元 / 亩。其中 2011—2015 年广西壮族自治区罗非鱼池塘养殖单养模式生产成本中，苗种费、饲料费、渔药费、水电费、人工费、燃料费、捕捞费、水面费以及其他等成本项目年平均每亩支出分别为 381 元、5880 元、119 元、231 元、505 元、63 元、231 元、900 元和 57 元，各项目指标占总生产成本的比例分别为 4.55%、70.28%、1.42%、2.76%、6.04%、0.75%、2.76%、10.76% 和 0.68%（表 2-2）。

表 2-2　2011—2015 年广西壮族自治区池塘单养模式下的罗非鱼生产成本收入表

年份	2011	2012	2013	2014	2015
成本					
苗种费	320	300	500	435	350
饲料费	4600	5000	6500	6950	6350
渔药费	100	100	200	121	75
水电费	290	300	50	227	288
人工费	500	600	450	500	475
燃料费	100	100	30	34	50
捕捞费	190	200	400	242	125
水面费	1000	800	1000	1100	600
其他费用	100	100	20	15	50
小计（元/亩）	7200	7500	9150	9623	8363
收入					
亩产（千克）	1000	1000	1000	1050	1000
平均售价（元/千克）	9.20	9.17	10.60	10.50	9.00
总收入（元/亩）	9200	9168	10600	11025	9000
利润					
净利润（元/亩）	2000	1668	1450	1403	638
成本利润率（%）	27.78%	22.24%	15.85%	14.58%	7.62%

从 2011 年起，受饲料费、苗种费、水面费等生产资料持续上涨的影响，2011—2014 年广西壮族自治区罗非鱼生产成本呈逐年上涨的趋势，受 2015 年市场行情较差的影响，部分养殖户减少了罗非鱼苗种放养量，加上 2015 年饲料价格有所下降，2015 年罗非鱼的生产成本比 2014 年下降了 12.70% 左右。2011—2014 年广西壮族自治区罗非鱼单养生产成本呈逐年上升的趋势，2015 年罗非鱼单养生产成本有所下降。

3. 福建省

2011—2015 年福建省罗非鱼池塘养殖单养模式的平均每亩养殖产量分别为 1100 千克、1300 千克、1350 千克、1100 千克和 1200 千克，年平均养殖产量为 1210 千克/亩；2011—2015 年每亩生产成本分别为 8670 元、9400 元、10630 元、9150 元和 9721 元，年平均养殖生产成本为 9514 元/亩，年平均增长率为 2.90%；每亩利润分别为 1450 元、2300 元、1520 元、1300 元和 1080 元，年平均利润为 1530 元/亩。其中 2011—2015 年福建省罗非鱼池塘养殖单养模式生产成本中，苗种费、饲料费、渔药费、水电费、人工费、燃料费、捕捞费、水面费以及其他等成本项目年平均每亩支出分别为 405 元、7106 元、98 元、295 元、543 元、32 元、209 元、768 元和 58 元，各项目指标占总生产成本的比例分别为 4.26%、74.69%、1.03%、3.10%、5.71%、0.34%、2.19%、8.07% 和 0.61%（表 2-3）。

表 2-3　2011—2015 年福建省池塘单养模式下的罗非鱼生产成本收入表

年份	2011	2012	2013	2014	2015
成本					
苗种费	400	450	500	350	327
饲料费	6500	7100	8100	6700	7131
渔药费	100	120	150	50	72
水电费	300	200	400	270	305
人工费	500	500	500	500	715
燃料费	50	30	30	30	20
捕捞费	200	200	200	200	244
水面费	600	700	700	1000	840
其他费用	20	100	50	50	69
小计（元/亩）	8670	9400	10630	9150	9721
收入					
亩产（千克）	1100	1300	1350	1100	1200
平均售价（元/千克）	9.20	9.00	9.00	9.50	9.00
总收入（元/亩）	10120	11700	12150	10450	10800
利润					
净利润（元/亩）	1450	2300	1520	1300	1080
成本利润率（%）	16.72%	24.47%	14.30%	14.21%	11.11%

从 2011 年起，受饲料费、苗种费等生产资料持续上涨的影响，2011—2013 年福建省罗非鱼生产成本呈逐年上涨的趋势，由于福建省罗非鱼养殖成活率高，2014 年链球菌病发病率低，加上饲料利用效率高，水质调控好等因素，2014 年罗非鱼的生产成本比 2013 年下降了 13.92% 左右，2015 年受罗非鱼市场行情不佳的影响，多数养殖户拉长了罗非鱼养殖周期，增大了饵料系数，造成 2015 年罗非鱼的生产成本比 2014 年上涨了 6.01% 左右。

4. 云南省

2011—2015 年云南省罗非鱼池塘养殖单养模式的平均每亩养殖产量分别为 1000 千克、1200 千克、1400 千克、1300 千克和 1400 千克，年平均养殖产量为 1260 千克 / 亩；2011—2015 年每亩生产成本分别为 8268 元、10821 元、13300 元、13476 元和 14016 元，年平均每亩养殖生产成本为 11976 元 / 亩，年平均增长率为 14.10%；利润分别为 1510 元、1179 元、2100 元、2124 元和 1384 元，年平均利润为 1659 元 / 亩。其中 2011—2015 年云南省罗非鱼池塘养殖单养模式生产成本中，苗种费、饲料费、渔药费、水电费、人工费、燃料费、捕捞费、水面费以及其他等成本项目年平均每亩支出分别为 671 元、9125 元、95 元、228 元、597 元、34 元、276 元、900 元和 50 元，各项目指标占总生产成本的比例分别为 5.60%、76.20%、0.79%、1.90%、4.98%、0.29%、2.30%、7.51% 和 0.42%（表 2-4）。

表 2-4　2011—2015 年云南省池塘单养模式下的罗非鱼生产成本收入表

年份	2011	2012	2013	2014	2015
成本					
苗种费	680	526	750	800	600
饲料费	5865	8262	10000	10500	11000
渔药费	194	120	100	30	30
水电费	180	200	150	260	351
人工费	500	633	700	500	650
燃料费	50	30	20	36	35
捕捞费	150	200	430	300	300
水面费	600	800	1100	1000	1000
其他费用	50	50	50	50	50
小计（元/亩）	8268	10821	13300	13476	14016
收入					
亩产（千克）	1000	1200	1400	1300	1400
平均售价（元/千克）	9.78	10.00	11.00	12.00	11.00
总收入（元/亩）	9778	12000	15400	15600	15400
利润					
净利润（元/亩）	1510	1179	2100	2124	1384
成本利润率（%）	18.26%	10.89%	15.79%	15.76%	9.88%

从 2011 年起，受饲料费、苗种费、水面费、人工费等生产资料持续上涨的影响，2011—2015 年云南省罗非鱼生产成本呈逐年上涨的趋势。由于云南省大型苗种厂较少，每年需要的罗非鱼苗种大部分还得从海南空运，苗种价格较其他省份偏高。加上云南省交通不发达，云南省罗非鱼养殖生产资料的运输成本较高，因而在五个主产区中，云南省的罗非鱼生产成本最高。

5. 海南省

2011—2015 年海南省罗非鱼池塘养殖单养模式的平均每亩养殖产量分别为 1000 千克、1000 千克、1100 千克、1096 千克和 1200 千克，年平均养殖产量为 1079 千克 / 亩；2011—2015 年每亩生产成本分别为 7650 元、8060 元、8066 元、8676 元和 8865 元，年平均养殖生产成本为 8263 元 / 亩，年平均增长率为 3.75%；每亩利润分别为 1550 元、940 元、2274 元、2284 元和 735 元，年平均利润为 1557 元 / 亩。其中 2011—2015 年海南省罗非鱼池塘养殖单养模式生产成本中，苗种费、饲料费、渔药费、水电费、人工费、燃料费、捕捞费、水面费以及其他等成本项目年平均每亩支出分别为 312 元、5889 元、170 元、254 元、451 元、42 元、190 元、880 元和 74 元，各项目指标占总生产成本的比例分别为 3.77%、71.27%、2.06%、3.08%、5.46%、0.51%、2.30%、10.65% 和 0.89%（表 2-5）。

表 2-5　2011—2015 年海南省池塘单养模式下的罗非鱼生产成本收入表

年份	2011	2012	2013	2014	2015
成本					
苗种费	330	350	300	269	310
饲料费	5200	5460	6336	6153	6298
渔药费	100	120	200	232	200
水电费	290	300	110	272	300
人工费	500	500	400	400	457
燃料费	50	30	20	60	50
捕捞费	200	200	150	202	200
水面费	900	1000	500	1000	1000
其他费用	80	100	50	88	50
小计（元/亩）	7650	8060	8066	8676	8865
收入					
亩产（千克）	1000	1000	1100	1096	1200
平均售价（元/千克）	9.20	9.00	9.40	10.00	8.00
总收入（元/亩）	9200	9000	10340	10960	9600

续表2-5

年份	2011	2012	2013	2014	2015
利润					
净利润（元/亩）	1550	940	2274	2284	735
成本利润率（%）	20.26%	11.66%	28.19%	26.32%	8.30%

从2011年起，受饲料费、苗种费、水面费等生产资料持续上涨的影响，2011—2014年海南罗非鱼生产成本呈逐年上涨的趋势。2015年受出口罗非鱼市场行情不佳的影响，多数养殖户拉长了罗非鱼养殖周期，增大了饵料系数，造成2015年罗非鱼的生产成本比2014年有所略涨了2.17%。

（二）混养

受饲料费、人工费、塘租费等生产成本上涨的影响，全程全价饲料养殖模式的利润空间逐年降低，养殖户积极性不高，高投入养殖模式欠缺动力，罗非鱼苗种投放量受到一定的影响，一些养殖户通过采取混养模式来抵御养殖风险，可使单位面积产值提高30%以上。我国罗非鱼池塘养殖混养模式在罗非鱼主产区均有分布。其中南美白对虾混养罗非鱼的养殖模式主要分布在福建省，四大家鱼混养罗非鱼的养殖模式主要分布在广西壮族自治区。本节主要以福建省鱼虾混养和广西壮族自治区鱼类混养为例对这两种罗非鱼混养模式的生产成本进行统计分析。

2011—2015年罗非鱼池塘养殖鱼虾混养模式年平均养殖产量为936千克/亩，年平均养殖生产成本为7383元/亩，年平均增长率为6.89%，年平均利润为1347元/亩。2011—2015年罗非鱼池塘养殖鱼类混养模式年平均养殖产量为853千克/亩，年平均养殖生产成本为7304元/亩，年平均增长率为9.32%，年平均利润为1054元/亩。在混养模式中，饲料费、人工费和水面费这三项成本仍然是最主要的生产支出项目，占生产总成本的80%以上，其中饲料费占生产成本比例最大，达到70%，苗种费、水面费、人工费等约占30%。以下分别对鱼虾混养和鱼类混养罗非鱼两种混养模式的生产成本进行统计分析。

1. 福建省

2011—2015年福建省罗非鱼池塘养殖鱼虾混养模式的平均每亩养殖产量分别为800千克、800千克、1000千克、1080千克、1000千克，年平均养殖产量为936千克/亩；2011—2015年每亩生产成本分别为6270元、6520元、7250元、8688元和8186元，年平均养殖生产成本为7383元/亩，年平均增长率为6.89%；每亩利润分别为1090元、680元、1750元、2539元和675元，年平均利润为1347元/亩。其中2011—2015年福建省罗非鱼池塘养殖鱼虾混养模式生产成本中，苗种费、饲料费、渔药费、水电费、人工费、燃料费、捕捞费、水面费以及其他等成本项目年平均每亩支出分别为364元、5123元、179元、260元、513元、22元、243元、610元和69元，各项目指标占总生产成本的比例分别为4.93%、69.39%、2.43%、3.52%、6.95%、0.30%、3.29%、8.26%和0.94%（表2-6）。

表2-6 2011—2015年福建省池塘鱼虾混养模式下的罗非鱼生产成本收入表

年份	2011	2012	2013	2014	2015
成本					
苗种费	390	400	480	400	150
饲料费	4000	4100	4600	6405	6509
渔药费	100	120	300	241	135
水电费	230	250	400	211	208
人工费	500	500	500	566	500
燃料费	50	30	30	0	0
捕捞费	350	380	150	200	134
水面费	600	640	700	608	500
其他费用	50	100	90	57	50
小计（元/亩）	6270	6520	7250	8688	8186
收入					
亩产（千克）	800	800	1000	1080	1000
平均售价（元/千克）	9.20	9.00	9.00	10.40	8.86
总收入（元/亩）	7360	7200	9000	11227	8860
利润					
净利润（元/亩）	1090	680	1750	2539	675
成本利润率（%）	17.38%	10.43%	24.14%	29.23%	8.24%

从2011年起，受饲料费、苗种费等生产资料持续上涨的影响，2011—2014年福建省鱼虾混养模式下的罗非鱼生产成本呈逐年上升的趋势。因此，多数养殖户比较注重生产成本和链球菌的控制，开始选择浮性的颗粒饲料，不再用沉性饲料，但是2015年受罗非鱼市场行情不佳的影响，多数养殖户降低了罗非鱼的放养密度，拉长了罗非鱼养殖周期，造成2015年罗非鱼的生产成本比2014年下降了5.78%左右。

2. 广西壮族自治区

2011—2015年广西壮族自治区罗非鱼池塘养殖鱼类混养模式的平均每亩养殖产量分别为700千克、700千克、1050千克、900千克和915千克，年平均养殖产量为853千克/亩；2011—2015年每亩生产成本分别为5370元、6060元、8760元、8663元和7669元，年平均养殖生产成本为7304元/亩，年平均增长率为9.32%；每亩利润分别为1070元、

590 元、1950 元、1228 元和 434 元，年平均利润为 1054 元 / 亩。其中 2011—2015 年广西壮族自治区罗非鱼池塘养殖鱼类混养模式生产成本中，苗种费、饲料费、渔药费、水电费、人工费、燃料费、捕捞费、水面费以及其他等成本项目年平均每亩支出分别为 353 元、5046 元、122 元、230 元、449 元、40 元、331 元、690 元和 43 元，各项目指标占总生产成本的比例分别为 4.83%、69.08%、1.67%、3.15%、6.15%、0.55%、4.53%、9.45% 和 0.59%。从 2011 年起，受饲料费、苗种费、水面费等生产资料持续上涨的影响，2011—2013 年广西壮族自治区罗非鱼鱼类混养模式生产成本呈逐年上涨的趋势。2014 年，养殖户开始注重水质调理、改底、做好各种预防措施等，降低养殖风险，2014 年的罗非鱼的生产成本比 2013 年下降了 1.11% 左右。由于饲料价格有所下降，2015 年的罗非鱼的生产成本持续下降，比 2014 年下降了 4.75% 左右（表 2-7）。

表 2-7　2011—2015 年广西壮族自治区池塘鱼类混养模式下的罗非鱼生产成本收入表

年份	2011	2012	2013	2014	2015
成本					
苗种费	320	350	410	383	300
饲料费	3100	3800	6000	6328	6001
渔药费	100	80	200	156	75
水电费	300	300	200	228	122
人工费	500	500	450	420	375
燃料费	100	30	30	30	10
捕捞费	400	450	420	250	136
水面费	500	500	1000	850	600
其他费用	50	50	50	17	50
小计（元/亩）	5370	6060	8760	8663	7669
收入					
亩产（千克）	700	700	1050	900	915
平均售价（元/千克）	9.20	9.50	10.20	10.99	8.86
总收入（元/亩）	6440	6650	10710	9891	8103
利润					
净利润（元/亩）	1070	590	1950	1228	434
成本利润率（%）	19.93%	9.74%	22.26%	14.18%	5.66%

（三）综合经营

综合经营是罗非鱼和其他农作物、或畜牧禽联合生产或养殖经营。该模式主要分布在广东省惠州地区。本节选取广东省惠州市鱼畜和鱼禽两种综合经营模式为例对综合经营模式下的罗非鱼生产成本进行统计分析。

2011—2015 年罗非鱼鱼畜综合经营模式年平均养殖产量为 672 千克 / 亩，年平均养殖生产成本为 5010 元 / 亩，年平均增长率为 13.04%，年平均利润为 1343 元 / 亩。2011—2015 年罗非鱼鱼禽综合经营模式年平均养殖产量为 560 千克 / 亩，年平均养殖生产成本为 4182 元 / 亩，年平均增长率为 5.36%，年平均利润为 1162 元 / 亩。在综合经营模式中，饲料费、人工费和水面费这三项成本仍然是最主要的生产支出项目，占生产总成本的 75% 以上，相对前两种养殖模式，综合经营的饲料成本占生产成本的比例有所降低，为 55% 左右，水面费和人工费各占 10% 以上，其他费用占 25% 左右。以下分别对罗非鱼鱼畜和鱼禽两种综合经营模式的生产成本进行统计分析。

1. 鱼畜综合经营

2011—2015 年广东省惠州市罗非鱼鱼畜综合经营模式的平均每亩养殖产量分别为 650 千克、700 千克、760 千克、650 千克和 600 千克，年平均每亩养殖产量为 670 千克 / 亩；2011—2015 年生产成本分别为 4430 元、4926 元、6146 元、4880 元和 4666 元，年平均每亩养殖生产成本为 5010 元，年平均增长率为 13.04%；利润分别为 1615 元、1374 元、1811 元、1211 元和 704 元，年平均利润为 1343 元 / 亩。其中 2011—2015 年鱼畜综合经营模式生产成本中，苗种费、饲料费、渔药费、水电费、人工费、燃料费、捕捞费、水面费以及其他等成本项目年平均每亩支出分别为 313 元、2911 元、151 元、250 元、546 元、32 元、223 元、520 元和 64 元，各项目指标占总生产成本的比例分别为 6.24%、58.10%、3.01%、4.98%、10.90%、0.65%、4.46%、10.38% 和 1.28%。2015 年受市场行情的影响，罗非鱼的生产成本比 2014 年的生产成本略有下降，降幅为 4.40%（表 2-8）。

表 2-8　2011—2015 年广东省惠州市罗非鱼鱼畜综合经营生产成本收入表

年份	2011	2012	2013	2014	2015
成本					
苗种费	300	330	300	353	280
饲料费	2240	2820	3928	2813	2753
渔药费	100	80	205	156	213
水电费	300	240	188	120	400
人工费	500	520	625	546	540
燃料费	50	50	50	12	0
捕捞费	300	236	300	160	120
水面费	600	600	500	600	300
其他费用	40	50	50	120	60
小计（元/亩）	4430	4926	6146	4880	4666

续表2-8

年份	2011	2012	2013	2014	2015
收入					
亩产（千克）	650	700	760	650	600
平均售价（元/千克）	9.30	9.00	10.47	9.37	8.95
总收入（元/亩）	6045	6300	7957	6091	5370
净利润					
净利润（元/亩）	1615	1374	1811	1211	704
成本利润率（%）	36.46%	27.89%	29.47%	24.81%	15.10%

从 2011 年起，受饲料费、苗种费和人工费用等生产资料持续上涨的影响，2011—2013 年广东省鱼畜综合经营模式罗非鱼生产成本呈逐年上涨的趋势。惠州主管部门加大力度取消鱼畜综合经营模式，鱼畜综合经营模式这一比例在逐年减少。2014 年开始，养殖户减少了罗非鱼的苗种投放密度，因而饲料成本得到相应减少，导致 2014 年罗非鱼亩均生产成本比 2013 年下降了 20.60% 左右。

2. 鱼禽综合经营

2011—2015 年广东省惠州市罗非鱼鱼禽综合经营模式的平均养殖产量分别为 500 千克、550 千克、550 千克、600 千克和 600 千克，年平均养殖产量为 560 千克/亩；2011—2015 年每亩生产成本分别为 3620 元、3860 元、4399 元、4569 元和 4461 元，年平均养殖生产成本为 4182 元/亩，年平均增长率为 5.36%；每亩利润分别为 1030 元、1090 元、1652 元、1131 元和 909 元，年平均利润为 1162 元/亩。其中 2011—2015 年鱼禽综合经营模式生产成本中，苗种费、饲料费、渔药费、水电费、人工费、燃料费、捕捞费、水面费以及其他等成本项目年平均每亩支出分别为 308 元、2268 元、114 元、209 元、483 元、32 元、173 元、540 元和 56 元，各项目指标占总生产成本的比例分别为 7.36%、54.23%、2.72%、4.99%、11.54%、0.76%、4.14%、12.91% 和 1.35%（表 2-9）。

表 2-9　2011—2015 年广东省惠州市罗非鱼鱼禽综合经营生产成本收入表

年份	2011	2012	2013	2014	2015
成本					
苗种费	300	350	320	369.33	200
饲料费	1800	2000	2352	2511	2676
渔药费	80	50	50	169	220
水电费	250	200	207	187	200
人工费	450	480	542	517	425
燃料费	50	50	48	10	0

续表2-9

年份	2011	2012	2013	2014	2015
捕捞费	150	180	258	127	150
水面费	500	500	600	600	500
其他费用	40	50	22	80	90
小计（元/亩）	3620	3860	4399	4569	4461
收入					
亩产（千克）	500	550	550	600	600
平均售价（元/千克）	9.30	9.00	11.00	9.50	8.95
总收入（元/亩）	4650	4950	6050	5700	5370
净利润					
净利润（元/亩）	1030	1090	1652	1131	909
成本利润率（%）	28.45%	28.24%	37.55%	24.75%	20.38%

从 2011 年起，受饲料费、苗种费和人工费用等生产资料持续上涨的影响，2011—2014 年广东省鱼禽综合经营模式罗非鱼生产成本呈逐年上涨的趋势。2014 年由于罗非鱼链球菌病爆发严重，死亡率较高，导致罗非鱼生产成本上升，2014 年的罗非鱼的生产成本比 2013 年上涨了 3.88% 左右。2015 年受政府规划和市场行情的影响，大多数养殖户减少了罗非鱼的放养密度，亩生产成本有所微降，下降幅度为 2.37%。

二、经济效益分析

对罗非鱼养殖的经济效益分析分为两部分：第一部分采用广东省 2011—2015 年五年的跟踪调研数据，选用成本利润率和盈亏平衡点两个经济学指标对罗非鱼单养、混养和综合经营等三种不同的池塘养殖模式进行经济效益分析；第二部分采用 2014 年主产区 300 户养殖户的经营数据，运用柯布 - 道格拉斯生产函数进行建模分析及比较验证，从生产模型拟合和分析中得出影响我国罗非鱼养殖经济效益的关键因素。

（一）罗非鱼池塘养殖模式经济效益指标统计分析

选用成本利润率和盈亏平衡点两个经济学指标来分析罗非鱼不同养殖模式的经济效益。成本利润率是指养殖生产过程中消耗的物化劳动量和活劳动量与得到的相应的生产成果之间的比较，从成本和利润这两个具体指标出发，计算、分析和评价罗非鱼养殖的经济效益。盈亏平衡分析又称保本点分析，是根据产品的业务量（产量或销量）、成本、利润之间的相互制约关系的综合分析，用来预测养殖利润，控制成本，判断经营状况。对广东省罗非鱼单养、混养和综合经营等三种不同的池塘养殖模式进行经济效益分析。

1. 单养

2011—2015 年广东省罗非鱼单养模式下的成本利润率分别为 18.90%、18.80%、12.67%、21.99% 和 9.66%。2011 年至 2015 年，罗非鱼单养模式的生产成本利润率呈波动趋势。2011 年和 2012 年的成本利润率基本持平，2013 年受罗非鱼生产成本逐年升高和市场销售行情的影响，2013 年罗非鱼成鱼养殖的成本利润率有所下降，2014 年市场行情较好，2014 年罗非鱼单养的成本利润率有所回升，达到 21.99%，由于 2015 年市场行情较差，导致罗非鱼生产成本利润率有大幅下降，仅为 9.66%（表 2-10、图 2-13）。

表 2-10　2011—2015 年广东省单养罗非鱼生产收入与成本分析表

年份	生产成本（元/亩）	单位产品售价（元/千克）	单位产量变动成本（元/千克）	利润（元/亩）	成本利润率（%）	盈亏平衡点（千克/亩）
2011	6800.00	8.09	5.55	1285.00	18.90	493.08
2012	7576.00	9.00	6.23	1424.00	18.80	486.66
2013	9732.00	10.20	7.56	1233.00	12.67	608.78
2014	8691.00	9.60	6.63	1911.56	21.99	538.76
2015	9302.00	8.50	6.42	898.00	9.66	768.50

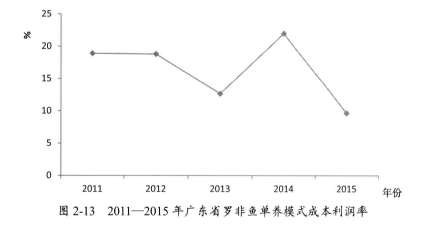

图 2-13　2011—2015 年广东省罗非鱼单养模式成本利润率

2011—2015 年广东省罗非鱼单养模式的盈亏平衡点产量分别为每亩 493.08 千克、486.66 千克、608.78 千克、538.76 千克和 768.50 千克。2012 年盈亏平衡点产量较 2011 年有所下降，2013 年罗非鱼成鱼养殖的成本利润率有所下降，盈亏平衡点产量上升达到 608.78 千克 / 亩才能保本，2014 年又下降到 538.76 千克 / 亩，2015 年又有所上升，2015 年每生产 1 千克罗非鱼平均要消耗 6.42 元的可变成本，每亩产量达到 768.50 千克才能保证盈亏平衡（图 2-14）。

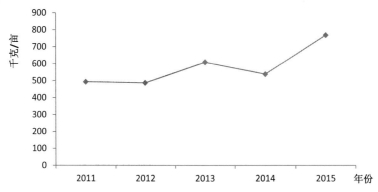

图 2-14　2011—2015 年广东省罗非鱼单养模式盈亏平衡点

2. 混养

2011—2015 年广东省罗非鱼混养模式下的成本利润率分别为 23.65%、19.88%、11.17%、14.55% 和 10.23%。由于受罗非鱼生产成本的逐年升高和市场销售行情的影响，2011—2013 年鱼类混养模式下的罗非鱼成鱼养殖利润率在逐年降低，2014 年，罗非鱼养殖市场行情较好，混养的成本利润率有所上升，受市场行情的影响，2015 年的混养成本利润率有所下降（表 2-11、图 2-15）。

表 2-11　2011—2015 年广东省鱼类混养模式罗非鱼生产收入与成本分析表

年份	生产成本（元/亩）	单位产品售价（元/千克）	单位产量变动成本（元/千克）	利润（元/亩）	成本利润率（%）	盈亏平衡点（千克/亩）
2011	6100.00	9.43	6.06	1442.86	23.65	371.35
2012	7400.00	9.86	6.72	1471.43	19.88	430.63
2013	9445.00	10.00	7.46	1055.00	11.17	634.33
2014	8150.00	9.80	7.06	1331.10	14.55	583.81
2015	7530.00	8.30	5.93	769.13	10.23	675.11

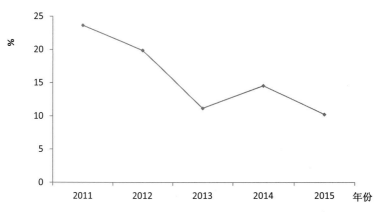

图 2-15　2011—2015 年广东省罗非鱼混养模式成本利润率

2011—2015年混养模式的盈亏平衡点每亩产量分别为371.35千克、430.63千克、634.33千克、583.81千克和675.11千克。2011—2013年盈亏平衡点产量一直呈上升趋势，2014年有所下降，2015年又有所上升，2015年每生产1千克罗非鱼平均要消耗5.93元的可变成本，每亩产量达到675.11千克才能保证盈亏平衡（图2-16）。

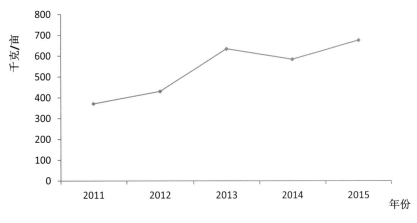

图2-16　2011—2015年广东省罗非鱼混养模式盈亏平衡点

3. 综合经营

2011—2015年罗非鱼综合经营模式下的成本利润率分别为28.45%、28.24%、37.55%、24.75%和20.38%。2011年和2012年成本利润率基本持平，2013年最高，成本利润率达到37.55%。由于受罗非鱼生产成本的逐年升高和市场销售行情的影响，加上链球菌的爆发导致养殖效益偏低，农户养殖积极性不高，从2013年起，综合经营模式下的罗非鱼成鱼养殖利润率呈逐年降低的趋势，2015年综合经营养殖的成本利润率达到最低，仅为20.38%（表2-12、图2-17）。

表2-12　2011—2015年广东省惠州市鱼禽综合经营罗非鱼的生产收入与成本分析表

年份	生产成本（元/亩）	单位产品售价（元/千克）	单位产量变动成本（元/千克）	利润（元/亩）	成本利润率（%）	盈亏平衡点（千克/亩）
2011	3620.00	9.30	4.66	1030.00	28.45	278.13
2012	3860.00	9.00	4.47	1090.00	28.24	309.27
2013	4399.00	11.00	5.09	1651.50	37.55	270.76
2014	4569.00	9.50	5.87	1130.99	24.75	288.44
2015	4461.00	8.95	5.77	909.30	20.38	314.25

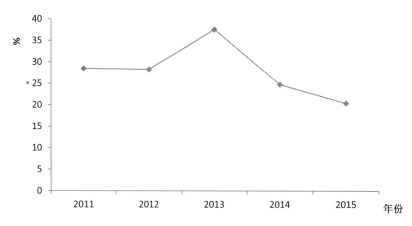

图 2-17　2011—2015 年广东省罗非鱼鱼禽综合经营模式成本利润率

2011—2015 年综合经营模式的盈亏平衡点每亩产量分别为 278.13 千克、309.27 千克、270.76 千克、288.44 千克和 314.25 千克。2013 年的成本利润率最高，同时盈亏平衡点产量也最低，仅为 270.76 千克 / 亩。从 2013 年开始，盈亏平衡点产量持续上升，2015 年每生产 1 千克罗非鱼平均要消耗 5.87 元的可变成本，每亩产量达到 314.25 千克才能保证盈亏平衡（图 2-18）。

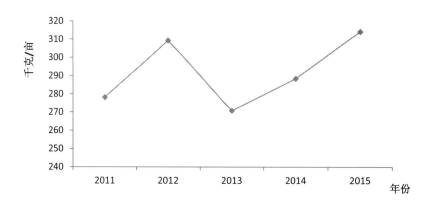

图 2-18　2011—2015 年广东省罗非鱼鱼禽综合经营模式盈亏平衡点

罗非鱼产业的发展创造了巨大的经济效益和社会效益，然而面临着药残问题导致出口受阻、链球菌病高发、产业链与产业管理水平不高、市场波动和养殖风险大等问题。对比三种不同养殖模式的成本利润率，综合经营模式下的罗非鱼养殖利润要高于单养和混养模式，但是由于近年来苗种价格、饲料费、塘租和人工费的持续的上涨，投入的成本是每年增加的，由于 2011、2012 年连续低迷的市场行情和链球菌等病害影响，三种养殖模式的成本利润率从 2011 年开始呈逐年下降的趋势，罗非鱼养殖规模有所下降。随着 2013 年主要出口国经济的复苏，罗非鱼价格回升，从 2013 年开始罗非鱼养殖的成本利润率开始上涨（图 2-19），2014 年罗非鱼单养和混养模式的成本利润率保持继续上涨，受 2015 年出口订单的影响造成的市场行情持续低迷，2015 年的罗非鱼生产成本利润率有大幅下降，其中单养模式下降的幅度最大，盈亏平衡点的产量均有所上升（图 2-20）。

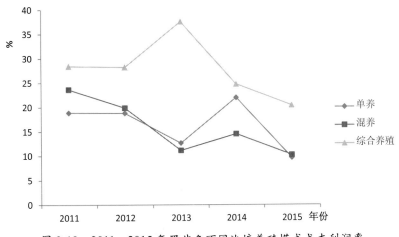

图 2-19　2011—2015 年罗非鱼不同池塘养殖模式成本利润率

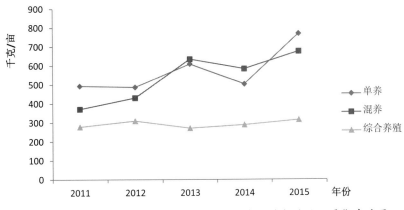

图 2-20　2011—2015 年罗非鱼不同池塘养殖模式的盈亏平衡点产量

在产量水平相近，销售价格接近的情况下，较低的生产成本才能获得较高的盈利，由于饲料成本占罗非鱼养殖总成本的 70% 以上，不同养殖模式的饲料成本差距较大，加之管理方式不同，从而导致了不同养殖模式的利润水平差异较大。因此，要因地制宜建立适合各地（建议以县域为单位）自然、地理、水土、气候条件的标准化养殖模式，提高水域产出率、资源利用率和劳动生产率，增强罗非鱼综合生产能力、抗风险能力、国际竞争能力和可持续发展能力，保障水产品安全有效供给和渔民持续较快增收，从而保障罗非鱼产业的健康持续发展。

（二）基于柯布-道格拉斯生产函数（C-D生产函数）的我国罗非鱼池塘养殖经济效益及影响因素分析

本书所用数据取于国家罗非鱼产业技术研发体系2014年产业跟踪点实际调研资料，涵盖了罗非鱼主产区广东省、广西壮族自治区、海南省、福建省、云南省5个省（自治区）12个县，共有300个样本数据。调研问卷的内容主要包括罗非鱼养殖概况、养殖生产投入和养殖收益三个方面。根据调研的情况，本节选择了罗非鱼养殖总产值（Y）作为养殖户产出指标，投入指标主要选取了池塘养殖面积（X_1）、罗非鱼生产苗种投入（X_2）、饲料投入（X_3）、劳动用工数（X_4）、劳动用工物化投入（X_5）和水面费（X_6）等，运用C-D生产函数进行建模分析及比较验证，从模型拟合和分析结果中得出影响我国罗非鱼养殖经济效益的关键因素。

1. C-D生产模型的建立

分析投入要素对产出的影响程度，比较经典的方法是柯布-道格拉斯生产函数（Cobb-Douglas），C-D生产函数是数学家Cobb和经济学家Douglas于20世纪30年代共同提出的，在许多生产领域已得到广泛应用。C-D函数的形式为：

$$Y = AK^{\alpha}L^{\beta} \tag{2.1}$$

式中，Y 为产量，L 为劳力投入量，K 为资本投入量；A、α、β 为参数，$0 < \alpha$，$\beta < 1$。α 和 β 为投入要素的产出弹性系数，α、β 分别表示劳力和资本在生产过程中的相对重要性。若 $\alpha + \beta = 1$，则规模收益不变；若 $\alpha + \beta < 1$，则规模收益递减；若 $\alpha + \beta > 1$，则规模收益递增。在CD函数中，要素的替换弹性为1。

将（2.1）式函数线性化得：

$$\ln Y = \ln(AK^{\alpha}L^{\beta}) = \ln A + \alpha \ln K + \beta \ln L \tag{2.2}$$

罗非鱼养殖生产受到气候、市场、技术应用、生产管理和非农活动等因素的影响，由于这些因素无法量化，所以本节只从成本的角度构建模型来分析。各成本要素对收益的影响采用养殖生产的总体数据来拟合模型，令 Y 表示罗非鱼养殖总产值（元）、X_1=池塘养殖面积（亩）、X_2=罗非鱼生产苗种投入（元/亩）、X_3=罗非鱼生产饲料投入（元/亩）、X_4=罗非鱼劳动用工数（个）、X_5=罗非鱼劳动用工物化投入（元/亩）、X_6=罗非鱼生产水面费投入（元/亩）。b,c,d,e,f,g为其相应的产出弹性。根据以上定义的解释变量，结合处理需要将（2.2）式变换函数形式为：

$$\ln Y = \ln A + b \ln X_1 + c \ln X_2 + d \ln X_3 + e \ln X_4 + f \ln X_5 + g \ln X_6 \tag{2.3}$$

2. 测算结果

根据（2.3）式，将样本数据利用 Eviews 软件进行多元回归分析后的结果见表 2-13。

从表 2-13 回归结果看，R^2 为 0.961563，调整后的 R^2 为 0.943822，且各系数显著性较好，说明模型的拟合度较好，可以用来分析各因素对罗非鱼养殖总产值的影响程度。

表 2-13　C-D 生产函数模型回归结果

变量名	系数	标准误	t统计量	P值
C	3.548544	0.799830	4.436624	0.0007***
X_1	0.160979	0.076932	2.092497	0.0566*
X_2	0.141373	0.083887	1.685282	0.1158
X_3	0.351634	0.106324	3.307195	0.0057***
X_4	0.318068	0.150823	2.108884	0.0549*
X_5	0.178503	0.112697	1.583918	0.1372
X_6	0.084628	0.054309	1.558253	0.1432
R^2	0.961563		调整后的R^2	0.943822

注：*** 在 1% 的水平上显著；* 在 10% 的水平上显著。

3. 测算结果分析

拟合得出模型如下：

$$\ln Y = 3.548 + 0.161\ln X_1 + 0.141\ln X_2 + 0.352\ln X_3 + 0.318\ln X_4 + 0.179\ln X_5 + 0.0846\ln X_6 \quad (2.4)$$

从投入因素的弹性系数来看，对罗非鱼养殖总产值影响程度从大到小的因素分别是罗非鱼生产饲料投入、罗非鱼劳动用工数、罗非鱼劳动用工物化投入、池塘养殖面积、罗非鱼生产苗种投入和罗非鱼生产水面费投入。其中饲料投入和劳动用工数对总产值的影响程度最大，说明在其他条件不变的情况下，饲料投入每增加 10%，罗非鱼养殖的总产值就会增加 3.5 个百分点，且对罗非鱼养殖总产值的影响是极显著的；劳动用工数每增加 10%，罗非鱼养殖的总产值就会增加 3.2 个百分点，对罗非鱼养殖总产值的影响是显著的；池塘养殖面积对罗非鱼养殖总产值的影响也是显著的，池塘养殖面积每增加 10%，罗非鱼养殖的总产值就会增加 1.6 个百分点。其他因素对罗非鱼养殖总产值的影响是不显著的。但是这 6 个因素对罗非鱼养殖总产值皆呈正向影响。

从上面分析可以看到，罗非鱼生产饲料投入、罗非鱼劳动用工数和池塘养殖面积因素是影响罗非鱼养殖效益的最显著因素，此外，罗非鱼劳动用工物化投入、罗非鱼生产苗种投入和罗非鱼生产水面费投入也影响了罗非鱼养殖效益，但是并不显著。

第四节　中国罗非鱼生产发展趋势分析

一、罗非鱼养殖面积变化趋势分析

（一）罗非鱼养殖面积

中国是水产养殖大国，养殖产量占世界总产量70%，养殖品种繁多，其中罗非鱼有耐低氧、生长快的优点，适合在多种水域中养殖，是中国第六大淡水养殖品种。20世纪90年代开始，中国罗非鱼养殖产量迅速增长，养殖面积逐渐增加，到2001年养殖面积约有27万亩，养殖产量58万吨。随着市场需求进一步扩大，养殖面积和养殖产量也逐年增加，2014年产量已近170万吨，养殖面积已经增加到220多万亩，其中池塘养殖面积大约占60%，网箱占20%，水库占10%，其他方式占10%。

目前有很多因素制约着中国罗非鱼养殖面积进一步增加。第一，随着中国耕地面积减少，商业用地增多，一些养殖池塘已经陆续被占用，开挖新池塘的机会越来越低；第二，安全环保政策的制约，对水库网箱养殖罗非鱼是非常不利的因素，近两年一些库区已逐步取缔了水库罗非鱼网箱养殖；第三，罗非鱼出现品种混杂、种质退化、经济性状衰退、良种鱼苗供应短缺、养殖成本增加、病害增多等不利养殖发展的因素，导致养殖积极性有所下降；第四，国际市场竞争激烈，而国内市场罗非鱼消费不可能大量替代其他淡水鱼类，养殖产量增加速度逐渐减慢。由于以上不利因素制约，今后几年中国罗非鱼养殖面积预计不会出现大范围增长，基本会维持现状，主产区养殖面积会有小幅度的变动，但增长幅度不大，可能在部分年份还会有所减少。

（二）成鱼养殖面积变化

1. 广东省

广东省罗非鱼养殖主要以池塘养殖为主，从2008年到2011年全省罗非鱼池塘养殖面积一直呈上升趋势（图2-21），近几年一直保持88万～90万亩，2014年池塘养殖面积为89万亩，与前两年相比变化不大。预计今后几年面积会出现负增长的局面，但变化不会太大。

2. 海南省

海南省罗非鱼养殖主要有池塘养殖、水库养殖和网箱养殖三种方式。

海南省罗非鱼产业发展迅速，罗非鱼连片池塘精养模式得到了大力推广，仅文昌市及其周边池塘养殖面积就达10多万亩。由于近两年自然灾害、病害频发，出口贸易形势严峻，成鱼价格低，导致养殖利润减少，生产风险增大，全省罗非鱼养殖面积增长速度逐渐趋于平缓。2014年全省罗非鱼养殖面积45万亩，其中池塘养殖面积大约为

31 万亩（图 2-22），与上年相比增长不大。预计今后几年内全省罗非鱼池塘养殖面积变化不大，基本保持现状。

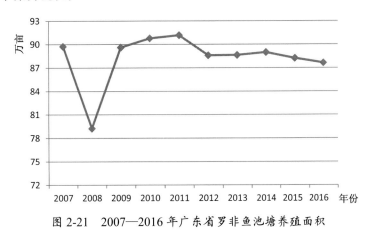

图 2-21　2007—2016 年广东省罗非鱼池塘养殖面积

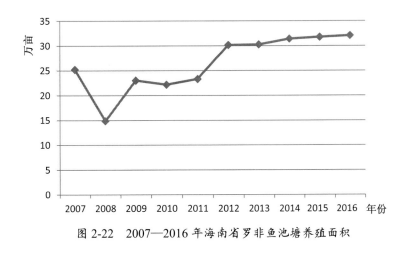

图 2-22　2007—2016 年海南省罗非鱼池塘养殖面积

水库养殖在海南省罗非鱼成鱼养殖中占有一定的比例，与池塘养殖面积变化相似，在 2009 年的明显增长后，开始呈下降趋势，2010 年水库养殖面积减少幅度最大（图 2-23）。2014 年全省罗非鱼水库养殖面积大约为 14.1 万亩，与上年相比减少 4.34%。预计今后水库养殖面积会继续缩减。

海南省罗非鱼网箱养殖规模呈逐年下降趋势，2008 年网箱养殖规模为 2.23 万立方米，2011 年减少至 9140 立方米，三年内网箱养殖规模减少超过了 50%。但 2013 年全省罗非鱼网箱养殖规模大约为 37440 立方米，与上年相比增长 6 倍，这得益于深水网箱养殖模式的推广（图 2-24）。2014 年养殖规模开始下降，大约为 20000 立方米，预计今后全省罗非鱼网箱养殖规模不会出现继续增长的趋势，会有所减少。

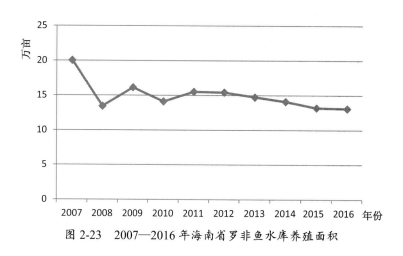

图 2-23　2007—2016 年海南省罗非鱼水库养殖面积

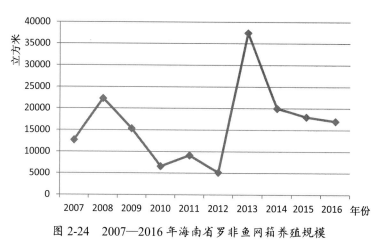

图 2-24　2007—2016 年海南省罗非鱼网箱养殖规模

3. 广西壮族自治区

"十一五"期间，广西罗非鱼产业得到了快速的发展。2009 年，全区罗非鱼养殖面积和产量仅次于广东、海南两省，位列全国第三位，养殖产量占全国罗非鱼养殖总产量的 1/6。2011 年全区罗非鱼成鱼养殖面积 43 万亩，比上年增长 7.50%。2014 年广西罗非鱼养殖面积约 45 万亩，比上年减少 1.99%（图 2-25）。预计今后几年全区罗非鱼养殖面积变化不大。

4. 福建省

福建省罗非鱼养殖方式主要有池塘养殖、水库养殖和网箱养殖。2009 年以来养殖面积一直呈增长趋势，2011 年全省罗非鱼养殖面积为 14.85 万亩，比上年增加 0.75%。2014 年全省罗非鱼养殖面积有 14 万亩，比上年增加 1.14%（图 2-26）。预计今后几年全省罗非鱼养殖面积会保持小幅增长趋势。

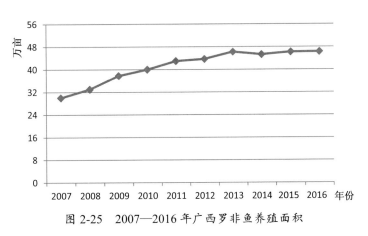

图 2-25　2007—2016 年广西罗非鱼养殖面积

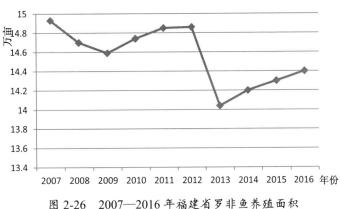

图 2-26　2007—2016 年福建省罗非鱼养殖面积

5. 云南省

云南省罗非鱼养殖方式主要有池塘养殖和网箱养殖两种方式。2011 年全省罗非鱼池塘养殖面积为 11 万亩，比上年减少 12%，网箱养殖面积 1000 亩。2014 年全省罗非鱼池塘养殖面积有 14 万亩，比上年增加 2.95%（图 2-27）。预计今后几年全省罗非鱼养殖面积会继续增加，但增加幅度不大。

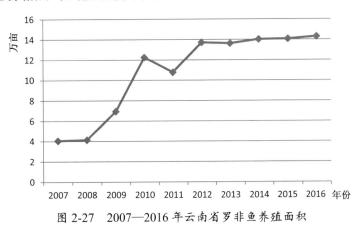

图 2-27　2007—2016 年云南省罗非鱼养殖面积

二、罗非鱼养殖产量变化趋势分析

罗非鱼养殖在中国南方主要生产区占有重要经济地位，养殖户具有多年从业经验，并且随着国家对罗非鱼产业的重视、科研力量的投入，产业结构不断优化，提高单位养殖产量，降低养殖成本，预计今后中国罗非鱼养殖产量仍会保持稳定小幅度增长。

（一）苗种产量变化

2014 年中国有 17 个省市自治区生产罗非鱼苗种，其中广东、海南、广西、云南和福建五省区苗种产量分别为 117.0 亿尾、78.3 亿尾、20.3 亿尾、11.5 亿尾和 8.4 亿尾，占全国总产量的 46%、31%、8%、4% 和 3%，共占全国总产量 90% 以上。

2003 年中国罗非鱼苗种有 140 多亿尾，而后随着对罗非鱼生活和繁殖习性的进一步了解，苗种培育技术也由原来的自然气候下繁殖，利用繁殖池直接培育，发展到在人工控制温度、环境条件下，采用统一化的罗非鱼人工催产、人工授精、人工孵化及人工育苗的管理模式，培育出的罗非鱼苗种大小均匀、成活率高、雄性率高，实现了罗非鱼繁育规模化、集约化、工厂化。2007 年以后中国罗非鱼苗种年产量突破 300 亿尾，尽管受气候条件及市场的影响，在 2008 年以后减产明显，2014 年产量为 256 亿尾，与2008 年相比减产约 70 亿尾。2010 年以来中国罗非鱼苗种产量呈稳步增长的态势，预计今后几年仍会以微量增长趋势为主（图 2-28）。

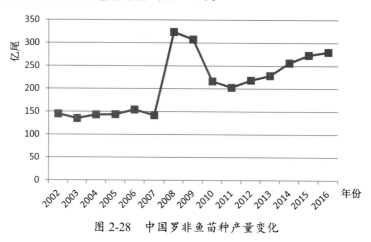

图 2-28　中国罗非鱼苗种产量变化

1. 广东省

广东省一直是中国罗非鱼苗种生产最大的省份。

广东省拥有 2 家国家级罗非鱼良种场，2009 年中国水产流通与加工协会会同有关专家从产业规模、技术支持和苗种质量等方面评选出的"全国十大罗非鱼苗种供应基地"中，4 家位于广东省，2014 年广东省罗非鱼苗种产量为 117 亿尾，占全国总量的 46%，比上年增长 2.63%。如今罗非鱼养殖者的文化程度越来越高，对科技的认知和掌控也在逐步增强，因此未来将会更加重视苗种的质量，良种普及率会越来越高，而以价格低博取市场的劣质苗场将会逐渐被淘汰，优质苗种会更多被生产出来（图 2-29）。预计今后几年广东省罗非鱼苗种产量基本保持现有水平，变化不大。

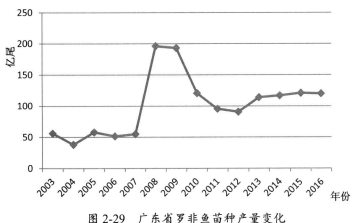

图 2-29　广东省罗非鱼苗种产量变化

2. 海南省

海南罗非鱼苗种业依托区域优势与良好的自然条件，从小规模、种质差、自繁自养，发展为如今的规模大、产量高、种质优、输出型为主的产业。近几年来虽遇罕见的冻雨天气、洪涝及链球菌病害等诸多挫折，但仍保持较强劲的发展趋势，苗种产量一直呈上涨趋势，2006 至 2012 年年平均增长率为 12.6%。2013 年海南省罗非鱼苗种产量55.56 亿尾，约占全国产量的四分之一，位居全国第二，其中 70% 销往外省。目前海南省有 6 家省级良种场。预计今后一段时间海南省罗非鱼苗种产量会略有下降，每年约减少 1 亿尾左右（图 2-30）。

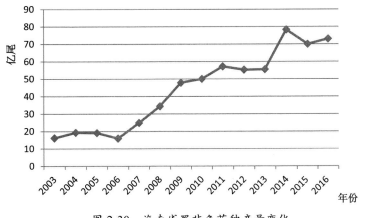

图 2-30　海南省罗非鱼苗种产量变化

3. 广西壮族自治区

2003 年，全省罗非鱼苗种产量为 16 亿尾，逐年增长到 2009 年，产量达到有史以来最高 21 亿尾，但在随后一年减少了将近 50%。2013 年全区罗非鱼苗种产量为 18.8 亿尾，比上年增加了 8.6%（图 2-31）。经历了 2010 年罗非鱼苗种明显减产以来，近几年广西罗非鱼苗种产量呈现逐步回升趋势，预计今后几年全区罗非鱼苗种产量还会有波动，但总体趋势仍会继续稳定小幅增长。

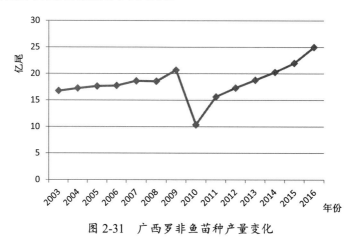

图 2-31　广西罗非鱼苗种产量变化

4. 福建省

福建省罗非鱼苗种企业以规模小、家庭作坊式生产方式居多，良种覆盖率不高，目前有 1 家国家级罗非鱼良种场和 1 家省级罗非鱼良种场。从图 2-32 可以看出，福建省罗非鱼苗种产量变化明显可以分为两个阶段：2003—2008 年的逐年下降期和 2009 年到现在为止的逐年增长期。

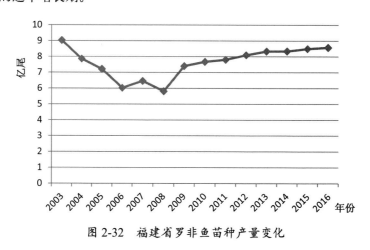

图 2-32　福建省罗非鱼苗种产量变化

2013 年福建省罗非鱼苗种生产量为 8.34 亿尾，继续保持增长趋势。预计今后几年全省罗非鱼苗种产量仍会保持稳定增长趋势。

5. 云南省

云南省罗非鱼苗种主要从海南、广东等地购入，本地种苗场比较分散，规模不大，近几年随着罗非鱼养殖面积不断扩大，苗种生产逐渐受到重视，苗种产量逐步提升，2013 年全省罗非鱼苗种生产量有明显增长，达到 12.05 亿尾，比上年增长 41.8%。预计今后几年全省罗非鱼苗种产量仍会继续保持增长趋势（图 2-33）。

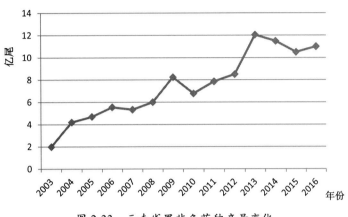

图 2-33 云南省罗非鱼苗种产量变化

（二）成鱼产量变化

2001 年以来中国罗非鱼产量逐年增长，在淡水养殖品种中所占的份额也持续加大，2012 年中国淡水养殖品种产量约 2600 万吨，其中罗非鱼产量 160 万吨，由 2001 年所占比例 3.65% 上升到 5.87%（图 2-34）。从图中可以看出，中国罗非鱼产量除 2008 年受灾影响产量稍减外，从 2001 年以来一直呈稳定增长状态，年均增长 9.1%。预计今后几年全国罗非鱼产量会保持稳定增长趋势，到 2016 年产量有望达到 180 万吨。

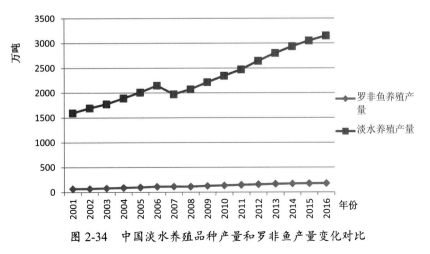

图 2-34 中国淡水养殖品种产量和罗非鱼产量变化对比

1. 广东省

2001年广东省罗非鱼产量为27万吨,占全国总产量46%,是中国罗非鱼产量最大的省份。从图2-35可以看出,除受2008年冰冻灾害影响,翌年产量下降外,2001年以来几乎一直呈现增长状态。经过数十年发展,到2013年产量已达70万吨,比2001年增长了2.5倍之多。预计今后几年全省罗非鱼产量会保持稳定增长趋势。

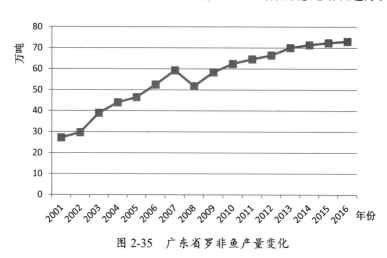

图2-35　广东省罗非鱼产量变化

2. 海南省

海南省罗非鱼养殖业近十年来处在高速发展期中,养殖规模不断扩大,仅次于广东居全国第二位。产量从2001年的7.3万吨发展到2013年的35.5万吨,增长了4.9倍,年均增长14%(图2-36)。预计今后几年全省罗非鱼产量会保持稳定增长趋势。

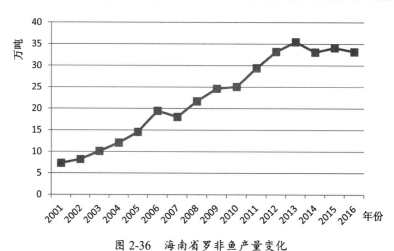

图2-36　海南省罗非鱼产量变化

3. 广西壮族自治区

近年来,罗非鱼作为广西水产养殖的主要品种,养殖面积和养殖产量仅次于广东、海南两省，居全国第三位。2001 年全区罗非鱼产量已经达到 10.6 万吨，仅在 2007 年产量与上一年相比出现下降外，其余年份一直呈增长状态。2013 年全区罗非鱼总产量 28.6 万吨，年均增长 8.6%（图 2-37）。预计今后几年全区罗非鱼产量会保持稳定增长趋势，增长速度放缓。

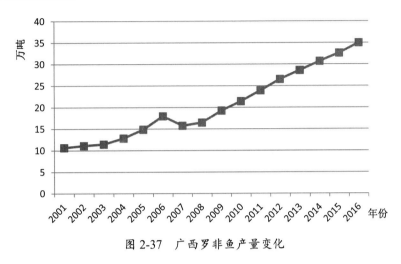

图 2-37　广西罗非鱼产量变化

4. 福建省

福建省是中国最早引进罗非鱼养殖的省份之一。

2001 年罗非鱼养殖产量已达 10.3 万吨，与广东省海南省相比发展相对平稳，2013 年产量达 12.7 万吨，年均增长 1.7%（图 2-38）。但福建省具有养殖罗非鱼的优越自然条件，淡水、半咸淡水水域资源充足，在罗非鱼养殖方面还存在很大潜力。预计今后几年全省罗非鱼产量会保持稳定增长趋势。

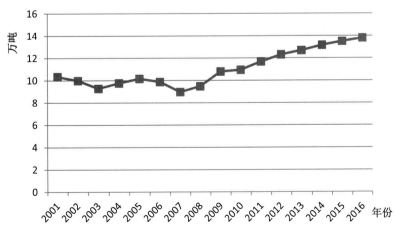

图 2-38　福建省罗非鱼产量变化

5. 云南省

云南省罗非鱼养殖已发展成为云南渔业的重要支柱,年产量仅比福建省少0.4万吨,是中国罗非鱼养殖第五大省区。近几年尤其库区网箱罗非鱼养殖发展很快,年产量由最初2001年2.0万吨增长到如今12.3万吨,比2001年增加了5倍,成为全省水产养殖产量最大的品种(图2-39)。预计今后几年全省罗非鱼产量会保持稳定增长趋势。

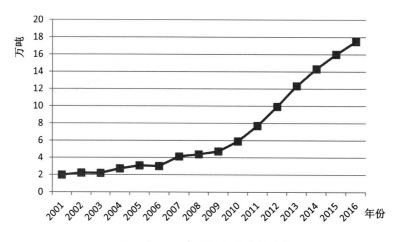

图 2-39　云南省罗非鱼产量变化

第三章
中国罗非鱼加工与流通分析

中国罗非鱼加工业始于 20 世纪 90 年代末，在 20 世纪中期以后快速发展。罗非鱼加工业是一个拉动性很强的产业，不仅能促进罗非鱼生产从原料的初级生产向工业制成品转化，还能促进罗非鱼产业化发展，让渔农得以增产增收。据 FAO 统计，世界 75% 左右的水产品产量是经过加工后再销售的，鲜活销售的比例只占总产量的四分之一。罗非鱼是中国淡水鱼类加工的主要品种之一，大约占鱼类总加工量的 50%。近年来，随着中国罗非鱼养殖业的快速发展，产量逐年增长，国际市场对罗非鱼产品需求量的不断扩大，一批中小型专门加工罗非鱼的企业迅速发展起来，罗非鱼加工企业数量、产量和产值不断增加，推动了中国罗非鱼加工业的快速发展。

第一节　中国罗非鱼加工现状

一、中国罗非鱼加工企业区域布局

中国水产品较为丰富的地区主要是沿海各省市，水产品加工企业也多集中在这些地区。2014 年全国共有水产品加工企业 9663 个，总加工能力为 2847 万吨 / 年。水产品加工能力较强的地区包括山东省、福建省、辽宁省、浙江省、广东省、江苏省、湖北省、广西壮族自治区、海南省、河北省等，加工能力分别为每年 935 万吨、451 万吨、295 万吨、287 万吨、245 万吨、173 万吨、158 万吨、95 万吨、48 万吨、41 万吨，见表 3-1 中各地区水产品加工企业情况。

表 3-1　各地区水产品加工企业情况

地区	小计（个）	水产加工能力（吨 / 年）	其中：规模以上加工企业（个）
山东	1865	9354819	664
福建	1193	4513745	411
辽宁	911	2951281	378
浙江	2151	2871306	333
广东	1085	2453495	149
江苏	1011	1728783	332
湖北	235	1576305	131
广西	181	947140	57
海南	48	481692	45
河北	250	410878	19
全国	9663	28472396	2749

数据来源：中国渔业统计年鉴

2014 年罗非鱼进出口加工企业为 133 家,主要集中在罗非鱼主产区——广东省、海南省、广西壮族自治区、福建省和云南省,这五个地区罗非鱼加工出口量占全国总量的 99.75%,加工出口企业数分别为 68、18、16、23、3 个,加工出口量分别为 15.83 万吨、10.18 万吨、7.20 万吨、4.68 万吨、1.54 万吨。其中广东省罗非鱼加工出口量最多,占全国总出口量的 40%,进出口加工企业数占全国罗非鱼进出口加工企业数的 51%,表 3-2 中 2014 年中国各省区罗非鱼加工出口情况。

表 3-2　2014 年中国各省区罗非鱼加工出口情况

省份	加工出口企业数 (个)	加工出口企业所占比例 (%)	出口量 (万吨)	出口量所占比例 (%)
广东	68	51.13	15.83	40.04
海南	18	13.53	10.18	25.75
广西	16	12.03	7.20	18.22
福建	23	17.29	4.68	11.85
云南	3	2.26	1.54	3.89
浙江	1	0.75	0.07	0.18
北京	1	0.75	0.01	0.03
安徽	1	0.75	0.01	0.03
上海	1	0.75	0.00	0.00
山东	1	0.75	0.00	0.01

数据来源:中国海关报关数据

中国罗非鱼加工出口量主要分布情况见图 3-1。

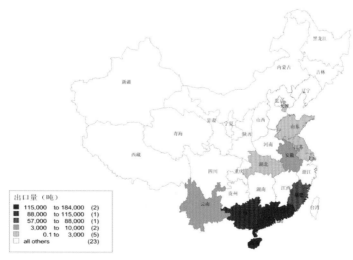

图 3-1　2014 年中国各省区罗非鱼加工出口量分布图
数据来源:中国海关报关数据

2014 年出口量较多的企业包括北海钦国冷冻食品有限公司（表 3-3）、海南翔泰渔业股份有限公司（表 3-4）、广西南宁百洋食品有限公司（表 3-5）等。2014 年这几个出口量较多的企业出口量占总数的比例为 9.34%，中国加工出口企业众多且无领头企业，也是行业无序竞争、靠压低价格出口商品的重要原因。2014 年中国罗非鱼加工出口企业比上年减少了 8.90%，这三个企业近年来的出口量基本都呈上升趋势，罗非鱼加工企业过多的现象开始好转，加工企业开始合并产能，提高生产效率。

表 3-3　2012—2014 年北海钦国冷冻食品有限公司出口量与出口额

年份	出口量（万吨）	同比变化率（%）	出口额（亿美元）	同比变化率（%）
2012	1.31	32.12	0.41	10.79
2013	1.25	−4.11	0.49	19.41
2014	1.27	1.31	0.55	12.92

数据来源：中国海关报关数据

表 3-4　2012—2014 年海南翔泰渔业股份有限公司出口量与出口额

年份	出口量（万吨）	同比变化率（%）	出口额（亿美元）	同比变化率（%）
2012	1.07	23.47	0.37	30.24
2013	1.12	5.06	0.41	12.07
2014	1.22	9.27	0.45	8.38

数据来源：中国海关报关数据

表 3-5　2012—2014 年广西南宁百洋食品有限公司出口量与出口额

年份	出口量（万吨）	同比变化率（%）	出口额（亿美元）	同比变化率（%）
2012	1.28	3.71	0.47	−6.46
2013	1.41	10.33	0.60	28.42
2014	1.20	−15.15	0.54	−10.69

数据来源：中国海关报关数据

品牌代表效益和信誉，各主要罗非鱼养殖加工省份都非常重视罗非鱼名牌产品的培植和建设，对优化产业资源配置，调整经济结构，加速地方经济发展发挥了重要的作用。据统计罗非鱼加工企业中已有 17 个冻罗非鱼产品取得省级名牌产品（表 3-6），其中广东省 10 个、海南省 4 个、福建省 2 个、云南省 1 个，但这些产品都是省级品牌，没能获得国家级名牌，而且品种单一，在一定程度上影响了中国罗非鱼产品在国内外市场的知名度、出口产品的综合效益，不利于提高中国罗非鱼产业国际市场的竞争力。

表3-6　中国罗非鱼加工产品省级名牌

序号	企业名称	省级名牌名称	产品名称
1	广东汕头龙丰食品有限公司	龙丰	单冻罗非鱼片
2	广东湛江亚洲海产（湛江）有限公司	ASZJ	冻罗非鱼片
3	广东省中山食品水产进出口集团有限公司	宝平	冻罗非鱼片
4	广州市恒发水产有限公司	钻石	冻罗非鱼片
5	广东茂名市佳辉食品有限公司	JH	冻罗非鱼片
6	广东中山万通冷冻食品有限公司	万通	冻罗非鱼柳
7	广东湛江市国溢水产有限公司	国溢	冻罗非鱼
8	广东高要振业水产有限公司	振业	冻罗非鱼片
9	广东湛江汇丰水产有限公司	钟氏汇丰	冻罗非鱼片
10	广州澳洋水产有限公司	澳洋	彩虹雕冻罗非鱼片
11	云南新海丰水产科技集团有限公司	滇海丰	冻罗非鱼片
12	福建龙海市格林水产食品有限公司	格林氏	冻罗非鱼片
13	福建漳州泉丰食品开发有限公司	盈丰	冻罗非鱼片
14	海南勤富食品有限公司	勤富	冻罗非鱼片
15	海南果蔬食品配送有限公司	生态岛	冻罗非鱼片
16	海南新天久食品有限公司	新天久	冻罗非鱼片
17	海南翔泰渔业有限公司	翔泰	冻罗非鱼

数据来源：根据各省公布的省级名牌产品数据统计

二、中国罗非鱼主要加工产品分析

中国罗非鱼加工产品主要是供应国际市场，加工出口的罗非鱼产品种类主要有：冻罗非鱼、冻罗非鱼片、鲜或冷罗非鱼片、制作或保藏的罗非鱼和裹面包屑罗非鱼片、液熏罗非鱼片、腌制等制作的产品。国际市场供应量所占份额2002年为7.46%，2004年为19.12%，2006年为34.07%，2008年为49.05%，从2009年开始国际需求量占总产量的比例超过了50%。

2002—2005年罗非鱼出口产品以冻罗非鱼为主，2006—2008年罗非鱼出口产品以制作或保藏的罗非鱼为主，2009年至今罗非鱼产品以冻罗非鱼片为主（表3-7）。中国加工冻罗非鱼的出口比重由2002年的40.45%下降到2014年的21.35%，制作或保藏的罗非鱼产品出口比重由2002年的2.97%增加到2008年的92.92%，至2014年降至

3.40%，冻罗非鱼片的出口比重由 2007 年 2.84% 增加至 2014 年的 75.10%，鲜冷罗非鱼和鲜冷罗非鱼片的出口比重一直比较低。现阶段，罗非鱼加工产品主要为冻罗非鱼片，冻罗非鱼片贮藏期长，食用方便，非常适合欧美市场的需求，利润也较冻罗非鱼高。多数罗非鱼加工企业处于不饱和状态，发展速度缓慢，这与罗非鱼生产大国不符，严重阻碍了中国罗非鱼产业化的发展。

表 3-7　罗非鱼加工产品结构（按出口额划分）

年份	冻罗非鱼（%）	冻罗非鱼片（%）	制作或保藏的罗非鱼（%）
2002	40.45	55.33	2.97
2003	33.14	56.23	9.88
2004	24.92	65.80	8.87
2005	17.20	70.20	12.27
2006	12.01	24.83	62.98
2007	3.33	2.84	93.80
2008	2.72	4.35	92.92
2009	6.78	62.61	30.42
2010	12.53	68.46	18.87
2011	18.25	59.88	21.68
2012	17.48	60.34	21.79
2013	21.26	75.52	3.09
2014	21.35	75.10	3.40

数据来源：中国海关总署

（一）冻罗非鱼片

随着人们生活水平提高，膳食结构改善，肉、禽、蛋、奶、蔬菜、水果、水产品等食品消费量不断增加，冻罗非鱼片的需求量经历了先升后降再升再降的过程。

统计数据显示，2002 年以来中国冻罗非鱼片需求量逐年上升，2002 年中国出口冻罗非鱼片消耗的原料鱼量为 3.04 万吨，2005 年达 17.83 万吨，占罗非鱼产量的 18.23%。之后受美国市场的影响，从 2006 年开始冻罗非鱼片的国际需求量开始减少，下降了 41.61%，2006—2008 年间需求量的年变化率为 47%。2009 年开始冻罗非鱼片需求量开始上升，2010 年原料鱼消耗量达到 62.20 万吨的历史高点，占罗非鱼产量的 46.79%，但这种上涨的趋势没有保持到 2011 年，2013 年冻罗非鱼片的原料鱼消耗量达到历史最高点，为 74.55 万吨，占总产量的 44.97%（图 3-2）。

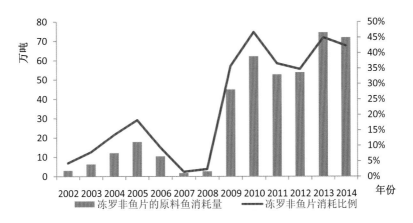

图 3-2　2002—2014 年冻罗非鱼片消耗量变化

数据来源：中国海关总署

（二）冻罗非鱼

国际市场对冻罗非鱼的需求逐渐呈下降的趋势，中国冻罗非鱼的消费量也随之下降。冻罗非鱼片逐渐取代了冻罗非鱼的主导地位。在 2006 年以前出口冻罗非鱼所消耗的成鱼量一直保持在总产量的 4% 左右，2007、2008 年国际需求量大幅下降，2009 年开始呈上升趋势，2011 年原料鱼消耗量为 11.96 万吨，2013 年为达到 16.25 万吨的历史高点，2014 年冻罗非鱼的原料鱼消耗量为 15.82 万吨，占总产量的 9.30%，年均增长率为 17.4%（图 3-3）。

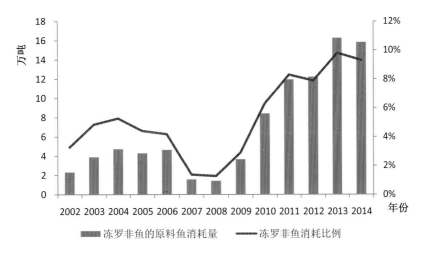

图 3-3　2002—2014 年冻罗非鱼消耗量变化

数据来源：中国海关总署

（三）制作或保藏的罗非鱼

制作或保藏的罗非鱼指的是整条或切块的罗非鱼，2002—2005年制作或保藏的罗非鱼消耗的原料鱼量较少，约占罗非鱼总产量的2%。在冻罗非鱼片、冻罗非鱼需求量大减的2007、2008年，制作或保藏的罗非鱼的需求大增，消耗的原料鱼量占中国罗非鱼产量的30%。2009、2010年制作或保藏的罗非鱼出口量趋于稳定，国际消耗的原料鱼量约为10万吨，占中国罗非鱼产量的7%左右。2013、2014年制作或保藏的罗非鱼出口量又有所下降，国际消耗的原料鱼量约为3万吨，占总产量的2%左右（图3-4）。

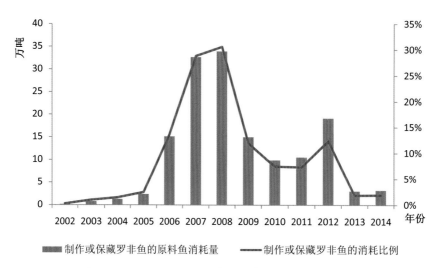

图 3-4　2002—2014 年制作或保藏的罗非鱼消耗量变化

数据来源：中国海关总署

（四）鲜活罗非鱼

活罗非鱼的主要需求是中国内地市场和香港、澳门地区。在2007、2008年中国罗非鱼产量大减的情况下，活罗非鱼在香港、澳门等地区的消费量明显减少。国内市场的消费量在2005年之前呈上升态势，2006—2010年处于跌宕起伏的状态，近年来基本是稳中有升的，2014年在80万吨左右（图3-5）。

（五）其他罗非鱼产品

除了冻罗非鱼片、冻罗非鱼、制作或保藏的罗非鱼和鲜活罗非鱼外，其他罗非鱼产品主要包括鲜冷的罗非鱼、鲜冷罗非鱼片、盐腌或盐渍的罗非鱼等，这三类罗非鱼产品主要是国际市场需求，销售量也较少，某些年份基本没有这些产品的加工出口，2007年以来没有这三类出口产品的统计数据。这些产品占中国罗非鱼产品总出口量的比例很少，不足0.05%（图3-6）。

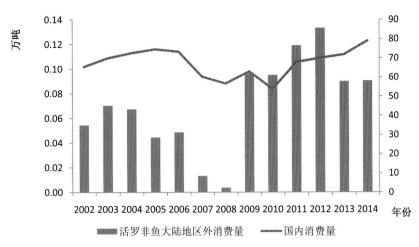

图 3-5 2002—2014年活罗非鱼消费量变化
数据来源：中国海关总署

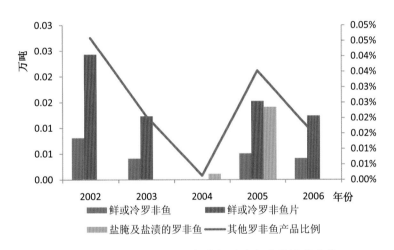

图 3-6 2002—2014年其他罗非鱼产品消费变化
数据来源：中国海关总署

第二节 中国罗非鱼加工技术现状

随着国际罗非鱼及其加工产品市场的发育，中国的罗非鱼出口在近几年呈逐年上升趋势，在这种势头的带动下，原来是养殖业单独发展的格局发生了很大的变化。据不完全统计，目前国内有罗非鱼加工企业200多家，其中加工出口企业170多家，年加工能力超过200万吨，但全年实际加工量仅有90万吨左右。罗非鱼加工能力和加工量从2002年的约5万吨增长到2014年的90万吨，增长了17倍。这些加工厂主要集中在广东、海南、广西、福建等罗非鱼主产区。罗非鱼加工产品一直以来主要用于出口，近年来开始出现在国内市场销售。

一、生产装备

中国罗非鱼加工发展始于20世纪90年代末，1997年2月，佳鸿水产（廉江）有限公司（台资）在广东省湛江市廉江营仔建设中国第一家罗非鱼加工企业，加工技术和生产设备都是从中国台湾引进，生产车间和冷冻设备是在原有对虾加工生产线的基础上进行改造，生产线的设备相对简单，大部分工序都是由手工操作。随着国际对罗非鱼产品需求量的不断增大和中国罗非鱼产业的不断发展，中国罗非鱼加工企业的数量和生产规模也在迅速扩大。在国际市场的竞争日益激烈，罗非鱼产业化水平直接关系到中国罗非鱼的国际竞争力，中国加大了罗非鱼加工的发展力度，并对现有加工企业进行技术改造，引进国际先进加工设备和通行的质量管理体系，推行良好生产操作（GMP）、危害分析与关键控制点（HACCP）和ISO 9000等质量管理与控制体系，提高管理水平，增强企业新产品开发能力，从而提高国际市场竞争力。目前国内罗非鱼加工企业有200多家，建有罗非鱼加工专用生产线600多条。许多罗非鱼加工企业厂房均按现代化水平进行建造，从厂房选址、生产车间、生产条件、生产设施到质量控制体系均按国家标准GB/T 27304-2008（食品安全管理体系）、GB/T 20941-2007（水产食品加工企业良好操作规范）、GB/Z 21702-2008（出口水产品质量安全控制规范）和HACCP质量体系的技术要求进行设计与建设。罗非鱼加工生产设施建设技术水平不断提高，从原料接收到产品出厂基本实现流水生产线生产，部分企业的罗非鱼加工生产线的装备技术已达到国际先进水平。

一直以来，中国罗非鱼加工基本是靠手工操作，是典型的劳动密集型生产方式。经过十多年的发展，通过引进、吸收、研发、创新，开发出一系列适用罗非鱼加工的机械设备。目前，中国大多数罗非鱼加工企业逐步采用了罗非鱼加工流水生产线，配置有活鱼发色自动输送机、规格分选机、放血、去头、开片、磨皮、修整、检验分选生产线、臭氧消毒清洗线、半自动鱼片发色柜、半自动罗非鱼开片机、半自动鱼片去皮机、鱼片冷冻深去皮机、自动金属探测机、输送式隧道IQF速冻机、输送式螺旋IQF速冻机、大型低温冷库、自动包装机、自动真空封口机等加工设备。采用的先进技术有木烟发色、臭氧消毒、低温速冻、超低温速冻等技术；一些罗非鱼加工龙头企业在产品质量控制方面建立先进的实验室，并配置先进的气相色谱仪、高效液相色谱仪、质谱仪、原子吸收光谱仪、分光光度计等实验室高科技分析仪器。通过设备革新和技术提升，不仅改善了工人的劳动强度，也提高了产品质量和效率，保证了产品的质量安全。

二、加工产品

中国罗非鱼加工品种，在早期主要加工条冻罗非鱼和冻罗非鱼片两种产品，其中冻全鱼加工技术含量低，市场价位也低，利润不大。近 10 年来，根据国际市场和国内市场的消费需求，中国罗非鱼加工产品品种也有很大的发展。目前，中国罗非鱼加工的产品形式可分为四大类：

（1）冻整条罗非鱼。主要为原条、两去（去鳞、去内脏）及三去（去鳞、去内脏、去鳃）等产品；

（2）冻罗非鱼片。按加工方式可分为：浅去皮罗非鱼片和深去皮罗非鱼片。浅去皮罗非鱼片又分可发色和不发色两种。出口产品中，浅去皮罗非鱼片主要规格有 100 克以下、100～150 克、150～200 克、200～250 克、250 克以上等 5 种规格；深去皮罗非鱼片主要有 100～150 克、150～200 克两种规格。

（3）冰鲜罗非鱼片。加工后的罗非鱼片贮藏在 0～4℃ 的条件下流通销售。冰鲜产品能保持其良好的品质，但由于保鲜时间短，限制了该产品的流通。

（4）调理制作的罗非鱼产品。包括有：裹面包屑罗非鱼片、液熏罗非鱼片、腌制和罐头等制作的产品。裹面包屑罗非鱼片，可分为冻裹面包屑罗非鱼片和油炸裹面包屑罗非鱼片产品。

虽然罗非鱼加工产品以冻罗非鱼和冻罗非鱼片为主，但罗非鱼加工除了初级加工成冻鱼片及原条冻鱼外，也研发了种类繁多的罗非鱼加工制品。目前开发的产品有：罗非鱼干、罗非鱼鱼糜、罗非鱼鱼罐头、罗非鱼鱼丸、烤罗非鱼、罗非鱼松、罗非鱼排、罗非鱼糕、罗非鱼饼、熏制罗非鱼、调理冷冻食品、各种休闲即食食品等。为推进罗非鱼内销，百洋水产推出了杰厨家宴等一系列食品化的罗非鱼菜品，茂名长兴利用罗非鱼鱼头开发出鱼脸颊、鱼下巴等小包装冷冻产品，对罗非鱼的开发利用取得较好的加工增值示范作用。

三、加工技术

（一）罗非鱼加工技术现状

中国现有的罗非鱼加工技术主要包括以下几类：

（1）罗非鱼片加工技术，主要包括冻罗非鱼片加工技术、冻裹面包屑罗非鱼片加工技术、罗非鱼片气调保鲜加工技术、液熏罗非鱼片加工技术、烤罗非鱼片加工技术。

（2）整条罗非鱼加工技术，主要包括条冻罗非鱼加工技术、腊罗非鱼干加工技术等。

（3）罗非鱼副产品加工技术，主要包括罗非鱼加工副产物中鱼油提取加工技术、罗非鱼骨制备活性钙加工技术、罗非鱼鱼皮、鱼鳞明胶加工技术、罗非鱼鱼皮、鱼鳞胶原蛋白加工技术、罗非鱼蛋白活性肽加工技术、罗非鱼内脏蛋白酶提取加工技术、罗非鱼加工副产物饲料蛋白加工技术等。

（4）其他加工技术，主要包括冻罗非鱼下巴加工技术、罗非鱼鱼糜及制品加工技术、罗非鱼罐头加工技术、冻罗非鱼鱼柳加工技术、香脆罗非鱼鱼排加工技术、罗非鱼调味料加工技术、罗非鱼休闲食品加工技术等。

（二）罗非鱼深加工技术

罗非鱼在加工成鱼片的生产过程中，采肉率在30%到37%之间，必然会产生大量的罗非鱼加工副产物，这些副产物约占鱼重的60%，其中鱼鳃约占2.50%，鱼肠约占2.53%，鱼内脏约占10.94%，鱼鳞约占2.96%，鱼皮约占3.83%，鱼排约占9.18%，鱼头约占11.61%，下颌肉约占8.65%，鱼脑约占0.04%，鱼眼约占0.83%，另外还有鱼尾、鱼血等，这些罗非鱼加工副产物大多未进行有效的利用，国内主要将这些罗非鱼加工副产物用于饲料加工或直接作为肥料，一定程度上减少了罗非鱼加工副产物对环境造成的污染。在这些副产物中含有各类功能活性物质，近年来，不少专家学者纷纷开展罗非鱼加工副产物进一步的高值化开发利用，尤其是中国水产科学研究院南海水产研究所在开展罗非鱼加工副产物零废弃高值化综合加工研究方面取得显著成果，实现了罗非鱼全鱼加工利用技术，可开发的产品与工艺见图3-7。

近年来，随着罗非鱼产业的变化发展，罗非鱼加工副产物精深加工技术越来越受到行业的关注，国内已有部分罗非鱼加工企业认识到，单纯依靠粗加工罗非鱼片的传统模式已不能满足竞争愈发激烈的国际市场的需求，许多科研院校和企业纷纷开始探索罗非鱼加工副产物的精深加工技术和开发高值化产品。除了利用罗非鱼加工副产物加工鱼油、鱼粉外，还充分利用罗非鱼鱼皮、鱼骨、内脏等副产物进一步精深加工，开发高附加值的明胶、胶原蛋白、胶原肽、功能活性肽、调味料、生物酶类、活性钙等产品。目前中国在利用罗非鱼加工副产物进行高值化加工方面大致有以下几个方向。

1. 利用罗非鱼加工副产物加工鱼粉和提取鱼油

罗非鱼加工副产物中含有丰富的油脂，特别是内脏。传统的罗非鱼加工副产物处理方式除了直接丢弃就是用来提取鱼油、鱼粉，制备饲料。统计数据表明，在世界水产渔业范围内，加工成鱼粉的低值水产品加工副产物占的总比例高达36%。

目前，中国利用罗非鱼加工副产物加工鱼粉和提取鱼油多用于饲料生产。中国现有用罗非鱼加工副产物加工饲料鱼粉、鱼油的企业有：广东雷州市泰源鱼粉有限公司、广东茂名长兴食品有限公司、广东茂名利马饲料原料有限公司、广东雨嘉水产食品有限公司、云南西双版纳君纳水产食品有限公司、海南思远鱼粉鱼油有限公司等十多家企业,年总生产能力罗非鱼鱼粉约10万吨,鱼油约3万吨。

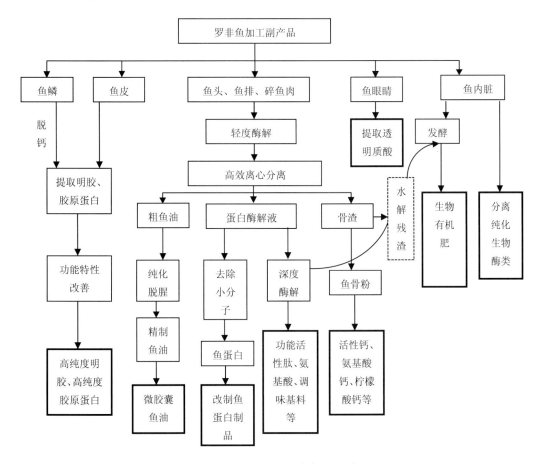

图 3-7 罗非鱼加工副产物综合开发利用流程

利用罗非鱼鱼油可提炼高值化的 EPA、DHA 保健食品,但是由于中国在生产保健食用鱼油产业上起步较晚,保健食用鱼油产品还未能在国际市场发挥明显优势。近年来,有专家研究表明:对罗非鱼内脏通过轻度酶解或采用钾盐蒸煮法提取到罗非鱼鱼油,再经过脱胶、脱酸、脱色、脱臭处理后,鱼油质量可达到一级食用鱼油标准。有专家研究选择合适微胶囊化壁材,以蔗糖 13.50%,明胶 5.10%,黄原胶 0.31%,鱼油 6.50%,得到的微胶囊化罗非鱼油产品的包埋率达到 89.16%。产品水分含量低,抗氧化性高,色泽洁白,溶解性好,溶解后呈牛奶状,有较好的鱼油味。经脂肪酸分析表明,罗非鱼油含有 C12-C22 脂肪酸 29 种,其中饱和脂肪酸 10 种,单不饱和脂肪酸 7 种,多不饱和脂肪多烯酸 12 种,不饱和脂肪酸和饱和脂肪酸分别占脂肪酸总量 57.58% 和 42.42%。

鱼油之所以具有特殊的重要价值,是因为鱼油具有特殊的化学组成。鱼油富含 ω-3 系列多不饱和脂肪酸,其中二十碳五烯酸(EPA)和二十二碳六烯酸(DHA)不仅是人类生长发育必需的营养物质,且具有预防心脑血管疾病,增强记忆力,预防老年痴呆症,抗炎、抑制过敏反应和肿瘤生长,促进婴儿视网膜发育等多种生理功能。据美国 F&S 公司的调研报告称:从 2002 年至今,国际鱼油市场规模以每年 8% 的速度扩大,2010 年鱼油及其制品的世界市场销售额超过 50 亿美元,预计今后几年国际市场鱼油交易量将维持在 26 万吨至 30 万吨的水平上,EPA/DHA 等鱼油衍生物产品将呈供不应求态势,价格将继续上涨。因此,鱼油具有很高的营养价值和广泛的开发利用前景。利用罗非鱼加工副产物提取鱼油,不仅能提高罗非鱼产品的附加值,而且还能促进罗非鱼养殖加工产业良性发展,具有重要的经济价值和现实意义。

2. 利用鱼鳞、鱼皮为原料生产胶原、明胶和胶原蛋白

随着罗非鱼加工出口业的快速发展,在加工罗非鱼片过程中会产生大量含有丰富胶原蛋白的鱼鳞、鱼皮等副产物,其中鱼皮和鱼鳞中含有较高的粗蛋白,说明其胶原蛋白的含量较高。通过现代酶工程技术,从罗非鱼鱼皮中提取胶原蛋白,获得不同分子量级的胶原蛋白肽,这些胶原蛋白肽不仅使人体消化系统更易吸收,而且也可以应用于皮肤的保养,能够直接透皮吸收,提供肌肤细胞合成胶原蛋白所需的基础物质,使皮肤更加柔嫩油滑,可广泛用于食品及化妆品工业。由罗非鱼鱼鳞、鱼皮制得胶原蛋白的多肽分子量大部分在 1000Da 以下,分子量小于 1000Da 的胶原蛋白多肽不含细胞及组织相容性胶原,不会诱发抗体和免疫反应,而且对皮肤的渗透性非常强,可迅速补充肌肤流失的胶原质,同时小分子量的胶原蛋白多肽更易被人体吸收,其保湿、营养、抗衰、除皱、美白、修复肌肤等功效更为明显。近年来,关于罗非鱼胶原蛋白的研究主要集中在以罗非鱼鱼皮、鱼鳞为原料,胶原蛋白的提取工艺条件及胶原蛋白的特性方面。罗非鱼鱼皮、鱼鳞胶原蛋白的提取方法主要有碱法、酸法、酶法和热水法等,特性研究主要包括黏度、凝胶强度和热变性温度等方面。近几年,中国一些企业的也开始关注罗非鱼加工副产物的高值化利用,涉足鱼胶原蛋白领域,2007 年,五丰水产率先建成罗非鱼胶原蛋白肽研发生产线,目前国内涉足罗非鱼胶原蛋白领域的企业见表 3-8。

目前中国罗非鱼胶原蛋白行业还处于起步阶段,生产厂家实力较弱。国内现有涉足生产罗非鱼胶原蛋白的企业仅有十多家,而真正产能规模超过千吨的仅有 2 家,大部分厂家年生产能力在 100 ~ 300 吨之间,而且几乎全部以原料供求模式提供给国内

保健品类、化妆品类、OEM 贴牌厂家或者部分出口。事实上，目前在国内市场所谓的品牌产品大部分是 OEM 贴牌产品。虽然国内胶原蛋白行业发展速度较快，市场规模迅速增长，国外需求量也在上升，但是目前国内胶原蛋白行业在既定价格下，基本保持供需平衡的状态。但据不完全统计，目前国内胶原蛋白实际生产总量不到 10 000 吨，远远低于市场容量评估值。

表 3-8　目前涉足罗非鱼胶原蛋白领域的企业

序号	企业名称	产品	生产能力（吨／年）
1	广东五丰海洋生物科技有限公司	罗非鱼胶原蛋白肽	150
2	湛江中南岛生化有限公司	罗非鱼鱼胶原蛋白面膜 罗非鱼胶原蛋白粉 罗非鱼胶原蛋白口服液	500
3	广东百维生物科技有限公司	罗非鱼鱼皮胶原蛋白 罗非鱼鱼鳞胶原蛋白	1500 1200
4	海南华研生物科技有限公司	罗非鱼食品级鱼胶原蛋白 罗非鱼化妆品级鱼胶原蛋白 罗非鱼饮料级胶原蛋白粉	5000
5	厦门源水水产品有限公司	罗非鱼功能性胶原蛋白	500
6	山东临沂澳雅康生物制品有限公司	罗非鱼胶原蛋白	
7	上海娇源实业有限公司	罗非鱼皮胶原蛋白	
8	天津万德芙特科技有限公司	罗非鱼鱼鳞、鱼皮胶原蛋白粉	
9	青岛未来生化有限公司	罗非鱼鱼鳞胶原蛋白肽粉 罗非鱼胶原肽	
10	烟台磐瑞喜医药生物科技有限公司	罗非鱼胶原蛋白粉	
11	天医堂（厦门）生物工程有限公司	罗非鱼饮料级小分子胶原蛋白 胶原蛋白粉 鱼鳞胶原蛋白	
12	山东得利斯食品股份有限公司	罗非鱼鳞胶原蛋白粉	

数据来源：互联网数据

　　近来年，随着罗非鱼产业的变化发展，下脚料深加工技术越来越受到行业的关注。部分罗非鱼加工企业逐步认识到，依靠粗加工罗非鱼片出口的传统模式已经不能满足愈发激烈的国际市场竞争的需求。而进行下脚料深加工不仅成为进一步赢得市场优势的不二选择，更是罗非鱼产业发展的必然方向。但由于这是一个新的领域，科技含量高、投入大、市场前景并不明朗，许多罗非鱼加工企业多处于观望状态，不敢轻易涉足。

广东省汕尾市五丰水产食品有限公司于 2006 年投资组建汕尾市五丰海洋生物科技有限公司，成为中国最早进入罗非鱼下脚料深加工行列的企业之一，于 2007 年建成了首条罗非鱼胶原蛋白肽生产线，设备投资就达 2000 多万元以上。历经近 3 年的研发，到 2010 年公司推出了一系列自主研发的产品，包括保健、化妆品、食品冲剂等美容、保健系列产品。

广东湛江市国溢水产有限公司于 2007 年组建湛江中南岛生化有限公司，是继五丰之后成为广东省第二家进入罗非鱼胶原蛋白肽深加工领域的企业。建成胶原蛋白生产线，胶原蛋白粉车间、胶原蛋白饮料车间等，开始了罗非鱼胶原蛋白肽的研发，2010年中南岛罗非鱼胶原蛋白肽系列产品成功上市，生产鱼胶原蛋白面膜、胶原蛋白粉、胶原蛋白口服液等产品。最大年设计加工下脚料达 10 万吨，成为广东省规模化生产胶原蛋白的工业基地。

海南华研生物科技有限公司是海南唯一专业从事鱼胶原蛋白及其相关产品的研发、生产与销售的高新技术重点企业。2008 年建成了首条罗非鱼胶原蛋白肽生产线，2009—2011 年连续 3 年鱼胶原蛋白外贸出口冠军企业，公司旗下百福美产品系列被评为中国胶原蛋白十大品牌产品。海南华研生物科技有限公司从 2011 年开始扩产胶原蛋白至 5000 吨 / 年，是国内最专业的鱼胶原蛋白生产商。主要生产食品级鱼胶原蛋白、化妆品级鱼胶原蛋白和饮料级胶原蛋白粉。

广东百维生物科技有限公司 2010 年由广西南宁百洋饲料集团有限公司和化州市群康生物油料有限公司共同投资组建成立，总投资 3600 万元。后由日本新田明胶株式会社、统园国际有限公司增资成立中外合资企业。合资公司成立后，总投资将为 1.6 亿元，于 2011 年 3 月正式投产，年产鱼皮胶原蛋白可达 1500 吨，鱼鳞胶原蛋白 1200 吨。该项目产品为纯鱼胶原蛋白粉，广泛用于美容护肤、医药保健品及食品行业，市场前景广阔。

由于国内胶原蛋白行业仍然处于发展初期，行业较为混乱。大量贴牌产品的泛滥，又缺乏专业性的产品售后服务，在损害国内消费者利益的同时，也使得国内消费者在选购时因缺乏辨识商品优劣的能力而无所适从，从而抑制了国内消费者对于该类产品的购买。广大消费者迫切需要国内专业胶原蛋白厂商能够尽快生产出质量优良、价格合理的胶原蛋白品牌产品以供选择，这为国内专业胶原蛋白生产商提供了很大的市场操作空间。因此国内胶原蛋白行业的品牌建设进度大小，在一定程度上决定了其产品的市场占有率。

目前国内市场胶原蛋白品牌五花八门，但绝大部分为 OEM 贴牌产品。同行业厂家的品牌建设尚属起步阶段，都未形成适合不同消费群体的完整产品结构体系，企业发展策略及对市场消费目标划分各有偏重，渠道选择方面也大有不同。从目前胶原蛋白品牌市场来看，国内厂家成品年销售额过亿的几乎没有。市面上未曾形成一线强势品牌壁垒，这为胶原蛋白生产商的品牌建设工作提供了机会。

从胶原蛋白市场供求状况及销售规模来看，国内胶原蛋白行业依然属于形成期，究其原因是：一是大部分生产厂家刚刚建立，渠道开拓比较单一，难以形成良好的产品流通渠道。二是众多下游产业尚未开发，终端需求尚未完全激发。三是市场未能形成一个强势导入品牌，全面拉动市场消费。因此，无论是从产能供应、市场品牌、还是下游产业链开发，胶原蛋白行业依然存在庞大的潜力等待挖掘。

3. 利用罗非鱼加工副产物生产方便食品

在加工罗非鱼片的过程中，产生的大量鱼碎肉，这些碎肉约占鱼重的 10%，没有得到充分利用；规格较小的罗非鱼不适合生产鱼片及冻全鱼。因此，以小规格罗非鱼及罗非鱼片加工过程中产生的鱼碎肉为原料进行罗非鱼鱼糜的生产，并进一步加工成鱼卷、鱼丸、鱼饼、鱼香肠、鱼松、鱼糕及鱼面条等鱼糜制品，可大大提高罗非鱼原料的利用率。

充分利用罗非鱼加工副产物尚存可以食用的部分，国内已有研究单位和企业研究开发罗非鱼加工副产物生产即食休闲食品，如将鱼排制作成鱼骨休闲食品，水发鱼皮，烤制鱼下巴、鱼划等即食食品。对罗非鱼的开发利用取得较好的加工增值示范作用。

4. 利用罗非鱼加工副产物生产调味基料

罗非鱼加工出口产品主要是冻罗非鱼片，但在加工过程中产生了大量的副产物，近年来很多专家学者对以罗非鱼加工的副产物进行研究生产调味品。采用现代生物技术对罗非鱼加工副产物进行酶解，制备营养型高档调味料，可为罗非鱼加工副产物的高值化利用开辟一条新途径。

已有技术利用生物酶复合降解技术处理鱼肉碎片，有效提取其中的蛋白质，得到了氨基酸含量全面的调味料。酶解型天然调味料是深受国际市场欢迎的新型天然调味料。有专家利用罗非鱼加工副产物发酵鱼露，所得鱼露中含有丰富的精氨酸、谷氨酸、丙氨酸、赖氨酸、亮氨酸等，具有强烈的鲜味，鱼露成品可达到一级鱼露的标准。也有加工技术利用罗非鱼加工废弃物与麸皮为主要原料，采用低盐固态发酵工艺生产鱼鲜酱油。可获得较佳经济指标，蛋白质利用率与氨基酸生产率分别为 80.5% 与 53.6%；而曲蛋白酶最高活力出现在 48 小时，随制曲时间延长，蛋白酶活力会降低，但成品酱油中的鱼腥味会减少。有的专家以罗非鱼副产物为原料，采取酶水解、乳酸菌发酵与双糖化美拉德反应相结合的工艺制备的调味基料，产品主要成分为氨基酸、呈味核苷酸及小肽等，具有天然海鲜香气和滋味，因而有较好的市场发展前景。目前，中国水产科学研究院南海水产研究所利用罗非鱼加工副产物研制出调味基料和海鲜风味的调味品，在广东兴亿海洋生物工程有限公司等几家专门生产调味料的企业进行推广应用生产。

5. 利用罗非鱼鱼骨加工活性钙

罗非鱼骨中的钙、镁等营养物质丰富，是一种很好的钙源，罗非鱼加工副产物中鱼头和鱼排，经轻度酶解或蒸煮得到鱼骨，鱼骨经超微粉碎之后得到鱼骨粉。鱼骨粉中含有丰富的钙质，含钙量约达到 27%，是很好的补钙材料。

近几年来，随着罗非鱼养殖业的不断发展，加工罗非鱼的下脚料(鱼排、鱼头)的数量也在不断地增加，如何综合利用这些废弃物，增加附加值，减少环境污染是今后要解决的难题。中国水产科学研究院南海水产研究所利用罗非鱼鱼排、鱼头酶解获得鱼骨粉和复合氨基酸液，然后以罗非鱼骨的酸解液为钙源，与复合氨基酸液进行螯合反应制备氨基酸螯合钙，并对其抗氧化性进行研究。研究以柠檬酸和苹果酸混合酸对罗非鱼骨粉进行 CMC 钙的制备工艺，钙提取率为 92.1%，产品在热水中溶解度达88%。研究采用乳酸菌发酵法，通过接种发酵菌种为嗜酸乳杆菌和嗜热乳酸链球菌，使罗非鱼骨粉中的钙与酶解液中的氨基酸进行结合，得到氨基酸螯合钙。取得氨基态氮质量浓度 1.6 克/升，产品螯合率为 57.22%。抗氧化研究结果表明，在一定的体积范围内，氨基酸螯合钙浓缩液的还原力随着其体积的增大而增大。氨基酸螯合钙浓缩液对羟自由基的清除率和对超氧阴离子自由基的抑制率分别为 6.60% 和 51.67%。这两种活性钙经生物利用率测试表明，活性钙的生物吸收率 80% 以上，产品经小白鼠动物实验，证明属于无毒级、食用安全。

6. 利用罗非鱼内脏提取内脏酶

近年来，不少专家学者利用罗非鱼加工废弃物内脏为原料，提取胃蛋白酶、酸性蛋白酶、碱性蛋白酶、肠蛋白酶，从而作为食品加工和其他工业加工助剂，进一步扩大了罗非鱼内脏的利用途径。有专家研究表明罗非鱼肠经超声波提取的粗蛋白酶，用30% ~ 70% 的硫酸铵盐、HitrapTM Q FF 阴离子交换柱层析和 Sephadex G-100 凝胶柱分离纯化，得到电泳纯级的罗非鱼肠蛋白酶。取得的罗非鱼内脏中蛋白酶，SOD 酶、碱性磷酸酶有较高的活性和含量，具有提取开发的价值。目前，利用罗非鱼加工废弃物的内脏为原料，提取罗非鱼的内源酶还处于研究阶段，暂时未发现国内企业利用罗非鱼内脏提取上述天然活性物质。

四、质量控制

中国罗非鱼加工产业经过十多年发展，目前正处于从粗放生产向标准规范化转变，从规模产量型向质量效益型转变的关键时期，通过实施标准化规范对罗非鱼原料进行高值化综合加工利用，确保罗非鱼加工产品的品质与质量安全，是提高中国罗非鱼加工出口国际市场竞争力的必由之路。要实现这一目标，必须依靠技术创新和标准化生产来实现产业升级，以保障中国罗非鱼产业可持续稳定发展。

随着中国罗非鱼产业的迅速发展，相关科研院所及高校的科研工作者围绕罗非鱼加工前、加工中和加工后各阶段的罗非鱼加工工艺、新产品开发和质量控制技术进行攻关。近几年，活体发色技术、冷杀菌技术、冰温气调保鲜技术、快速冻结技术、抗冻保水技术、液熏加工技术、罐头加工技术、酶解加工技术、低碳节能的加工技术、高值化利用新技术和加工副产物回收利用技术等共性技术已逐渐应用于罗非鱼加工业。逐步形成了系列具有自主知识产权的罗非鱼产品成套加工技术与质量控制体系，强有力地推进了中国罗非鱼加工技术的发展，促进了罗非鱼加工产品的多元化发展。目前，中国罗非鱼加工企业积极应用《HACCP 管理体系》等质量控制标准，正确应用科学的加工工艺，开发相关罗非鱼产品的加工工艺技术。

第三节　中国罗非鱼加工业结构与产业绩效

目前，中国罗非鱼加工业存在产能过剩、利润下降等现象，这除了受国际宏观经济环境的影响外，还可以由产业的市场结构特征得以说明。中国罗非鱼加工业目前较为分散的市场是导致过度竞争的根源，而过度竞争则对产业的增长绩效产生了一定的影响。

张维迎（1999）认为恶性竞争指的是导致价格小于边际成本的竞争方式。某一产业过度竞争，其特征大体表现为：①从市场格局看，供大于求，生产能力过剩；②从市场结构看，产业集中度低，退出成本高，供给主体多；③从市场行为看，企业在销售方面进行激烈的降价竞争，在生产方面相继打入对方的经营领域；④从市场绩效看，竞争者尽一切手段将产品价格降到接近或低于平均（或边际）成本的水平，企业只能得到远低于正常水平的利润。近年来中国罗非鱼加工业迅猛发展，导致生产能力严重过剩，目前国内有罗非鱼加工企业 200 多家，其中加工出口企业 170 多家，年加工能力超过200 万吨，但全年实际加工量仅有 90 万吨左右，罗非鱼加工能力已经远远超过原料供给量和市场需求量。近年来中国罗非鱼加工业的产能利用率在 40% 左右波动，许多中小企业已经处于停产或半停产状态。

此外，随着加工能力的迅速增加和市场竞争的日趋激烈，罗非鱼加工业的利润空间在波动中逐渐缩小，整体效益处于较低水平。一是由于产能过剩，市场处于无序竞争状态，竞争十分激烈，罗非鱼销售大打价格战，造成全行业的赢利水平大幅下降。二是行业外销途径被国外经销商控制，价格提升受控。

目前产能过剩以及由此引起的价格战、行业利润水平过低等问题困扰着中国罗非鱼加工业。鉴于上述表现符合产业过度竞争的判断标准，可以认为中国罗非鱼加工业存在过度竞争。

过度分散的市场结构是罗非鱼加工业过度竞争的基础。中国罗非鱼加工业过度分散的市场结构与过度竞争密切相关。较高的产业集中度将加强企业控制产量，而过低的产业集中度将激励企业过度生产，从而引发过度竞争。虽然近年来中国建立了许多大型罗非鱼加工企业，但总体上罗非鱼加工业仍较为分散、产业集中度不高、企业规模参差不齐。由于企业数量众多、产业集中度较低，企业的理性选择必然是增加产量。因此，大量企业并存是中国罗非鱼加工业过度竞争的基础，而造成这种局面的直接原因则是市场的过度进入。

就中国罗非鱼加工业而言，过度竞争降低了企业利润和发展后劲，从长远看减少了消费者剩余和社会福利水平。企业间的竞争是全方位的，包括价格、产品特性、生产技术和能力、研发水平等，其中价格竞争在短期内最容易操作，因而过度竞争首先表现为价格的过度竞争。价格战的必然结果是，价格水平的迅速下降和平均利润的显著下滑，甚至出现大量亏损，进而影响企业其他竞争手段的实现。尽管过度竞争降低了产品价格，在短期内有利于消费者，但企业积累能力下降引起的产品创新能力、降低成本能力的下降，最终不利于消费者福利的改善。从长远看，过度竞争减少了企业利润和消费者剩余，不利于社会福利水平的提高。同时，过度竞争也降低了企业的竞争力和"谈判力"，不利于民族企业的自主发展。过度竞争削弱了企业的资本积累能力，为继续生存和发展，一些企业积极致力于与外商合资，甚至不惜大量让渡股权，低价或无偿转让原有品牌、营销网络、购货渠道等无形资产。这种竞争劣势和积极谋求合资的态度大大降低了企业与外商"合资博弈"的谈判能力。

目前中国罗非鱼加工业正处于从分散走向集中的过渡阶段，在向寡头垄断型市场转变的过程中，必然伴随过度进入和过度竞争，从而使中小企业破产，市场结构发生变化。罗非鱼加工企业的过度进入和过度竞争其实是中国罗非鱼市场整合的过程。市场结构转变为新进入者提供了契机。市场结构的转变、企业规模的扩大、集中度的提高反过来又提高了罗非鱼加工产业的绩效。大企业在促进行业增长和提高市场绩效方面扮演了非常重要的角色。

第四节　中国罗非鱼加工生产及发展趋势分析

20 世纪 90 年代以来，世界水产品加工技术进步很快，自动化程度进一步提高，发达国家水产品加工率达产量 70%，产品附加值高。随着科技的不断创新和人类认知程度的不断深入，加工领域由单一食品功能向医学、保健、卫生、饲料、工业用途扩展，利用水产品开发功能性食品以满足大众的需要，将是未来发展的趋势之一。

一、罗非鱼加工产品趋向于高质化、多样化

为满足 21 世纪人们对健康关注程度加大、生活节奏加快、消费层次多样化和个性化发展的要求，根据罗非鱼加工副产物的资源现状，开展多层次、多系列的水产食品，提高产品的档次和质量，来满足不同层次、品味消费者的需求。

近年来随着加工规模的扩大，产能超过实际需求，大规格商品鱼比例低，产品收购价格与品质脱节。因此，要明确质量分级方法，推进罗非鱼分级制，充分体现质高价优。未来罗非鱼加工业发展应以优化产品结构，使罗非鱼产品实现高质化、多元化、系列化，提高罗非鱼的加工附加值为方向。

随着人们生活水平的提高和生活节奏的加快，对于冷冻调理食品、鱼糜制品以及方便即食食品的国内市场需求逐渐增加。罗非鱼的精深加工应以市场为导向，不断开发出适合人们需要的产品，使罗非鱼产品在色泽、口味、风味方面更加丰富。目前，中国的罗非鱼出口产品仍以冻罗非鱼片和冻全鱼为主，国内以鲜活或冰鲜销售为主。虽然开发了种类繁多的罗非鱼加工制品的加工技术：如液熏罗非鱼片、罗非鱼罐头、腊罗非鱼制品、冰温气调保鲜罗非鱼、罗非鱼鱼丸、烤罗非鱼、罗非鱼松、罗非鱼排、罗非鱼糕、罗非鱼饼、熏制罗非鱼、调理冷冻食品、各种休闲即食食品等系列产品加工技术，但在实际应用上总体还比较少。随着技术的发展，和市场的需求，高质、多样化罗非鱼加工产品将逐步走向市场。

二、罗非鱼内销产品逐渐扩大

国内罗非鱼市场潜力非常大，罗非鱼未来的市场将在国内。部分罗非鱼加工企业已经认识到了这一点，开始研究国内市场对罗非鱼的需求，并研发生产罗非鱼在国内市场的销售产品。罗非鱼产业必须执行市场需求发展方向，罗非鱼的内销市场将进一步向家庭速食、快餐店、西餐店等方向发展。内销市场开发关键是推出更多的产品形式，

注重加工生产出适合国内消费的罗非鱼产品。

　　中国每年养殖生产的罗非鱼一半都在国内消费，国内市场的罗非鱼消费潜力巨大。目前内销罗非鱼基本是鲜销的，如果内销多样化的罗非鱼加工产品，中国国内的罗非鱼市场将进一步延展。同时由于西部地区劳动力大量进入沿海地区，适应了东部的饮食习惯，将使罗非鱼消费逐步增加。

三、罗非鱼加工副产物的零废弃高值化利用

　　罗非鱼在加工的过程产生的副产物（包括头、尾、骨、皮、鳞、内脏及其残留鱼肉），其重量约占原料鱼的60%，且大多未进行有效利用，不仅污染环境，而且会浪费资源。通过以现代生物工程技术、酶工程技术等为主的高值化加工处理技术，对罗非鱼下脚料进行高效综合利用，包括从鱼皮、鱼鳞中提取胶原蛋白和制备胶原多肽，从内脏中提取精炼鱼油以及鱼肝膏，以鱼骨钙为原料开发新型活性钙制品，水发鱼皮加工和鱼鳞休闲食品开发等，提高罗非鱼资源的利用率，减少对环境的污染，开拓了罗非鱼加工零废弃的途径。

　　（1）开发方便罗非鱼鱼食品：以罗非鱼加工副产物和小规格鱼为原料，采用一定工艺提取其中的营养物质，加工成浆，然后配以淀粉、植物蛋白、植物胶等食物组分，生产出各式各样的鱼糕、鱼卷、鱼饼、鱼丸、鱼片、鱼酱和鱼香肠等风味浓郁的水产方便食品。这样的食品不用烹调即可直接食用，既富有营养又便于保存，还有携带方便的特点。

　　（2）开发罗非鱼风味食品：用罗非鱼加工副产物或小规格鱼加工成具有独特风味的小包装休闲食品。如油炸鱼排、烤鱼片、鱼丸等。

　　（3）开发模拟水产食品：以罗非鱼加工副产物原料中的鱼肉，配合以淀粉、植物蛋白、食用植物胶等组分，采用一定工艺技术制成色、香、味、形近似虾、蟹、贝的人造虾仁、蟹肉和干贝等，这类食品具有营养丰富，价格便宜的优点。

　　（4）开发罗非鱼功能食品：功能食品被誉为"21世纪食品"，代表了当代食品发展的新潮流。如何利用罗非鱼加工副产物中的活性成分，其中包括活性多肽、氨基酸、鱼油不饱和脂肪酸和磷脂等，进行深加工，制成风味独特和保健功效显著的水产功能食品，是当前水产加工副产物一个重要开发研究方向。

　　近年来，中国罗非鱼的加工行业正在逐步走向精、深加工。罗非鱼加工副产物的高值化综合利用成为行业未来发展亮点，通过做好罗非鱼的全鱼综合利用来提高资源利用率，使行业发展模式从传统的单向经济发展模式向循环经济发展模式转变，同时产生良好的经济效益，提升产业整体利润水平。

四、罗非鱼加工机械与设备的机械化和自动化程度越来越高

水产品加工过程的机械化、智能化，是水产品加工实现规模化发展、保证产品品质、提高生产效率、应用现代科技的必然趋势。欧美等国家在水产品加工与流通方面具有相当高的装备技术水平，主要体现在鱼、虾、贝类自动化处理机械和小包装制成品加工设备。德国 BAADER 公司是世界上最先进的水产品加工设备生产企业之一。该公司 2008 年生产的鱼片细刺切割、鱼片整理和分段一体机，鳕鱼片生产能力每分钟高达 40 片，其鲶鱼加工生产，从原条鱼开始到产出鱼片和鱼糜，形成了一整套生产流水线，生产过程中产生的脚料可用鱼糜机加工利用。加拿大 Sunwell 公司以开发浆冰设备而闻名，2006 年为日本提供了世界上第一套船用低盐度深冷浆冰系统，液态深冷浆冰可为鱼货物提供快速冷却。著名的瑞典 Arenco VMK 公司 2008 年开发的渔船用全自动鱼类处理系统能精确地去除鱼头和鱼尾，并采用真空系统抽空鱼的内脏、开片、去皮操作全自动且可调节。日本精于水产品加工设备研发，技术领先的产品为鱼糜制品加工设备。

随着中国社会经济发展，人工生产成本逐年增长，对于劳力密集型的罗非鱼加工方式将受到很大的影响。因此，罗非鱼加工过程的机械化、智能化，是罗非鱼加工实现规模化发展、保证产品品质、提高生产效率的必然趋势。以低能耗的生物加工与机械化加工方式代替传统的机械化与手工加工方式，形成低投入、低消耗、低排放和高效率的节约型增长方式，将成为罗非鱼加工产业的必然选择。

五、越来越多的高新技术应用于罗非鱼加工

随着科学的发展，在罗非鱼加工中逐步运用液熏技术、冰温气调技术、生物酶工程技术、膜分离技术、微胶囊技术、超高压技术、冷杀菌技术、无菌包装技术、微波能及辐照技术、超微粉碎和真空技术等高新技术对罗非鱼进行深度加工开发，充分利用罗非鱼资源，将加工原料进行二次利用，坚持开发节约并重、注重资源综合利用，完善再生资源回收利用体系，才能全面推行清洁生产，形成低投入、低消耗、低排放和高效率的节约型增长方式，为罗非鱼功能性食品的开发提供更多、更有效的资源。使罗非鱼精深加工的水平和技术含量不断提高，同时对罗非鱼产业加工的废弃物进行综合利用的速度也大大加快。从罗非鱼加工副产物提取制备功能性活性成分成为提高企业市场竞争力、推动罗非鱼产业健康持续发展的有力保证。

在罗非鱼加工和副产物进行高值化开发过程中，要特别注重控制生产过程中产生的能源和资源排放，将其减少到零，同时将那些不得已排放出的能源、资源充分再利用，包括废水的处理，加工残渣的无害化处理及二次利用等，最终做到全鱼无废弃的加工方式。

第五节 中国罗非鱼流通体制分析

一、中国罗非鱼流通体制情况

流通，即商品的运动过程。广义的流通是商品买卖行为以及相互联系、相互交错的各个商品形态变化所形成的循环的总过程，包括商品生产及在商品流通领域中继续进行的生产过程，如商品的运输、检验、分类、包装、储存、保管等。它使社会生产过程永不停息周而复始地运动。狭义的流通是商品从生产领域向消费领域的运动过程，由售卖过程（W-G）和购买过程（G-W）构成，它是社会再生产的前提和条件。一般指以货币作为交换媒介的商品交换，包括商品买卖行为以及相互联系、相互交错的各个商品形态变化所形成的循环的总体。在特定条件下，还指资本或社会主义资金的流通过程，它包括资本或社会主义资金在不断运动中所反复经历的两个流通阶段和一个生产阶段相统一的过程。

中国水产品的销售渠道主要包括批发市场、零售市场、超市、连锁店和养殖户自营渠道等。水产品大部分是以鲜活的形式销售的，但罗非鱼作为出口主导型产品，其加工产品比例占了60%。按流通过程中各主体之间的联结方式（包括资本、协议、合同）（李晓红等，2011），中国罗非鱼产品的流通模式大体分为三种：市场交易型、联盟合作型和产运销一体化型。

市场交易型是中国目前罗非鱼流通模式中最为常见的类型，反映的是产品从生产到国内或国际市场的一个流通过程，主要涉及的环节包括生产者、产地贩运商、产地批发商、产地零售商、加工厂、销地批发市场、销地零售市场或国际经销商等环节。这类交易型模式中，罗非鱼流通过程的各环节由不同主体承担，以纯粹的市场关系为主，根据市场价格的变化随机地选择对方进行交易，彼此之间没有协议或合同。

联盟合作型指罗非鱼流通过程的各环节由不同主体承担，且彼此之间建立了长期联盟合作关系，通过协议或合同的形式进行分工协作。这种模式也是中国目前罗非鱼流通组织模式的重要类型。根据流通过程中占据主导地位的主体属性，联盟合作型模式可分为以下两种：（1）加工厂主导型。该模式以加工厂为核心，加工厂是罗非鱼供应链最具实力的环节，拥有雄厚的资金实力和系统化的销售渠道，配备强大的信息系统，与生产者和市场有紧密的联系。加工厂与国际市场之间的链接是当前罗非鱼产业的命脉，国际市场连续稳定的需求使之可以与养殖户、贩运商、批发商等形成长期稳定的联盟合作关系，以获得连续稳定的罗非鱼产品供应。这种模式中最重要的是加工厂罗非鱼产品的国际消费需求，国际市场对罗非鱼产品的需求越大，其主导的整条供应链的合作关系就越稳定。(2)合作社主导型。该模式一般以当地罗非鱼合作社为核心。这些生产合作社大部分是由养殖户自发组织成立的（李琳等，2011），主导者包括加工厂、饲料厂或饲料供应商等。这些合作社利用自身优势进行企业化经营，积极开拓市场，组织社内成员生产销售，同时进行技术辅导，与下游企业间形成稳定的契约合作关系。

产运销一体化型指罗非鱼从生产到销售的整个供应链的生产、运输和销售各环节均由一个主体来完成，无其他主体参与交易。这是流通模式中组织化程度最高的，在罗非鱼产业中较为少见。此种模式一般由加工厂牵头，生产环节实行集约化、规模化养殖，运输环节由加工厂自建物流配送中心，销售环节自建经销渠道与销售终端，如连锁专卖店或超市专卖区等，整个流通环节更具效率。

中国罗非鱼产品最基本的流通模式是以加工厂为中心，向前延伸为生产者、贩运商或批发商，向后延伸为国际收购商、国内批发商和零售商等。生产者可能是散户、大户、生产合作社、企业基地，国内零售商包括农贸市场、超市、专卖店、宾馆和饭店等，见图3-8。虽然加工厂在罗非鱼流通中起着至关重要的作用，但是真正掌握罗非鱼产业命运的是国际收购商，加工厂更多的是按照国外订单进行收购加工，定价权也基本掌握在外商手中，这种流通模式并不利于罗非鱼产业持续健康的发展。

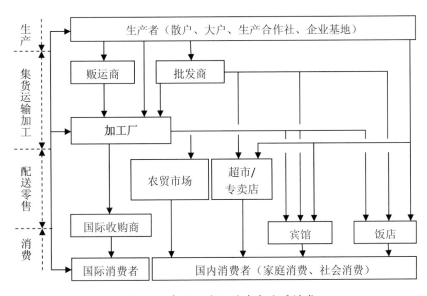

图 3-8　中国罗非鱼的基本流通模式

二、中国罗非鱼主产区流通体制情况

中国罗非鱼养殖基数大，加工企业多，从业人数超过百万，有育苗、饲料生产、流通运输、技术服务、渔药供应等相配套，形成了较为完整的一条从种苗、养殖、加工到出口贸易的产业链。主产区包括广东省、海南省、广西壮族自治区、福建省、云南省、京津冀等地。

（一）广东省

广东省作为中国最大的罗非鱼主产区和出口省份，2014年出口量达15.83万吨，占全国总出口量的40.05%。加工出口所需用的原料鱼约占罗非鱼总产量的30%，有70%的产品需要由国内市场来消化。用于出口的罗非鱼，大多由经销商到塘边进行收购，并销售到加工厂，或由加工企业直接对其进行收购。由于罗非鱼具有个体适中、肉质厚、骨刺少等特点，在广东省内市场的销售一直比较活跃。省内销售的罗非鱼，基本上是活鲜产品，另外有少量加工制品，包括罐头。当地销售罗非鱼的规模普遍在400～600克之间。粗放、分散、小规模的传统养殖方式在不断向基地化、健康式养殖方向发展。目前，在广东省的茂名、广州、湛江和肇庆等罗非鱼养殖主产区，由于一些有实力的公司加入，使这些地区的连片大面积养殖基地不断涌现，公司＋基地＋农户的现代农业产业化发展模式在罗非鱼产业中得到了充分的体现，目前基地化健康养殖产量已占全省产量的40%以上。

（二）海南省

中国罗非鱼养殖基数大，加工企业多，从业人数超过百万，有育苗、饲料生产、流通运输、技术服务、渔药供应等相配套，形成了较为完整的一条从种苗、养殖、加工到出口贸易的产业链。图3-9显示了海南省的罗非鱼流通体系，主要包括上游品种选育、苗种生产及成鱼养殖和下游的专业捕捞运输及加工销售环节，配有饲料供应、检测防疫、罗非鱼协会等相关支持产业，产业链较为完整。合作社带头发展的流通模式在海南省得到了广泛的推广，这类合作社一般是由种苗厂、饲料经销商或饲料厂带头，一般由合作社统一为养殖户供应苗种、饲料，并为养殖户提供技术指导，最后统一收购罗非鱼，销往加工厂。一个完整的产业链条，有利于产业良性运行健康发展，在一定程度上增强抗击市场风险的能力。

（三）广西壮族自治区

广西罗非鱼产业主要是以加工出口为主，以鲜活产品内销为辅。罗非鱼产品的市场供应已经形成了相对比较稳定的流通体系，主要呈现以下特点：一是形成以行业协会为主导、有效衔接加工企业和养殖户的流通网络。广西罗非鱼总产量3/4用于出口，成为加工出口型产业。以百洋集团牵头成立的广西罗非鱼协会，通过联合区内加工企业和养殖户，通过分级加工和销售，主导罗非鱼加工产品的出口。而小型的加工企业则直接入户收购小规模养殖户的罗非鱼用于加工出口和内销。二是在内销方面，罗非鱼以鲜活形式通过商贩塘口收购或直接进入水产品批发市场和农副产品批发市场、工厂食堂、火锅店或消费者家庭。在中国，消费者在食用鱼方面比较倾向鲜活的形式，再加上鲜储、运输等成本，广西的罗非鱼内销市场主要以区内和周边为主。

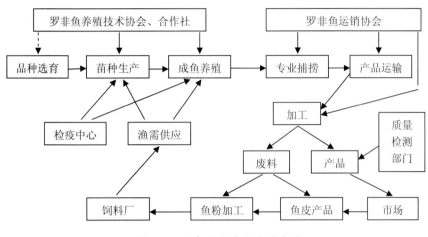

图 3-9　海南省罗非鱼流通体系

（四）福建省

由于早期的阶段国家对水产品购销和价格实行计划管理，国营水产供销公司主要水产品的统购、派购、议购、计划调拨、定量供应和渔需物资计划供应等业务，国营水产供销公司成为流通中的主体。改革开放以后，水产品市场逐步放开，流通领域中出现国营、集体、私营个体等多种流通渠道，由于开放了水产品市场，个体养殖户还参与流通活动，自己运销。个体养殖户从放宽的水产品购销政策中得到大量实惠。20世纪 90 年代，特别是进入 21 世纪以来，福建省各级政府加强了水产品市场建设，建立了具有相当规模的专业批发市场，拓展罗非鱼商品销售渠道，成立罗非鱼专业合作社，建立购销网点，开拓终端市场，批发市场体系的逐步完善，已成为罗非鱼产品流通的主渠道；同时通过攻克罗非鱼活鱼长途运输难关，开拓国内市场，将福建省罗非鱼销售到全国各地。目前，通过专业运输销售合作社，福建罗非鱼主产区近 1/5 的罗非鱼通过活鱼运输方式销往北京、哈尔滨、沈阳、天津、上海、江苏、浙江等地，区域性罗非鱼产品市场正逐步形成。开拓国际市场是福建省罗非鱼销售流通的一个重要渠道，初步形成了多元化的国外出口市场。

（五）云南省

2005 年以前，云南省罗非鱼全部依靠内销市场消化，随着各级政府的日益重视，一批外向型加工企业的逐步建设投产，2014 年，全省全年罗非鱼加工量为 1.54 万吨，同比增长 6%。至 2014 年，云南罗非鱼总产量的约 10 % 都用于加工出口。昆明等地相继建立诸多大型农产品市场，并日渐形成了一个连接城乡、覆盖产销两地的农产品大市场网络。尤其从 2005 年开始，云南开始了"绿色通道"，为鲜活农产品运输提供了便捷的通道，种类和覆盖范围逐步扩展，鲜活农产品市场供应得到了有效满足。水产品具有易腐性，无论是活体运输还是冷藏冷冻品运输都对物流提出了非常高的要求。云南省为了畅通水产流通的渠道逐步建立了水产物流市场，水产仓储运输业有了较大发展。云南省还在思茅、版纳、德宏等三个州市和漫湾、大朝山、小湾、万峰湖、百色枢纽富宁库区等电站库区设立罗非鱼优质开发区，打造罗非鱼优势产业带。通过农产品市场的建立，水产品流通环节费用降低，促进了农民增收和云南省罗非鱼产品市场的进一步发展。

（六）京津冀地区

京津冀罗非鱼产量远小于鲤、鲫、草、鲢、鳙等大宗水产品，在产业发展初期，并无物流参与，只能满足极少数群体和科研需求，在 20 世纪 90 年代奥尼罗非鱼推广后，产量激增，罗非鱼开始进入批发市场，标志性的事件是红桥市场和天民市场的开业，特别是天民市场开业，开始确立了北京作为三北地区水产批发集散中心的地位，罗非鱼的流通开始有了明确分工，有专业的运输和零售批发商，从而带动了京津冀罗非鱼产业的发展，所有罗非鱼产量的 60% 以上在这里进行交易。目前，天民市场已经关闭，京深海鲜批发市场、大洋路海鲜批发市场、回龙观海鲜批发市场成为罗非鱼主要销售地，罗非鱼价格主要由这三个批发市场形成，同时，自 2011 年后，随着运输技术和设备的进步，福建产罗非鱼开始影响京津市场。

三、中国罗非鱼流通体制特征与存在问题

（一）中国罗非鱼流通体制特征

1. 罗非鱼多渠道流通格局初步形成

罗非鱼从生产到消费，一般要经过多个环节。目前中国罗非鱼的流通大致有以下几个级别的渠道：

一级渠道，养殖户—消费者，是指养殖户将生产出来的罗非鱼直接卖到消费者手中，这种交换方式大多发生在各地的农贸市场或集市上，规模小而且分散。

二级渠道，养殖户—加工企业—消费者，是指养殖户将罗非鱼出售给罗非鱼加工企业，企业将罗非鱼加工后，直接供应给消费者。

三级渠道，养殖户—加工企业—国际经销商—消费者、养殖户—批发商（贩运商）—加工厂—消费者、养殖户—批发商（贩运商）—零售商—消费者，养殖户将罗非鱼销售给加工企业，企业通过国外经销商销售到国际市场；或者由批发商（贩运商）销售给加工厂出售给国内消费者；或者由批发商（贩运商）出售给零售商销售给国内消费者。

四级渠道，养殖户—批发商（贩运商）—加工企业—国际经销商—消费者，罗非鱼由养殖户生产后由批发商或者贩运商销售到加工企业，并有加工企业销售给国际销售商到国际市场。

国内罗非鱼购销主体多元化，罗非鱼流通多渠道并存的格局也已经形成。但罗非鱼由加工企业销售给国外经销商，并销售到国际市场是罗非鱼流通中最普遍的形式。

2. 加工厂在罗非鱼流通体系中占主导地位

由于现阶段罗非鱼市场仍然是以国际市场为主，超过了罗非鱼产量的五成，而国际市场对罗非鱼的需求主要是冻罗非鱼片、冻罗非鱼和制作或保藏的罗非鱼等加工产品，所以罗非鱼流通体系是以加工厂为核心，由加工厂带动罗非鱼产业的发展。由此也带来一系列的问题，养殖户产品的销售价格过分受加工厂限制，无法得到提高。

3. 罗非鱼出口以代加工为主

受市场的控制，中国罗非鱼产业更多的是销售到国际市场，正是国际市场的发展，使中国罗非鱼产业产生了质的飞跃，也正是因为如此，中国罗非鱼产业从 2000 年开始就一直沿用依靠国际市场的发展模式，而在这种发展模式中，中国罗非鱼产业没有建立起独立的国外经销途径，部分省份有建立少部分这种经销渠道，但销售份额少，不能对整个产业产生重大的影响。加工厂更多的是根据国外经销商的订单量收购罗非鱼，对罗非鱼进行加工。国内加工厂互相之间压价。实际上，中国罗非鱼产业的命脉控制在国外经销商手中，这种情况下，中国罗非鱼产业的利润很大程度上被外商剥削，生产者和加工厂所占的份额很少。所以建立独立自主的经销途径，以及开拓国内市场就成了罗非鱼产业可持续发展的必要途径。

（二）中国罗非鱼流通体制存在的问题

流通环节的发展强调相关的行为主体要相互协调、相互合作。目前中国罗非鱼流通环节的发展正处于初级阶段，各个部门之间的合作意识缺乏，物流链断止的现象时有存在，主要表现为以下几个方面。

1. 生产区域过于集中，流通渠道分布不均

中国罗非鱼的生产区域过于集中，主要集中在广东、海南、广西、福建和云南等省区，当地产的罗非鱼远超过当地的需求。与此同时，西藏、四川、辽宁等地区的消费者对罗非鱼片的需求较大，但是消费者的购买量不大，主要是因为罗非鱼运输流通的附加

费用导致的当地罗非鱼产品价格居高不下，以及购买渠道的局限性，导致消费者想吃而吃不到或者没有能力消费。流通渠道的分布掌握着销售市场的命脉。尽管中国交通运输条件的日渐完善和高速公路网络的日趋便利，使全国各级水产市场正在迅速地按照市场需求供给产品，但在国内市场仍没有建立畅通的罗非鱼流通渠道。罗非鱼销售到内陆市场，有活鱼和加工产品两种形式。但由于水产品的易腐性，无论哪种形式都对物流技术有着较高的要求，尤其是活鱼运输，如能改善货运配套技术，形成规模经济，压缩成本，罗非鱼在国内市场的销量势必会增加。

2. 缺乏国外自主经销渠道，产业发展受限

国际市场的发展使中国罗非鱼产业发生了质的飞跃，现阶段罗非鱼的销售仍然是以国际市场为主，超过了罗非鱼产量的五成，也正是因为如此，中国罗非鱼产业从2000年开始就一直沿用依靠国际市场的发展模式。而在这种发展模式中，中国罗非鱼产业没有建立起独立的国外经销渠道，加工厂更多的是根据国外经销商的订单量收购罗非鱼，进行产品加工。国内加工厂互相之间压价现象屡屡发生，实际上中国罗非鱼产业的命脉控制在国外经销商手中。在这种情况下，中国罗非鱼产业的利润很大程度上被外商剥夺，国内生产者和加工厂所占的份额有限，建立独立自主的经销途径成了罗非鱼产业可持续发展的必要途径。

第六节　中国罗非鱼流通环节利益分配分析

罗非鱼从养殖水域到餐桌一般要经过"生产—加工—流通—销售"等多个环节，因各环节涉及的市场主体不同，利益分配并不均等；不同的历史阶段，或不同的市场流通格局下，在罗非鱼价格上涨过程中，各环节获益程度也有所不同。在此用相关的调查案例进行说明。

一、生产环节

在对主产区的实地调研中发现，养殖户每生产1千克罗非鱼约获利1.0～2.2元，成本利润率在14%～31%之间。以下是以池塘养殖为例分析我国罗非鱼主产区养殖户生产获利情况。

广东省亩产1200千克的单养生产成本约为8690元/亩，利润约为1911元/亩，成本利润率22%。亩产1000千克的混养生产成本约为9150元/亩，利润约为1331元/亩，成本利润率为15%。

海南省池塘亩产1200千克的单养生产成本约为8676元/亩，利润约为2283元/

亩，成本利润率 26%。池塘亩产 1000 千克的混养生产成本约为 7733 元 / 亩，利润约为 1979 元 / 亩，成本利润率为 26%。

广西壮族自治区亩产 1200 千克的单养生产成本约为 9622 元 / 亩，利润约为 1402 元 / 亩，成本利润率 15%。亩产 1000 千克的混养生产成本约为 8662 元 / 亩，利润约为 1228 元 / 亩，成本利润率为 14%。

福建省池塘亩产 1200 千克的单养生产成本约为 9150 元 / 亩，利润约为 1300 元 / 亩，成本利润率 14%。池塘亩产 1000 千克的混养生产成本约为 8671 元 / 亩，利润约为 2649 元 / 亩，成本利润率为 31%。

云南省池塘亩产 1200 千克的单养生产成本约为 14175 元 / 亩，利润约为 2024 元 / 亩，成本利润率 14%。池塘亩产 1000 千克的混养生产成本约为 12418 元 / 亩，利润约为 3181 元 / 亩，成本利润率为 26%。

二、加工环节

中国加工出口的罗非鱼产品种类主要有：冻罗非鱼、冻罗非鱼片、制作或保藏的罗非鱼等。以下以百洋加工厂为例分析。

（1）冻罗非鱼。参照美国罗非鱼协会的加工成品率，冻罗非鱼的成品率取 90.9%，每千克罗非鱼能够加工出 0.909 千克冻罗非鱼。

罗非鱼收购价为 9 元 / 千克，冻罗非鱼售价为 2.4 美元 / 千克，成本利润率约为 10%。

（2）冻罗非鱼片。参照美国罗非鱼协会的加工成品率，冻罗非鱼片出肉率为 33.3%，每千克罗非鱼能够加工出 0.333 千克冻罗非鱼片。

罗非鱼收购价为 9 元 / 千克，冻罗非鱼片售价为 4.5 美元 / 千克，成本利润率约为 18%。

（3）制作或保藏的罗非鱼。制作或保藏的罗非鱼产品的出口量与出口额折算为一定比例的冻罗非鱼与冻罗非鱼片的组合，按照冻罗非鱼 30%、冻罗非鱼片 70% 的比例来折算，每千克罗非鱼能够加工出 0.506 千克制作或保藏的罗非鱼。

罗非鱼收购价为 9 元 / 千克，冻罗非鱼售价为 4.1 美元 / 千克，成本利润率约为 21%。

三、批发环节

罗非鱼国内市场的主要产品以鲜活罗非鱼为主，通过对 2014 年广东、广西、海南、福建和云南养殖主产区的数据汇总得出，规格为每尾 250 克以下、250 至 500 克、

500 至 750 克以及 750 克以上的鲜活罗非鱼平均每千克塘口价分别为 3.97 元、7.75 元、10.30 元和 12.40 元，平均批发价分别为 4.97、8.48、10.98 和 13.74 元 / 千克（表 3-9 ～ 表 3-11）。从图 3-10 可以看出，塘口价与批发价之间的差价约为 1.0 元 / 千克。

表 3-9　2014 年罗非鱼主产区鲜活罗非鱼价格行情

单位：元 / 千克

规格（g/ 尾）	平均塘口价（元 /kg）	平均批发价（元 /kg）	平均零售价（元 /kg）
<250	3.97	4.97	6.17
250 ～ 500	7.75	8.48	10.00
500 ～ 750	10.30	10.98	12.77
>750	12.40	13.74	14.00

数据来源：全国水产品价格数据采集系统

表 3-10　2013.12—2014.12 鲜活罗非鱼塘口价

单位：元 / 千克

规格（g/ 尾）	2013.12	2014.01	2014.02	2014.03	2014.04	2014.05	2014.06	2014.07	2014.08	2014.09	2014.10	2014.11	2014.12
<250	3.74	3.59	3.98	4.13	4.48	4.55	4.06	4.03	3.53	3.53	3.67	3.15	3.63
250 ～ 500	7.46	7.87	7.29	7.98	8.67	8.72	8.32	6.41	6.04	6.38	6.17	5.36	6.31
500 ～ 750	9.62	9.19	9.70	10.21	10.75	10.72	10.39	9.18	8.87	9.05	8.62	7.57	8.42
>750	11.40	11.64	12.48	13.58	14.00	14.10	14.10	12.17	11.30	12.38	11.58	11.50	10.20

数据来源：全国水产品价格数据采集系统

表 3-11　2013.12—2014.12 鲜活罗非鱼批发价

单位：元 / 千克

规格（g/ 尾）	2013.12	2014.01	2014.02	2014.03	2014.04	2014.05	2014.06	2014.07	2014.08	2014.09	2014.10	2014.11	2014.12
<250	5.00	4.77	4.82	5.23	5.49	5.48	4.86	4.98	4.55	5.05	5.03	4.27	3.63
250 ～ 500	8.12	8.66	8.52	8.79	9.68	9.54	8.52	7.54	6.86	7.24	7.28	6.42	6.96
500 ～ 750	10.72	10.46	10.71	11.15	11.64	12.05	11.36	10.50	10.33	10.77	9.91	9.07	9.54
>750	12.50	12.70	14.10	15.37	15.50	15.80	15.90	13.83	13.10	13.90	12.50	12.50	11.50

数据来源：全国水产品价格数据采集系统

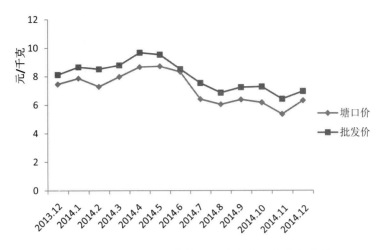

图 3-10　250 ～ 500 克鲜活罗非鱼塘口价与批发价

四、零售环节

　　罗非鱼主产区规格为每尾 250 克以下、250 至 500 克、500 至 750 克以及 750 克以上的鲜活罗非鱼平均每千克零售价分别为 6.17 元、10.00 元、12.77 元和 14.00 元（表 3-12）。从图 3-11 可以看出，批发价与零售价之间的差价约为 2.0 元 / 千克。

　　调研初步计算了罗非鱼在整个产业链中的增值情况（图 3-12）。按每千克罗非鱼在渔民出售时按 9 元计算，经过加工、批发、零售等环节的增值，最终总价值最高可达 15 元（包括罗非鱼鱼皮等副产品的价值），其中批发环节增值 1 元 / 千克，零售环节增值 2 元 / 千克，加工环节增值 5 元 / 千克。

表 3-12　2013.12—2014.12 鲜活罗非鱼零售价

单位：元 / 千克

规格 (g/ 尾）	2013. 12	2014. 01	2014. 02	2014. 03	2014. 04	2014. 05	2014. 06	2014. 07	2014. 08	2014. 09	2014. 10	2014. 11	2014. 12
<250	6.60	6.23	5.99	6.32	6.86	6.95	6.15	6.14	5.51	6.13	5.91	5.07	6.18
250 ～ 500	9.79	9.78	9.91	10.29	11.28	11.30	10.48	9.20	8.27	9.07	8.84	7.99	9.42
500 ～ 750	12.88	13.03	13.07	13.47	14.33	14.42	13.92	13.27	13.34	12.94	12.07	11.85	12.38
>750	14.79	15.40	16.75	17.90	18.75	18.50	18.50	16.90	16.50	16.90	15.50	15.50	14.50

数据来源：全国水产品价格数据采集系统

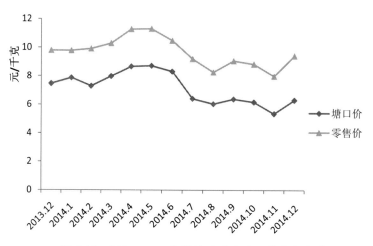

图 3-11　250～500 克鲜活罗非鱼塘口价与批发价

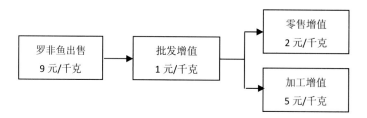

图 3-12　罗非鱼在产业链中的增值结构

第四章
中国罗非鱼国内市场消费分析

第一节　中国罗非鱼国内消费影响因素分析

　　近年来，世界罗非鱼产量增长迅速，消费需求数量和质量逐年提高。作为世界最大的罗非鱼生产国和出口国，中国罗非鱼养殖生产总量和出口总量一直位居世界第一，国际市场需求量增长是中国罗非鱼产业发展的主要驱动因素之一。但在国际市场和经济波动等因素的影响下，主要罗非鱼进口国市场需求量不确定，我国罗非鱼产业发展面临着国际市场的严峻挑战，急需开展罗非鱼国内市场潜力及其市场开发的研究。本节从消费者、营销、产业和社会等层面对我国罗非鱼国内市场消费的影响因素进行了分析。

一、消费者因素

　　（1）消费习俗。消费习俗是人们在长期经济与社会活动中所形成、历代传递下来的一种消费风俗习惯。人类的消费偏好是其长期饮食文化培养出来的。这种偏好会直接影响消费者对商品的选择，并不断强化已有的消费习惯。由于地域（地理位置和环境）差异，各地区的文化传统和消费习惯决定了中国居民对动物蛋白摄取的主要来源的差别。中国沿海地区消费者偏好海产品，内地消费者则偏好河鲜。一般来讲，当地如果有食用罗非鱼的习惯，那么当地市场的开发难度会相对小一点。东部与南部各地区水产品丰富，水产品市场消费更多，更易于促进罗非鱼国内市场消费；而中西部内陆地区没有海洋资源，动物蛋白的摄取主要来自于畜产品，水产品市场消费就较少，开拓罗非鱼市场的潜力更大。

　　（2）受教育程度。受教育程度是居民接受教育的层次。一般情况下，居民的受教育程度越高，就会更容易吸收新知识，接受新的消费理念，更乐于购买新产品。此外，受教育程度高的人会更加追求质量与新意，对罗非鱼优质特性的接受程度更高。因此，受教育程度也在一定程度上影响了居民对罗非鱼的消费意愿。

　　（3）认知度。认知度反映了消费者对罗非鱼的认可和接受程度，不同地区消费模式的不同，直接导致罗非鱼的认知度有很大的不同。罗非鱼是一种引进品种，在国内市场上消费文化尚浅，无法与四大家鱼、龙虾、海参等产品的认知度相比。中国罗非鱼养殖地区主要分布在南部沿海，养殖区域比较集中，除了罗非鱼主产区，罗非鱼在我国很多地区市场较小，有些地方对罗非鱼产品全然不知。要提高国内消费者对罗非鱼的认知度，还有很长的一段路要走。利用媒体宣传、餐馆推广、超市促销、产地消费、营养宣传等手段对罗非鱼进行大力宣传，让消费者有更多的机会接触到罗非鱼，可以有效提高罗非鱼的知名度。某些公司采用得天独厚的地下水资源养殖罗非鱼，发展休闲渔业（垂钓），以企事业单位团购的方式销售罗非鱼，效益良好，垂钓方式的罗非鱼价格为 18 元 / 斤，企事业单位团购的价格为 15 元 / 斤。虽然销售价格较高，但仍供不应求。产品认知度的提高，带来了罗非鱼销售利润的大幅提高。

二、营销因素

（1）产品价格。罗非鱼销售价格是罗非鱼国内市场消费量的主要影响因素之一。罗非鱼国内市场消费需求量随着罗非鱼价格的升降而呈反方向变化。影响罗非鱼价格的因素有很多，主要包括成本费用、市场供求状况、市场价格变动以及替代产品的价格等。假如罗非鱼价格不变，其替代品的价格下降，那么罗非鱼价格就变得相对较高，消费者就会减少对罗非鱼的消费，而增加对其替代品的需求。

（2）销售渠道。销售渠道是一个产品是否能够在市场上占有一席之地的决定性因素。罗非鱼养殖区域主要集中在我国南部，产量以广东、海南、广西和福建居多，产地较为集中，并且没有建立顺畅的销售渠道，不利于罗非鱼东部地区和内陆市场的销售。加强罗非鱼国内流通渠道多元化的建立，增强市场辐射能力，引导罗非鱼国内市场的消费，是罗非鱼国内市场开拓的一个重要方面。

三、产业因素

（1）组织化程度。与中国的大农业相似，中国罗非鱼产业组织化程度是较高的，一般生产区域会由苗种厂、饲料厂或者加工厂牵头建立合作社、协会等合作组织。但这些组织存在的共同问题是都以自身利益为核心，过分看重目前的利益，轻视国内市场的开拓，或者说，即便意识到国内市场的重要性，仍然不愿意出资进行罗非鱼宣传，固步自封，这也严重制约了罗非鱼国内市场的开拓。

（2）产品知名度。罗非鱼作为典型的出口依赖型产品，在国外，大都是贴牌销售，但国外市场上销售的罗非鱼产品找不到一个中国企业的牌子。在中国罗非鱼养殖业中，目前尚未出现地理标志品牌和著名的注册商标，更没有国内外知名品牌。中国罗非鱼产业在国外并没有形成品牌建设，尽管在国内有很多罗非鱼加工出口企业都树立了自己的品牌，但一走出国门，就都变成了"中国制造"。挪威三文鱼的价格高、阳澄湖大闸蟹的价格贵都是和品牌塑造分不开的。

四、社会因素

（1）收入水平。作为比较敏感的影响因素，收入水平对罗非鱼国内市场消费的影响也很大。一般而言，收入水平决定着居民的购买力，收入层次的不同影响着消费结构。

随着人均收入的稳步增长，食物构成的消费量会出现较为明显的变化，即在初始阶段，主食构成的消费量将会随着收入的上升而上升，在随后阶段随着收入的增长而趋于下降，而罗非鱼属于非粮食消费，需求收入弹性大，收入越高，对罗非鱼的消费意愿越大。另一方面，假定罗非鱼产品价格不变，居民货币收入增加就意味着罗非鱼价格下降，消费者的购买力增强，罗非鱼消费量和消费者收入呈正相关关系。

（2）城市化。在本章中城市化指的是消费者的居民类型，城镇居民与乡村居民在收入水平、受教育程度和文化背景方面有很大的差异，表现出在消费结构和消费习惯上也大不相同。城镇居民在收入、购买力以及购物环境等方面都要优于乡村居民。城镇居民有更广泛的途径了解罗非鱼，也有很大的能力消费罗非鱼，所以本章假定城镇居民对罗非鱼的消费意愿更强烈。

第二节　中国罗非鱼国内市场与消费分析

一、中国罗非鱼国内消费量

（一）中国水产品消费状况

改革开放以来，中国经济迅速发展，人民生活消费水平显著提高，对食品的需求从满足温饱转变为质量和营养（表4-1）。

表4-1　城镇与农村居民各类食品年度人均消费量

单位：千克/人

年份	项目	粮食	蔬菜	猪肉	牛羊肉	家禽	蛋及其制品	水产品
1990	城镇	130.72	138.70	18.46	3.28	3.42	7.25	7.69
	农村	262.08	134.00	10.54	0.80	1.25	2.41	2.13
1995	城镇	97.00	116.47	17.24	2.44	3.97	9.74	9.20
	农村	256.07	104.62	10.58	0.71	1.83	3.22	3.36
2000	城镇	82.31	114.74	16.73	3.33	5.44	11.21	11.74
	农村	250.23	106.74	13.28	1.13	2.81	4.77	3.92
2005	城镇	76.98	118.58	20.15	3.71	8.97	10.40	12.55
	农村	208.85	102.28	15.62	1.47	3.67	4.71	4.94
2006	城镇	75.92	117.56	20.00	3.78	8.34	10.41	12.95
	农村	205.62	100.53	15.46	1.56	3.51	5.00	5.01
2007	城镇	77.60	117.80	18.21	3.93	9.66	10.33	14.20
	农村	199.48	98.99	13.37	1.51	3.86	4.72	5.36

年份	项目	粮食	蔬菜	猪肉	牛羊肉	家禽	蛋及其制品	水产品
2008	城镇		123.15	19.26	3.44	8.00	10.74	
	农村	199.07	99.72	12.65	1.29	4.36	5.43	5.25
2009	城镇	81.33	120.45	20.50	3.70	10.47	10.57	
	农村	189.26	98.44	13.96	1.37	4.25	5.32	5.27
2010	城镇	81.53	116.11	20.73	3.78	10.21	10.00	
	农村	181.44	93.28	14.40	1.43	4.17	5.12	5.15
2011	城镇	80.71	114.56	20.63	3.95	10.59	10.12	14.62
	农村	170.74	89.36	14.42	1.90	4.54	5.40	5.36
2012	城镇	78.76	112.33	21.23	3.73	10.75	10.52	15.19
	农村	164.27	84.72	14.40	1.96	4.49	5.87	5.36

数据来源：中国统计年鉴

水产品作为消费者食品消费的重要组成部分，是人类重要的动物蛋白质来源。一方面，水产品含有人体 8 种必需氨基酸，营养价值高；另一方面，水产品中的脂肪含量通常不高，而且多为不饱和脂肪酸，对提高人体的大脑机能和降低血液胆固醇含量均有很好的作用。此外，水产品是人体补充维生素和微量元素的良好食品。20 世纪 90 年代以来，中国水产品消费量持续增长，占食品消费的比例从 1990 年的 1.4% 上升至 2012 年的 2.8%，年均增长率为 3.11%。

（二）中国罗非鱼消费状况

受饮食习惯的影响，我国的罗非鱼消费主要是以活鱼为主，销售市场分布在全国各地，但主要集中在南方各省、河北、山东、北京、天津、新疆、四川和东北等地。罗非鱼主产区广东、福建、广西、海南、云南等省罗非鱼的生产发展较快，已成为淡水养殖的主要产品，当地消费主要是鲜活罗非鱼。其他地区中，四川和东北等地由于运输距离和消费习惯的影响，冻罗非鱼片和冰鲜罗非鱼片也有一定的市场。

近十多年来，我国罗非鱼养殖业发展迅速，产量以平均每年 9.19% 的速度递增。随着水产品加工技术的不断推进，中国罗非鱼产品大量进入国际市场，中国已成为世界上最大的罗非鱼养殖生产和出口国家。本书借鉴以往学者的计算方法（用产量减去出口成鱼量）对罗非鱼国内消费量进行估算。出口成鱼量的折算根据海关统计数据中罗非鱼各出口产品来核算。核算的主要产品包括冻罗非鱼、冻罗非鱼片和制作或保藏的罗非鱼，其中冻罗非鱼和冻罗非鱼片参照美国罗非鱼协会的加工成品率折算，冻罗非鱼的成品率取 90.9%，冻罗非鱼片出肉率为 33.3%。制作或保藏的罗非鱼产品的加工成品率依据陈蓝荪（2006）的折算方法，即先将制作或保藏的罗非鱼产品的出口量与出口额折算为一定比例的冻罗非鱼与冻罗非鱼片的组合，再按照美国罗非鱼协会加工成品率的折算方法进行估算叠加，结果如表4-2所示。

表4-2　2002—2014年国际国内罗非鱼消费量

单位：万吨

年份	2002	2003	2004	2005	2006	2007	2008
产量	70.66	80.59	89.73	97.81	111.15	113.36	111.03
出口量	3.16	5.96	8.73	10.74	16.45	21.54	22.44
国际消耗量（折算）	5.27	10.70	17.16	23.28	37.87	53.30	54.47
国内消费量	65.39	69.89	72.57	74.54	73.28	60.06	56.56
国内市场消费比例(%)	92.54	86.73	80.88	76.20	65.93	52.98	50.95
年份	2009	2010	2011	2012	2013	2014	
产量	125.80	133.19	144.10	155.27	165.77	170.00	
出口量	25.90	32.28	33.03	36.20	40.97	39.53	
国际消耗量（折算）	62.92	79.53	76.35	85.33	93.96	91.12	
国内消费量	62.88	53.66	67.75	70.67	71.81	78.88	
国内市场消费比例(%)	49.98	40.29	47.02	45.30	43.32	46.40	

数据来源：中国渔业统计年鉴、中国海关总署

罗非鱼引进初期，产量的绝大部分用于满足国内市场消费。2002年消费量为65.39万吨，超过总产量的90%；2005年占总产量的76.20%，2008年占总产量的50.95%，2012年占总产量的45.30%，2014年占总产量的46.40%。近年来罗非鱼国内市场消费量基本稳定在总产量的45%（65万吨）左右。随着国际市场对罗非鱼需求的不断扩大，我国罗非鱼出口量正不断增加，国际市场的消费比例逐年上升，相对的，国内市场消费量占总产量的比例不断下降（图4-1）。

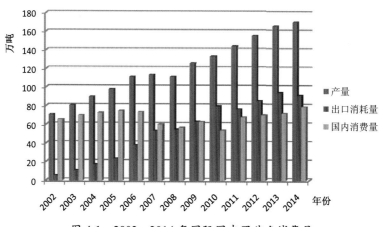

图4-1　2002—2014年国际国内罗非鱼消费量

二、中国罗非鱼消费特点

（一）国内罗非鱼消费总量历程

我国是世界上最大的罗非鱼生产国和出口国，国内罗非鱼消费量经历了"上升－下降－再上升"的过程。罗非鱼消费量从 2002 年的 65.39 万吨增加到 2005 年的历史最高值（74.54 万吨）；随后从 2006 年开始罗非鱼国内消费量逐步下降，到 2010 年下降至 53.66 万吨，年均下降 6.36%；2010 年以后，罗非鱼消费量明显增长，2014 年已达到 78.88 万吨。

（二）人均罗非鱼消费量

罗非鱼在我国属于外来鱼种，消费者了解程度不足，人均消费量也是较少的，近年来的消费量约为 0.55 千克／人。在罗非鱼刚刚引入时期，其产量主要供应国内市场，人均消费量相对较多，但是随着国际市场的开拓，罗非鱼国内市场供应量越来越少，人均消费量有所下降。2011 年以来，国内生产者、加工厂和管理部门开始重视国内市场，并加大了罗非鱼新产品的开发和宣传力度，国内消费量有所增加，人均消费也呈上升趋势（表 4-3）。

表 4-3　2004—2014 年罗非鱼人均消费量

单位：千克／人

年份	2004	2005	2006	2007	2008	2009	2010	2011	2012	2013	2014
人均消费量	0.56	0.57	0.56	0.45	0.43	0.47	0.40	0.50	0.52	0.53	0.58

资料来源：罗非鱼产品价格采集系统

（三）国内罗非鱼市场潜力

近十年来人均收入水平增长速度较快，水产品的消费正在逐年增加。消费者因罗非鱼肉质鲜美，价格适中而易于接受，国内市场销售行情看好，我国罗非鱼国内消费量占生产量的 40% 以上。随着罗非鱼加工产品的多样化，社会消费水平的整体提高，以及人们对罗非鱼产品了解的加深，将有助于市场消费的进一步增加。

国内市场除了主产区之外，主要集中在四川、新疆、北京、天津、河北等地，其中主产区以云南西双版纳、广西柳州地区消费量最大，在非主产区中，四川成都、新疆乌鲁木齐、北京的消费量也很大。南方地区罗非鱼销售以活鱼为主，北方地区以加工冷冻品为主，冷冻后的条鱼在东北地区的黑龙江以及西北地区的兰州、乌鲁木齐等大中城市很受喜爱，但其他城市的销售市场有待进一步开拓，市场潜力较大。

三、中国罗非鱼国内市场价格

随着罗非鱼产量的逐年增长，我国罗非鱼市场供应略显过剩，在内销市场得不到迅速拓展的情况下，罗非鱼国内市场价格呈下跌态势。罗非鱼国内市场的主要产品以鲜活罗非鱼为主，在这里以鲜活罗非鱼的批发价进行说明，2004年罗非鱼国内市场价格达到近几年的最高点，为16.27元/千克。在养殖成本不变的条件下，罗非鱼养殖户有较高的利润获取机会，养殖积极性高涨。但此后的几年中由于养殖产量不断增长，罗非鱼市场价格出现下跌。受市场、自然灾害以及养殖病害的影响，2013年罗非鱼养殖面积和产量明显下降，许多养殖户减少或放弃了罗非鱼养殖。2014年国际市场明显好转，罗非鱼成鱼价格上涨（表4-4）。

表4-4 2004—2014年罗非鱼平均批发价格

单位：元/千克

年份	2004	2005	2006	2007	2008	2009	2010	2011	2012	2013	2014
价格	16.27	13.46	14.15	13.77	15.05	13.53	12.27	10.48	9.72	9.31	9.47

资料来源：罗非鱼产品价格采集系统

根据罗非鱼产品价格采集系统的数据，可以发现2014年罗非鱼主产区的价格（图4-2～图4-4）。

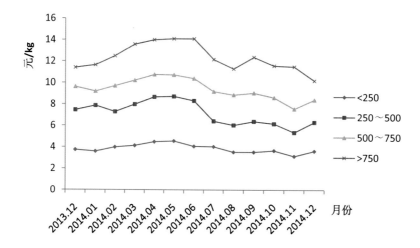

图4-2 2013.12—2014.12鲜活罗非鱼塘口价

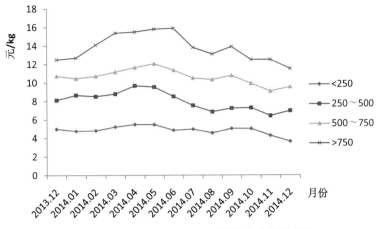

图 4-3　2013.12—2014.12 鲜活罗非鱼批发价

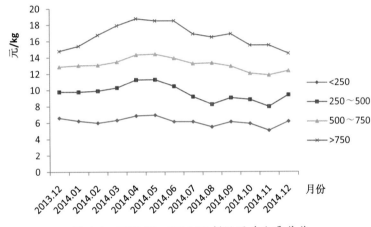

图 4-4　2013.12—2014.12 鲜活罗非鱼零售价

1 月主产区的罗非鱼价格较 2013 年 12 月有小幅下降，不同规格（每尾 250 克以下、250 ~ 500 克、500 ~ 750 克以及 750 克以上）的罗非鱼平均塘口价分别为 3.59，7.07，9.19，11.05 元 / 千克，平均批发价分别为 4.77，8.03，10.46，12.38 元 / 千克，平均零售价分别为 6.23，9.17，13.03，15.50 元 / 千克。与 2013 年 12 月相比，不同规格的塘口价皆有下降，其中规格为每尾 500 ~ 750 克的下降幅度最大，达到 4.44%；批发价中除了规格为每尾 250 ~ 500 克的有所上涨外，其他规格皆有所下降，其中规格为每尾 250 克以下的下降幅度最大，达到 4.76%；零售价中规格为每尾 500 ~ 750 克和每尾 750 克以上的有所上涨，其他规格皆有所下降，其中每尾 250 克以下的下降幅度最大，达到 5.60%。与 2013 年同期相比，除了规格为每尾 500 ~ 750 克的和每尾 750 克以上的罗非鱼价格有小幅上涨外，其他规格的罗非鱼价格皆有不同幅度的下降。其中规格为每尾 250 ~ 500 克的罗非鱼价格下降幅度最大，分别达到 34.55%、28.05% 和 29.77%。

2 月主产区的罗非鱼价格较 1 月有一定幅度的上涨，不同规格（每尾 250 克以下、250 ～ 500 克、500 ～ 750 克以及 750 克以上）的罗非鱼平均塘口价分别为 3.98，7.29，9.70，11.98 元 / 千克，平均批发价分别为 4.82，8.52，10.71，14.00 元 / 千克，平均零售价分别为 5.99，9.91，13.07，16.75 元 / 千克。与上月相比，不同规格的罗非鱼塘口价、批发价和零售价皆有小幅上涨。塘口价中规格为每尾 250 克以下的上涨幅度最大，达到 10.77%；批发价中规格为每尾 750 克以上的上涨幅度最大，达到 13.13%；零售价中规格为每尾 750 克以上的上涨幅度最大，达到 8.06%，但是规格为每尾 250 克以下的有所下降，达到 3.86%。与 2013 年同期相比，罗非鱼塘口价、批发价和零售价皆有不同幅度的下降。其中规格为每尾 250 ～ 500 克的罗非鱼塘口价下降幅度最大，达到 33.30%；规格为每尾 250 克以下的罗非鱼批发价和零售价下降幅度最大，分别达到 31.12% 和 37.74%。

3 月主产区的罗非鱼价格较 2 月有一定幅度的上涨，不同规格（每尾 250 克以下、250 ～ 500 克、500 ～ 750 克以及 750 克以上）的罗非鱼平均塘口价分别为 4.13，7.98，10.09，13.50 元 / 千克，平均批发价分别为 5.23，8.79，11.00，15.44 元 / 千克，平均零售价分别为 6.32，10.29，13.26，17.90 元 / 千克。与上月相比，不同规格的罗非鱼塘口价、批发价和零售价皆有小幅上涨。其中规格为每尾 750 克以上的上涨幅度最大，其塘口价、批发价和零售价上涨幅度分别达到 12.73%、10.29% 和 6.87%。与 2013 年同期相比，除了规格为每尾 750 克以上的罗非鱼价格和规格为每尾 500 ～ 750 克的罗非鱼批发价有所上涨外，其他规格的罗非鱼塘口价、批发价和零售价皆有不同幅度的下降。其中规格为每尾 250 克以下的罗非鱼价格下降幅度最大，其塘口价、批发价和零售价下降幅度分别达到 27.01%、22.23% 和 29.75%。

4 月主产区的罗非鱼价格较 3 月有一定幅度的上涨，不同规格（每尾 250 克以下、250 ～ 500 克、500 ～ 750 克以及 750 克以上）的罗非鱼平均塘口价分别为 4.48，8.67，10.71，13.88 元 / 千克，平均批发价分别为 5.49，9.68，11.54，15.50 元 / 千克，平均零售价分别为 6.86，11.28，14.18，18.75 元 / 千克。与上月相比，不同规格的罗非鱼塘口价、批发价和零售价皆有一定幅度的上涨。其中规格为每尾 250 ～ 500 克的上涨幅度最大，其塘口价、批发价和零售价上涨幅度分别达到 8.59%、10.11% 和 9.59%。与 2013 年同期相比，除了规格为每尾 500 ～ 750 克的和每尾 750 克以上的罗非鱼价格有所上涨外，其他规格的罗非鱼塘口价、批发价和零售价皆有不同幅度的下降。其中规格为每尾 250 克以下的罗非鱼价格下降幅度最大，其塘口价、批发价和零售价下降幅度分别达到 14.64%、20.98% 和 26.10%。

5 月主产区的罗非鱼价格较 4 月有一定幅度的上涨，不同规格（每尾 250 克以下、

250～500 克、500～750 克以及 750 克以上）的罗非鱼平均塘口价分别为 4.55，8.59，10.61，14.00 元／千克，平均批发价分别为 5.48，9.68，11.87，15.88 元／千克，平均零售价分别为 6.95，11.30，14.23，18.50 元／千克。与上月相比，塘口价中规格为每尾 250～500 克的和每尾 500～750 克的有小幅下降；批发价中除了规格为每尾 250 克以下的有所下降外，其他规格的罗非鱼批发价皆有小幅上涨；零售价中除了规格为每尾 750 克以上的有所下降外，其他规格的罗非鱼零售价皆有小幅上涨。与 2013 年同期相比，除了规格为每尾 500～750 克的和每尾 750 克以上的罗非鱼价格有所上涨外，其他规格的罗非鱼塘口价、批发价和零售价皆有不同幅度的下降。其中规格为每尾 250 克以下的罗非鱼价格下降幅度最大，其塘口价、批发价和零售价下降幅度分别达到 24.86%、26.91% 和 29.72%。

6 月主产区的罗非鱼价格较 5 月有大幅的下降，不同规格（每尾 250 克以下、250～500 克、500～750 克以及 750 克以上）的罗非鱼平均塘口价分别为 4.06，7.43，9.28，14.00 元／千克，平均批发价分别为 4.86，8.52，10.97，16.00 元／千克，平均零售价分别为 6.15，10.48，13.74，18.50 元／千克。与上月相比，除了规格为每尾 750 克以上的罗非鱼批发价格有所上涨外，其他规格的罗非鱼价格皆有大幅下降。塘口价中规格为每尾 250～500 克的下降幅度最大，达到 13.53%；批发价中规格为每尾 250 克以下的下降幅度最大，达到 10.62%；零售价中规格为每尾 250 克以下的下降幅度最大，达到 11.51%。与 2013 年同期相比，除了规格为每尾 750 克以上的罗非鱼价格有所上涨外，其他规格的罗非鱼价格皆有大幅下降。其中规格为每尾 250 克以下的罗非鱼价格下降幅度最大，其塘口价、批发价和零售价下降幅度分别达到 37.61%、36.25% 和 37.72%。

7 月主产区的罗非鱼价格较 6 月有一定幅度的下降，不同规格（每尾 250 克以下、250～500 克、500～750 克以及 750 克以上）的罗非鱼平均塘口价分别为 4.03，6.41，8.83，11.70 元／千克，平均批发价分别为 4.98，7.54，10.21，13.50 元／千克，平均零售价分别为 6.14，9.20，13.05，16.90 元／千克。与上月相比，除了规格为每尾 250 克以下的罗非鱼批发价格有所上涨外，其他规格的罗非鱼价格皆有一定幅度的下降。塘口价中规格为每尾 750 克以上的下降幅度最大，达到 16.43%；批发价中规格为每尾 750 克以上的下降幅度最大，达到 15.63%；零售价中规格为每尾 250～500 克的下降幅度最大，达到 12.24%。与 2013 年同期相比，除了规格为每尾 750 克以上的罗非鱼价格有所上涨外，其他规格的罗非鱼价格皆有大幅下降。其中规格为每尾 250 克以下的罗非鱼价格下降幅度最大，其塘口价、批发价和零售价下降幅度分别达到 33.88%、29.81% 和 32.54%。

8 月主产区的罗非鱼价格较 7 月有小幅度的下降，不同规格（每尾 250 克以下、

250~500克、500~750克以及750克以上)的罗非鱼平均塘口价分别为3.81,6.38,8.90,11.30元/千克,平均批发价分别为4.83,7.19,10.33,13.10元/千克,平均零售价分别为5.76,8.61,13.50,16.50元/千克。与上月相比,除了规格为每尾500~750克的罗非鱼价格有所上涨外,其他规格的罗非鱼价格皆有一定幅度的下降。塘口价中规格为每尾750克以上的下降幅度最大,达到3.42%;批发价中规格为每尾250~500克的下降幅度最大,达到4.76%;零售价中规格为每尾250~500克的下降幅度最大,达到6.44%。与2013年同期相比,除了规格为每尾250克以下的罗非鱼塘口价格有所下降外,其他规格的罗非鱼价格皆有一定幅度的上涨。其中规格为每尾750克以上的罗非鱼价格上涨幅度最大,其塘口价、批发价和零售价上涨幅度分别达到9.00%、12.31%和20.23%。

9月主产区的罗非鱼价格较8月有小幅度的上涨,不同规格(每尾250克以下、250~500克、500~750克以及750克以上)的罗非鱼平均塘口价分别为3.53,6.38,9.05,12.38元/千克,平均批发价分别为5.05,7.24,10.77,13.90元/千克,平均零售价分别为6.13,9.07,12.94,16.90元/千克。与上月相比,除了规格为每尾250克以下的罗非鱼塘口价和规格为每尾500~750克的罗非鱼零售价格有所下降外,其他规格的罗非鱼价格皆有一定幅度的上涨。塘口价和批发价中规格为每尾750克以上的上涨幅度最大,分别达到9.56%和6.11%;零售价中规格为每尾250克以下的上涨幅度最大,达到6.26%。与2013年同期相比,除了规格为每尾250克以下的和规格为每尾250~500克的罗非鱼塘口价格有所下降外,其他规格的罗非鱼价格皆有一定幅度的上涨。塘口价中规格为每尾750克以上的罗非鱼价格上涨幅度最大,达到12.77%;批发价和零售价中规格为每尾500~750克的上涨幅度最大,分别达到14.20%和12.99%。

10月主产区的罗非鱼价格较9月有小幅度的下降,不同规格(每尾250克以下、250~500克、500~750克以及750克以上)的罗非鱼平均塘口价分别为3.67,6.17,8.62,11.58元/千克,平均批发价分别为5.03,7.28,9.91,12.50元/千克,平均零售价分别为5.91,8.84,12.07,15.50元/千克。与上月相比,除了规格为每尾250克以下的罗非鱼塘口价和规格为每尾250~500克的罗非鱼批发价格有所上涨外,其他规格的罗非鱼价格皆有一定幅度的下降。其中,规格为每尾750克以上的罗非鱼价格下降幅度最大,其塘口价、批发价和零售价分别下降了6.50%、10.07%和8.28%。与2013年同期相比,塘口价中规格为每尾250克以下的和每尾750克以上的有所上涨;批发价中,除了规格为每尾500~750克的有所下降外,其他规格的罗非鱼批发价皆有所上涨;零售价中规格为每尾250~500克的有所上涨,规格为每尾750克以上的和2013年同期保持持平,其他两种规格的罗非鱼零售价有所下降。

11 月主产区的罗非鱼价格较 10 月有一定幅度的下降,不同规格(每尾 250 克以下、250 ~ 500 克、500 ~ 750 克以及 750 克以上)的罗非鱼平均塘口价分别为 3.15,5.36,7.57,11.50 元 / 千克,平均批发价分别为 4.27,6.42,9.07,12.50 元 / 千克,平均零售价分别为 5.07,7.99,11.85,15.50 元 / 千克。与上月相比,除了规格为每尾 750 克以上的罗非鱼批发价和零售价保持不变外,其他规格的罗非鱼价格皆有一定幅度的下降。其中,规格为每尾 250 克以下的罗非鱼价格下降幅度最大,其塘口价、批发价和零售价分别下降了 14.14%、15.03% 和 14.24%。与 2013 年同期相比,除了规格为每尾 750 克以上的罗非鱼价格和规格为每尾 500 ~ 750 克的罗非鱼零售价为有所上涨外,其他规格的罗非鱼价格皆有一定幅度的下降。塘口价和批发价中,规格为每尾 250 ~ 500 克的下降幅度最大,分别达到 18.57% 和 13.19%,零售价中规格为每尾 250 克以下的下降幅度最大,达到 14.34%。

12 月主产区的罗非鱼价格较 11 月有小幅上涨,不同规格(每尾 250 克以下、250 ~ 500 克、500 ~ 750 克以及 750 克以上)的罗非鱼平均塘口价分别为 3.63,6.31,8.42,10.20 元 / 千克,平均批发价分别为 4.58,6.96,9.54,11.50 元 / 千克,平均零售价分别为 6.18,9.42,12.38,14.50 元 / 千克。与上月相比,塘口价中规格为每尾 500 ~ 750 克的和每尾 750 克以上的罗非鱼价格有所下降,其他规格的罗非鱼价格有所上涨;批发价中规格为每尾 250 克以下的和每尾 750 克以上的罗非鱼价格有所下降,其他规格的罗非鱼价格有所上涨;零售价中仅规格为每尾 500 ~ 750 克的罗非鱼价格有所下降外,其他规格的罗非鱼价格有所上涨,其中规格为每尾 250 ~ 500 克的上涨幅度最大,达到 12.12%。与 2013 年同期相比,罗非鱼价格皆有一定幅度的下降,其中规格为每尾 250 ~ 500 克的罗非鱼塘口价和批发价下降幅度最大,分别达到 15.39% 和 14.38%,规格为每尾 250 克以下的零售价下降幅度最大,达到 6.45%。

第三节　中国罗非鱼国内消费影响因素的实证分析

消费者对罗非鱼的接纳意愿与行为,可看作是基于消费者自身决策结果的综合表现。由于消费者特定的身份,又处在特定的外在环境中,根据计划行为理论和决策理论,消费者是否接受罗非鱼这个外来品种及其产品的个体决策受到内外部环境的共同影响。影响需求的因素包括商品本身的价格、数量、其他相关商品的影响、消费者的收入水平、人口数量与结构的变动、相关政策与宣传、消费者偏好、工资率水平、区域差异与当地消费习惯等方面。胡求光等(2009)在对 1990—2007 年水产品相关数据进行分析时指出,人口规模、人均收入以及城市化水平等因素已成为影响中国水产品消费的主要因素。Nesar Ahmed 等（2012）认为罗非鱼产业在国内市场的发展是以充分的市场营销为前提的。骆建忠（2008）认为伴随中国国民经济的发展和生活水平逐步提高，居民食物消费的种类和结构发生了很大的变化。这些变化主要是由商品的供给水平、收入水平提高、膳食结构的改善以及城市化水平的不断推进等因素的共同作用引起的。影响消费者消费罗非鱼的因素很多，大致可以分为以下四个方面：消费者特征、市场因素、社会因素以及其他因素等。

实证分析选择大连市和沈阳市作为样本，开展了辽宁省消费者对罗非鱼的消费意愿的调研工作。大连有较为完善的水产品市场结构和完备的市场体系，市场的软硬件设施都明显改善，品种逐步趋于齐全，市场运行日趋完善。当地一些龙头企业在批发、零售和出口等各环节上下功夫，有些已取得不错的成绩。沈阳作为辽宁省省会，不仅人口集中、人流量大且群体分层明显，是典型的北方内陆城市的代表，这些都有利于提高调研数据的全面性和有效性。调研时间为 2013 年 5 月，调查区域为大连市的中山区、甘井子区及高新区等和沈阳市的皇姑区、沈河区及和平区等地，形成有效问卷 150份。调研问卷内容包括水产品购买情况、罗非鱼产品消费情况、罗非鱼产品购买意愿和受访者信息等四个部分。

实证分析主要考察消费者在未来是否愿意消费罗非鱼，其选择的结果为愿意与不愿意两种，将愿意与否作为被解释变量。解释变量选择了消费者特征、市场因素、社会因素以及其他因素等四个层面的因素，具体变量的选取与定义见表 4-5。因被解释变量不遵循统计学要求的正态分布，其 t 检验值和由最小二乘法估算出的系数的标准差均不适宜于统计学上的假设检验。因此，实证分析引入二元逻辑模型——Logistic 回归模型对消费者罗非鱼消费意愿进行分析。

表 4-5　实证模型定义变量

变量名称	变量定义
被解释变量	
消费罗非鱼的意愿（y）	消费罗非鱼的意愿：愿意 =0，不愿意 =1
解释变量	
a）消费者个人特征	
年龄（x_1）	30 岁及以下 =1，31 ~ 40 岁 =2，41 ~ 50 岁 =3，51 岁及以上 =4
受教育程度（x_2）	初中及以下 =1，高中与大专 =2，大专与大学 =3，研究生及以上 =4
家庭月总收入（x_3）	3000 元以下 =1，3000 ~ 4500 元 =2，4500 ~ 6000 元 =3，6000 ~ 8000 元 =4，8000 ~ 10000 元 =5，10000 ~ 12000 元 =6，12000 ~ 15000 元 =7，15000 元以上 =8

变量名称	变量定义
罗非鱼认知度（x_4）	认识罗非鱼 =1，不认识罗非鱼 =2
水产品偏好（x_5）	非常喜欢 =5，喜欢 =4，一般 =3，不是很喜欢 =2，不喜欢 =1
b）市场因素	
罗非鱼市场价格（x_6）	很低 =1，较低 =2，一般 =3，较高 =4，很高 =5
罗非鱼宣传推广情况（x_7）	参与较多（≥ 3 次）=1，参与过，但非常少 =2，听说过，但从没参加过 =3，没有听说过 =4
品牌效应（x_8）	不会 =1，无所谓 =2，偶尔会 =3，经常会 =4，肯定会 =5
c）社会因素	
消费者所在地消费习惯（x_9）	大连 =0，沈阳 =1
居民类型（x_{10}）	城镇 =1，农村 =2
d）其他因素	
每周水产品消费额（x_{11a}）	20 元以下 =1，20 ~ 50 元 =2，50 ~ 100 元 =3，100 ~ 150 元 =4，150 元以上 =5
每周食品支出额（x_{11b}）	200 元以下 =1，200 ~ 500 元 =2，500 ~ 1000 元 =3，1000 ~ 1500 元 =4，1500 元以上 =5
以往消费情况（x_{12}）	经常吃 =1，偶尔吃 =2，吃过几次 =3，听说过，但没吃过 =4，没有听说过 =5

Logistic 回归分析适合于被解释变量为两分变量的回归分析，是分析个体决策行为的理想模型。实证分析中消费者有无罗非鱼的消费意愿为被解释变量 Y，影响消费者罗非鱼消费意愿的因素为解释变量 X。解释变量与被解释变量之间的相关关系，能够清楚地反映罗非鱼消费意愿的影响因素及各影响因素的显著性程度。记"不愿意消费 =0"，"愿意消费 =1"，则消费者是否愿意消费罗非鱼及其产品被解释变量为二分类变量。因此，对于消费者消费罗非鱼意愿的决策行为的影响因素，实证分析选择二元 Logistic 模型来分析。其模型表达式为：

$$p_i = F(\alpha + \sum_{j=1}^{m} \beta_j X_{ij}) = 1 / \left\{ 1 + \exp\left[-(\alpha + \sum_{j=1}^{m} \beta_j X_{ij}) \right] \right\} \tag{4.1}$$

对（4.1）式取对数，得到 Logistic 回归模型的线性表达式：

$$\text{Ln}(\frac{p_i}{1-p_i}) = \beta_0 + \beta_1 X_{i1} + \beta_2 X_{i2} + ... + \beta_j X_{ij} + ... + \beta_m X_{im} \tag{4.2}$$

（4.1）和（4.2）式中，p_i 为消费者罗非鱼消费意愿的概率，x_j（j=1，2，3，…，m）表示上述四类因素中的第 j 个解释变量，m 为解释变量的个数。β_0 为常数，β_j（j=1，2，

3，…，m）为解释变量回归系数，可以通过最大似然估计法求得。

对 Logistic 模型中 13 个变量的参数估计及显著性检验结果见表 4-6。从表中可以看出消费者的性别、家庭规模、水产品偏好、城市化、家庭月总收入等因素与消费者消费罗非鱼的意愿没有显著相关性，即这些因素不是消费者罗非鱼消费意愿的主要影响因素。

表 4-6　Logistic 模型回归结果

解释变量	回归系数（B）	标准误（S.E.）	卡方值（Wald）	自由度（df）	P 值（Sig.）	OR 值（Exp（B））
a）消费者个人特征						
年龄	−0.806*	0.403	4.008	1	0.045	0.447
受教育程度	1.077*	0.527	4.172	1	0.041	2.937
家庭月总收入	0.638*	0.305	4.367	1	0.037	1.893
罗非鱼认知度	−0.082	0.877	0.009	1	0.925	0.921
水产品偏好	0.798*	0.377	4.477	1	0.034	0.450
b）市场因素						
罗非鱼宣传推广	−15.400	5103.013	0.000	1	0.998	0.000
品牌效益	0.100	0.252	0.158	1	0.691	1.105
c）社会因素						
消费者所在地消费习惯	−0.854	0.705	1.466	1	0.226	0.426
居民类型	2.824**	1.089	6.721	1	0.010	16.847
d）其他因素						
每周水产品消费额	0.888*	0.439	4.091	1	0.043	2.430
每周食品支出额	−0.937*	0.446	4.423	1	0.035	0.382
以往消费情况	−0.630	0.408	2.388	1	0.122	0.533
常数（constant）	61.118	20412.05	0.000	1	0.998	3E+026

注：*、**、*** 表示估计的系数不等于零的显著性水平分别为 10%、5% 和 1%；Exp(B) 就是发生比率 (OR)，表示解释变量每变化一个单位给原件的发生比带来的变化。

根据 Logistic 模型的估计结果，将影响消费者罗非鱼消费意愿的因素归纳如下：

（1）年龄对消费者罗非鱼消费意愿有明显的负向影响。年龄对消费者的意愿选择的影响在 5% 的水平上是显著的，系数为 −0.806，发生比率为 0.447。表明消费者年龄与接纳罗非鱼的意愿呈负相关，即，在其他条件不变的情况下，在一定年龄范围内，消费者年龄越小，受传统饮食习惯影响越少，罗非鱼消费意愿越强烈，消费者越倾向于消费罗非鱼。其他变量保持不变的前提下，消费者年龄每增加 1 个单位（年），则其愿意消费罗非鱼的发生比为原来的 0.447。

（2）消费者的受教育程度与罗非鱼消费正相关。从回归结果来看，受教育程度的回归系数为1.077，并在5%的水平上显著，表明受教育程度与消费者消费罗非鱼的意愿呈正相关，消费者受教育程度越高，表示越愿意消费罗非鱼。主要是因为受教育程度越高的消费者，罗非鱼认知水平就越高，对新的消费理念的认同度越高。

（3）消费者的家庭月总收入与罗非鱼消费正相关。从回归结果可以看出，其回归系数为0.638，在5%的水平上显著，发生比率为1.893，表明消费者的家庭月总收入与对罗非鱼及其产品的接纳意愿呈正相关。即在其他影响因素不变的情况下，消费者的家庭月总收入每增加一单位，则其愿意接纳罗非鱼的发生比为原来的1.893倍。原因在于低收入消费者在选择食品时，往往处于被动接受的地位，价格因素会放在首位，而高收入消费者则不然，会较少考虑价格因素，所以消费者家庭月总收入越高，越容易促进罗非鱼消费。

（4）是否偏好于水产品对消费者消费罗非鱼意愿有一定的影响。从模型估计结果来看，其回归系数为0.798，显著性水平为5%。说明消费者对水产品的偏好度越高，消费罗非鱼的意愿就越强，越有利于消费者接纳罗非鱼及其产品。

（5）城市化对消费者罗非鱼消费意愿有较大的促进作用。从模型估计结果来看，其回归系数为2.824，且通过了5%的显著性水平检验。这表明，城市化进程对消费者消费罗非鱼的意愿有正向影响作用，消费者中城镇人口比例越高，即城市化程度越高，消费者接纳罗非鱼及其产品的意愿就越强烈。城市化程度越高，消费者的收入、购买力、购物环境和文化背景等方面会越优越，消费者更易认可罗非鱼等水产品的营养价值，偏好花更多的钱去购买。

（6）消费者个人消费习惯对消费者罗非鱼消费意愿有着显著影响。采用每周水产品消费额和每周食品支出额两个变量来表示个人消费习惯，这两个变量均在5%的水平上显著。每周水产品消费额的回归系数为0.888，说明每周水产品消费额与消费者罗非鱼消费意愿呈正相关，而每周食品支出额的回归系数为−0.937，说明每周食品支出额与消费者消费罗非鱼的意愿呈负相关。这两个变量综合起来所表示的个人消费习惯对消费者消费罗非鱼的意愿有明显的促进作用，即消费者的消费习惯越倾向于水产品，消费者接纳罗非鱼及其产品意愿会越大一些。

第四节　中国罗非鱼国内消费潜力分析

一、国内市场潜力评价指标的确定

影响罗非鱼国内消费需求的因素包括商品本身的价格、数量、其他相关商品的影响、消费者的收入水平、人口数量与结构的变动、相关政策与宣传、消费者偏好、工资率水平、区域差异与当地消费习惯等方面。本书构建了罗非鱼国内市场消费潜力分析的评价指标体系，如表4-7所示。

表4-7 罗非鱼产业国内市场需求影响因素评价指标

序号	影响因素	评价指标
R1	罗非鱼产品的价格	罗非鱼活鱼产品的价格
R2	当地消费者的收入水平	各地人均GDP
R3	消费者偏好	水产品支出/食品支出
R4	人口数量	各地人口总数
R5	罗非鱼产量	各地罗非鱼生产规模
R6	相关商品的影响	罗非鱼的需求收入弹性
R7	相关政策与宣传	采用Delphi法对各地进行赋值

（1）罗非鱼产品的价格（R1）。

产品价格影响了消费者消费该产品的意愿。一般来讲，价格越低，消费者的消费意愿就越高，价格越高，消费者的消费意愿就越低。罗非鱼的产品类型包括活鱼、冻全鱼、鱼片、鱼丸等形式，因罗非鱼国内市场消费主要以活鱼为主，本书采用活罗非鱼的零售市场价格来代表罗非鱼产品的价格。

（2）当地消费者的收入水平（R2）。

消费者的收入水平是消费者实际购买力的代表，是需求的重要影响因素。收入越高，购买力越强，消费意愿越强；收入越低，购买力越弱，消费意愿越弱。当地消费者的收入水平可用全国各省（区、市）的人均GDP来进行反映，人均GDP占总的GDP的比值更能反映当地的消费者收入水平。

（3）消费者偏好（R3）。

消费者偏好用水产品支出占食品支出的比例来表示。消费者偏好代表了当地的消费习惯，消费者对鱼类产品的偏好越大，对其喜好程度越高，罗非鱼消费的潜力也就越大。由于鱼类产品的消费量不易算出，本书用水产品的消费量来大致反映鱼类产品的消费量。

（4）人口数量（R4）。

人口数量直接影响了消费者的意愿。一般而言，当地人口数量越多，实际消费者的数量越多，购买力越高，当地总的消费意愿也就越大。本书用各省（区、市）人口总数来反映当地人口数量。

（5）罗非鱼产量（R5）。

当地罗非鱼产量越高，相对而言，供给罗非鱼的途径越多，消费者购买越方便，消费意愿也就越高。这只是一般意义上的概念，可能也会出现虽然当地罗非鱼的产量很高，但是由于消费习惯等因素的影响，当地消费量并不高。

（6）相关商品的影响（R6）。

产品的销量和潜在消费意愿都受到其他相关商品的影响，本书采用需求收入弹性来反映。需求收入弹性衡量了物品需求量对于收入的敏感程度，弹性越小，消费者对该商品的依赖性越强，相关商品对其影响越小；弹性越大，消费者的依赖性越低，相关商品的影响越大。

（7）相关政策与宣传（R7）。

相关政策与宣传属于定性指标，难以量化，本书采用 Delphi 法，对不同地区的相关政策与宣传力度排序，根据位次赋予不同值。宣传的效果越好，消费者对罗非鱼的了解程度越高，越倾向于购买该产品，消费意愿越高。

二、罗非鱼国内市场潜力模型的建立

根据选取的评价指标，实证研究利用灰色定权聚类模型对各省（区、市）罗非鱼的市场潜力进行分析，并根据 Delphi 法确定各指标取值范围和权重。由于各评价指标对市场潜力的影响具有明显的灰性，因此，对市场潜力属性指标进行聚类能有效实现不同国内市场潜力的比较评价。但各评价指标的意义、量纲不同，且在数量上悬殊较大，因此采用对各聚类指标事先赋权，能避免灰色变权聚类可能导致某些指标参与聚类的作用十分微弱的情况。

（1）灰色定权聚类模型。

设模型包括 n 个样本，m 个评价指标，s 个灰类（需要划分的类别），根据第 i（$i=1$, 2, $\cdots$, n）个样本关于 j（$j=1$, 2, $\cdots$, m）评价指标的样本值 x_{ij}（$i=1$, 2, $\cdots$, n；$j=1$, 2, $\cdots$, m），将第 i 个样本归入第 k（$k \in \{1, 2, \cdots, s\}$）个灰类中，称之为灰色聚类。

将 n 个样本关于评价指标 j 的取值相应地分为 s 个灰类，称之为 j 指标子类。j 指标 k 子类的隶属函数为 $f_j^k(.)$，该函数上的拐点分别定义为 $x_j^k(1)$，$x_j^k(2)$，$x_j^k(3)$。实证研究采用的白化权函数主要包括以下三种形式：

$$f_j^1(x) = \begin{cases} 1 & x \in \left[0, x_j^1\right] \\ \dfrac{x_j^2 - x}{x_j^2 - x_j^1} & x \in \left[x_j^1, x_j^2\right] \\ 0 & x \in \left[0, x_j^2\right] \end{cases}$$

$$f_j^2(x) = \begin{cases} \dfrac{x - x_j^2}{x_j^2 - x_j^1} & x \in \left[x_j^1, x_j^2\right] \\[2ex] \dfrac{x_j^3 - x}{x_j^3 - x_j^2} & x \in \left[x_j^2, x_j^3\right] \\[2ex] 0 & x \in \left[x_j^1, x_j^3\right] \end{cases}$$

$$f_j^3(x) = \begin{cases} \dfrac{x - x_j^2}{x_j^3 - x_j^2} & x \in \left[x_j^2, x_j^3\right] \\[2ex] 1 & x \in \left[x_j^3, +\infty\right] \\[2ex] 0 & x \leqslant x_j^2 \end{cases}$$

具体取值为：

f_1^1 [4000，6000，−，−]，f_1^2 [2000，4000，−，6000]，f_1^3 [−，−，2000，4000]

f_2^1 [4，6，−，−]，f_2^2 [2，4，−，6]，f_2^3 [−，−，2，4]

f_3^1 [0.05，0.08，−，−]，f_3^2 [0.03，0.05，−，0.08]，f_3^3 [−，−，0.03，0.05]

f_4^1 [50000，100000，−，−]， f_4^2 [10000，50000，−，100000]， f_4^3 [−，−，10000，50000]

f_5^1 [17，20，−，−]，f_5^2 [13，17，−，20]，f_5^3 [−，−，13，17]

f_6^1 [3，4，−，−]，f_6^2 [2，3，−，4]，f_6^3 [−，−，2，3]

f_7^1 [2，3，−，−]，f_7^2 [1，2，−，3]，f_7^3 [−，−，1，2]

若 j 指标 k 子类的权 η_j^k（j=1，2，…，m；k=1，2，…，s）与 k 无关，即对任意的 k_1，$k_2 \in \{1, 2, \cdots, s\}$，总有 $\eta_j^{k_1} = \eta_j^{k_2}$，可将 η_j^k 的上标 k 略去，记为 η_j（j=1，2，…，m），并称 $\sigma_i^k = \sum\limits_{j=1}^{m} f_j^k(x_{ij}) \, \eta_j$ 为对象 i 属于 k 灰类的灰色定权聚类系数。

根据灰色定权聚类系数的值对聚类对象进行归类，称为灰色定权聚类。灰色定权聚类可按下列步骤进行：

①给出 j 指标 k 子类白化权函数 f_j^k（.）（j=1，2，…，m；k=1，2，…，s）。

②根据定性分析结论确定各指标的聚类权 η_j（j=1，2，…，m）。

③根据①和②得出的白化权函数 f_j^k（.）（j=1，2，…，m；k=1，2，…，s），聚类权 η_j（j=1，2，…，m），以及对象 i 关于 j 指标的样本值 x_{ij}（j=1，2，…，m），算出灰色定权聚类系数为 $\sigma_k^i = \sum\limits_{j=1}^{m} f_j^k(x_{ij}) \, \eta_j$，其中 k（i=1，2，…，n；k=1，2，…，s）。

④若 $\sigma_i^{k^*} = \max\limits_{1 \leqslant k \leqslant s}\{\sigma_i^k\}$，则称对象 i 属于灰类 k。

（2）灰色定权聚类评价应用设计。

①确定评价灰类。根据研究需要，实证研究将地区的市场潜力分为 3 个不同的类型，具体定义方式为：市场潜力较小 =1，市场潜力一般 =2，市场潜力大 =3。

②国内市场潜力评价指标筛选与量化。根据相关研究结论与数据的可获得性，选取了七个指标（表 4-8），并由多位罗非鱼产业相关研究领域的专家赋予各聚类权重 η_j，如表 4-8 所示。

表 4-8　罗非鱼国内市场潜力评价指标权重

评价指标	权重	评价指标	权重
罗非鱼产品的价格	0.20	罗非鱼产量	0.05
当地消费者的收入水平	0.20	相关商品的影响	0.10
消费者偏好	0.20	相关政策与宣传	0.15
人口数量	0.10		

③根据 2012 年中国各省（区、市）经济统计数据和专家意见所获得的各省（区、市）的样本值可知，评价对象 i=1 ～ 31；评价指标 j=1 ～ 7；事先设定的灰类 k=1 ～ 3。根据样本数据进行灰色定权聚类系数的计算灰色聚类系数矩阵为：

$$\sum_{i=1\sim16}\sigma_i^k = \begin{bmatrix} 0.65 & 0 & 0.59 \\ 0.85 & 0.20 & 0.60 \\ 0.55 & 0.13 & 0.50 \\ 0.30 & 0.13 & 0.70 \\ 0.35 & 0.12 & 10.1 \\ 0.78 & 0.60 & 0.50 \\ 0.15 & 0.30 & 0.73 \\ 0.15 & 0.70 & 0.50 \\ 0.85 & 0.10 & 0.56 \\ 0.95 & 0.33 & 0.50 \\ 0.80 & 0.33 & 0.50 \\ 0.45 & 0.40 & 0.53 \\ 0.70 & 0.27 & 0.50 \\ 0.35 & 0.30 & 0.62 \\ 0.58 & 0.50 & 0.50 \\ 0.45 & 0.13 & 0.70 \end{bmatrix} \quad \sum_{i=16\sim31}\sigma_i^k = \begin{bmatrix} 0.43 & 0.47 & 0.60 \\ 0.45 & 0.40 & 0.50 \\ 0.83 & 0.20 & 0.50 \\ 0.45 & 0.30 & 0.54 \\ 0.65 & 0.04 & 0.60 \\ 0.30 & 0.20 & 0.51 \\ 0.55 & 0.10 & 0.71 \\ 0.35 & 0.15 & 0.90 \\ 0.45 & 0.10 & 0.86 \\ 0.15 & 0.00 & 0.24 \\ 0.35 & 0.25 & 0.80 \\ 0.15 & 0.00 & 0.20 \\ 0.00 & 0.06 & 0.10 \\ 0.10 & 0.12 & 0.99 \\ 0.25 & 0.17 & 0.98 \end{bmatrix}$$

三、罗非鱼国内市场潜力的地区分布

根据灰色聚类分析的结果，各省（区、市）可以划分在相应的灰类内，具体如表 4-9 所示。

表4-9　各省（区、市）罗非鱼市场潜力灰色聚类分析结果

第 3 灰类（潜力大）	第 2 灰类（潜力一般）	第 1 灰类（潜力较小）	
重庆	山西	北京	广东
四川	内蒙古	天津	海南
贵州	吉林	河北	西藏
辽宁	黑龙江	河南	青海
江西	安徽	上海	宁夏
湖南	湖北	江苏	
广西	陕西	浙江	
云南	甘肃	福建	
新疆		山东	

这一聚类分析的结果与笔者实地调研的情况相近，效果较好。图 4-5 罗非鱼市场潜力的地区分布图中，颜色越深，该地区罗非鱼消费的潜力就越大。

图 4-5　罗非鱼市场潜力地区分布图

主要结论包括：①重庆、四川、贵州、湖南等地人们喜爱吃火锅，罗非鱼片由于价格低、口感好，在当地也广受欢迎，市场潜力较大。辽宁省临海，尤其是大连市海产品丰富，对于生鱼片的消费量较高，罗非鱼片在当地属于高档水产品，价格较高，人们的接受程度也较高，所以罗非鱼的市场潜力分类也在第3灰类。广西、云南等地则由于其本身就是罗非鱼主产区，且当地消费者对罗非鱼认可度高，所以市场潜力大。而新疆则是各大主产区目前主要开发的地区之一，当地的销售渠道已经初步形成，消费者也对罗非鱼有所偏好。②市场潜力一般的包括陕西、甘肃等经济较不发达的地区以及内蒙古、山西、安徽、吉林、黑龙江等水产品消费量不高的内陆地区，这些地区开发罗非鱼的潜在市场阻力较大，一是运输成本和销售渠道的限制，二是当地发展水平和消费习惯的制约。③潜力较小的包括北京、天津这类人口数量较少的直辖市，也包含江苏、浙江等地区，这些地区经济发展水平高，水产品产量高、选择性大，罗非鱼作为一种外来的鱼类产品很难被消费者所接纳。福建、广东虽然是罗非鱼的主产区，但是当地消费者并不喜好食用罗非鱼，认为其是低档鱼类且口感不好，销量低，开发此类市场需要改变人们的固有观念，潜在的市场潜力较小。此外，青海、宁夏、西藏等经济发展水平不高、水产品消费量低的地区，其市场潜力也是非常有限的。

内陆地区罗非鱼发展的潜力一般是中等或者偏小的，这些地区对鱼类产品总的消费量都偏低，对罗非鱼的认知度较低，如果发展这些地区的罗非鱼市场，需要付出更大的努力。值得注意的是新疆维吾尔族自治区，这个地区虽然是中国最靠西的内陆地区，但是罗非鱼发展潜力是较大的，这与长期以来罗非鱼生产者和中间商对其消费市场的不断开发有着极为密切的关系。在四川、贵州等鱼片消费量大的省份，罗非鱼由于其价格优势，发展潜力也是较大的。在浙江、江苏、山东等滨海省份，对罗非鱼的需求较少，发展潜力也是较小的，这些地区对水产品的选择余地很大，对消费者而言，罗非鱼是缺少吸引力的，这些地区的罗非鱼市场开拓工作可以等其他潜力较大地区发展完善之后再进行起来。

四、拓展罗非鱼国内市场的营销策略分析

营销不是推销，推销只是简单的卖出产品，而营销更重视市场的培育。我国罗非鱼产业的可持续发展必须重视国内消费市场的拓展。针对目前的消费市场，实行差异化营销策略；加大市场培育的投入力度；实施品牌战略和网络营销等营销手段。

（一）差异化营销策略

罗非鱼5类不同产品应有不同的营销市场，其中国际市场应以冻鱼与冻鱼片为主，国内消费市场可以分为快捷消费的冻鱼片市场和针对家庭消费的活鱼市场。国内水产

品消费市场还可以细分为中老年人市场、青少年市场，前者以消费鲜活罗非鱼类为主，后者偏好快捷食品（罗非鱼鱼片）。根据差异化营销经营理念，应据不同消费层次开发不同的罗非鱼产品。同时，罗非鱼总体上并非高档水产品，在开发国内消费市场时应重点开发中低端市场。通过细化市场和针对不同目标市场，建立针对不同消费群体立体化的销售模式，是解决罗非鱼流通领域分散和混乱状况的营销手段之一。

（二）市场培育途径与方法

人的消费偏好是其长期饮食文化培养出来的。沿海消费者偏好海产品，内地消费者偏好河鲜是已知的事实。安徽北部、山东、河南等省消费者偏好鲤鱼，而江浙沪闽的消费者对鲤鱼消费偏好低。20年以前，罗非鱼被科技人员定名为非洲鲫鱼时，一直滞销，取名罗非鱼后，国内市场才在中国北部和中部地区和东南沿海的产地得到拓展。但是直到如今，罗非鱼在江浙沪依然没有市场。新新上海人到上海后，消费鲤鱼的习惯消失了，原来喜欢淡水鱼的人对海水鱼类的偏好度提高。消费者转换生存空间，消费偏好也会发生变迁。现阶段的中国人口流动速率高，迁移度大，为拓展和培育中国国内罗非鱼市场提供了良好的机会。因此，应采用各种营销手段积极培育国内消费市场。由于中国东部沿海经济发达，是水产品的主要消费市场，市场培育的重点应以这些地区为主，而流动性的劳动群体不失为很好的目标群。

国内消费市场的培育应采用网络营销和传统营销手段相结合的方式。中国的消费群体正在发生变化。伴随着全球化和互联网成长的中国"80后"和"90后"消费者的消费模式和生活理念是未来社会主流和消费市场的主导者。网络营销比较适合这类消费者，利用网络等媒体开展营销活动能更便捷地拓展罗非鱼市场。例如，利用专业网站、个人网站、网络游戏、博客、QQ群等媒体快速复制和传播信息，激发购买热情。传统的流通营销手段重点面对中老年消费者。

（三）品牌战略与市场拓展

品牌的树立与生动的营销密不可分。创建品牌需要提高产品的知名度，但更重要的是培养忠实的消费者，提高消费者对品牌的忠诚度。忠诚度包括持续购买某一品牌产品的行为忠诚度和对某一品牌产品拥有好感的情感忠诚度。

培养一个品牌需要投入大量资金，在品牌创立方面中国与先进国家差距甚远。2008年全球最佳品牌排行榜上，中国品牌无一上榜。中国没有国际品牌的原因是知名度和美誉度这两方面都有差距，特别是美誉度方面，主要表现在产品的公信力和稳定性不够、科技含量欠缺。从这方面来说，中国的食品安全问题、罗非鱼的传统养殖模式，都使人们意识到创建中国罗非鱼品牌的艰难。

在现有营销体系下，中国在美国市场几乎不可能创建罗非鱼品牌。中国水产品在国外建立品牌也几乎没有先例。但是，在国内消费市场上，杭州千岛湖发展公司的"淳"牌鳙鱼（荣获中国名牌农产品）是中国水产品品牌建设的一个很好的案例。"淳"牌千岛湖有机鱼的销售价格在几年内翻了 2 ~ 3 倍，在江浙沪一带具有很高的知名度，品牌效应明显。消费者对"淳"牌千岛湖有机鱼品牌的认可主要来自于对其产品直接关联的内在因素，如对千岛湖优美的旅游环境、优质的水域环境、对放养模式的认可，再加上有效的品牌营销手段才完成的。罗非鱼产业有没有这种直接与产品关联的内在因素呢？笔者认为罗非鱼的异国文化背景与产地市场秀丽的海边景色应该成为挖掘的文化内涵，成为罗非鱼品牌营销的知识要素。

罗非鱼品牌的确立，首先要提高品牌的公信力，这要以产地市场的整体力量进行塑造。由政府、行业协会与经济组织共同完成。政府应加大对企业创牌的引导力度，给予更大力度的政策扶持。有机整合产地市场营销力量，尝试推出"北海"牌（广西）、"珠海"牌（广东）和"南海"牌（海南）等罗非鱼品牌。罗非鱼作为食品，应摒除传统营销方式中严肃、呆板、凝重的一面，让产品变得亲和、轻松，富有文化内涵。

（四）构建一体化营销体系

拓展罗非鱼市场，需构建一个政府、行业协会与市场经济组织（养殖、加工与流通经济组织）协调运行的一体化营销体系。在这个体系当中，政府应为企业创造良好的市场环境，构建生产服务体系和市场推广体系。此外，政府应为企业创造良好的政策环境，支持与培养形成罗非鱼种苗、饲料、养殖、加工与流通一体化的利益共同体。罗非鱼产业面临的一个重要问题是厄瓜多尔、泰国、菲律宾等很多国家也在参与罗非鱼国际市场竞争，而中国处于一个非常不利的位置，直接接国际订单的厂家很少，大多是接二手单。罗非鱼产业链要做强做大，提高订单这一环的利润是最重要的，如果加工出口没有利润，产业是发展不起来的。但是，依靠企业本身的努力明显不够，政府应协调企业规范行业秩序。

社团是市场经济体系的重要组成部分，是实现整个社会有序管理的重要组织形式。渔业社团对有效配置渔业生产经济要素、协调行业与企业利益关系，维护市场公平竞争，加强行业诚信、促进行业和谐发展有重要作用。此外，中国的渔业社团还是连接小规模渔业生产与大市场流通、政府与企业、企业与企业（协调企业利益冲突）的桥梁。此外，渔业社团能克服信息不对称带来的市场失灵和政府失效，有助于扩大市场信息搜集范围、提高成员间生产信息的共享性、疏通沟通渠道有助于提高政府管理水平。

市场组织是指位于产业链初端的家庭养殖户、养殖企业，产业链中端的加工企业和产业链末端的流通企业等。市场组织应遵从市场规则，强化企业社会责任意识。建设与成立不同层面、不同产业链端的行业协会是促使市场组织遵从市场规则，强化企业社会责任意识的有效制度安排。

罗非鱼国内市场开拓案例
——百洋的"杰厨家宴"

罗非鱼是一种在欧美国家特别受到欢迎的消费品，而中国又是全球最大的罗非鱼产地，同时也是世界上最大的罗非鱼加工出口国。百洋水产集团股份有限公司主要从事冷冻罗非鱼产品的生产和销售，为国内外消费者提供健康、安全、便捷的水产食品；同时也为广大养殖户提供水产饲料、水产苗种、水产养殖技术服务、原料鱼收购等系列服务。多年来该公司专注于"罗非鱼一条鱼价值工程"，积极实施横向扩张、纵向延伸和区域化配套开发策略。目前，该公司在罗非鱼国内市场开拓方面已经实施了许多措施——"杰厨家宴"就是其中之一。

大连百洋食代食品有限公司是百洋股份的控股公司，是一家集水产养殖和出口、生产和销售以罗非鱼、海产品等为原料的方便食品和调理产品为一体，始终致力于将中华传统美食产业化生产的企业。公司与大连工业大学合作，经过多年的研究，创立了食品化菜品的新概念，新技术和新的消费需求。

食品化菜品的诞生开创了中餐工业化的一种全新模式，使酒店的美味佳肴实现了"标准化、规模化、产业化"的生产，使我们每个人都有可能成为大厨，在家烹制出多种美味佳肴，解决了人们"不会做菜、不爱做菜和没有时间做菜"的问题。具体的做法是：产品来源于餐厅，转化在工厂，还原于家庭；实现了用工业品烹制菜品的目标，使菜品更安全，更营养，更美味，更方便！目前以鲷鱼为原料，推出了"鱼宴大餐"共有12道精美菜品（香茅草烤鲷鱼、剁椒蒸鲷鱼、豉汁蒸鲷鱼、黑椒焗鲷鱼、酸菜鱼、果熏烤鲷鱼、香草烤鲷鱼、泰式焗鲷鱼等）。产品包括"3国风味、4大菜系和5种烹饪技法"，将会给您带来超值的享受。"杰厨家宴"品牌也由此诞生。相信在大家共同努力下，中国罗非鱼产品一定能摆脱低质低价的标签。

此外，对于开发内销市场，举办罗非鱼节有一定的作用，当然罗非鱼产品也要做的迎合国内市场，比如水煮罗非鱼、将罗非鱼产品用于快餐、模仿扇贝做成"喜贝"的营销方式等。如果中国罗非鱼产品能像国外一样进入沃尔玛、家乐福等大型超市销售也能够有效地提高罗非鱼国内市场销量。

第五章

中国罗非鱼进出口贸易分析

第一节　中国罗非鱼进出口贸易情况

中国是世界最大的罗非鱼生产国和出口国，拥有适宜罗非鱼产业发展的自然环境和低成本的劳动力资源。据 FAO 统计，2012 年世界共有 159 个国家和地区生产罗非鱼，总产量为 451 万吨。2014 年，中国罗非鱼养殖总产量为 170 万吨，其中 1/3 的养殖产量用于加工出口，总出口量为 40 万吨。中国共有 133 家罗非鱼加工出口企业，销往 97 个国家或地区。

一、中国罗非鱼贸易状况

中国罗非鱼出口经历了跨越式的增长，被中国水产品养殖界誉为"21 世纪最有价值的一条鱼"。随着 20 世纪 90 年代中期罗非鱼外贸的规模化，中国罗非鱼出口量大幅度增加，现已发展为罗非鱼第一大生产国与出口国。罗非鱼加工产品出口额自 2002 年的 0.50 亿美元上升到 2014 年的 15.30 亿美元，增长了 30 倍，平均年增长率为 32.93%（表 5-1）。

表 5-1　中国罗非鱼出口量与出口额占世界比重

单位：吨，千美元

	2002	2003	2004	2005	2006	2007	2008	2009	2010	2011
中国出口量	31081	58939	86646	106792	164008	215227	224382	258062	321885	329091
世界出口量	87086	112779	143485	176806	233422	276752	303332	327349	403173	401855
占世界比重	35.69%	52.26%	60.39%	60.40%	70.26%	77.77%	73.97%	78.83%	79.84%	81.89%
中国出口额	49715	96942	155314	231443	368603	490790	733709	708881	1004355	1106749
世界出口额	140463	189489	248468	369805	524396	643834	975316	945963	1263592	1397873
占世界比重	35.39%	51.16%	62.51%	62.59%	70.29%	76.23%	75.23%	74.94%	79.48%	79.17%

资料来源：联合国粮农组织（FAO）数据库（www.fao.org），中国海关总署

中国罗非鱼产业是一个外向型产业，产业的发展依赖于产品的加工出口。2002 年开始中国罗非鱼出口量逐年增加，2009 到 2012 年罗非鱼出口量分别为 25.89 万、32.29 万、33.03 万和 36.20 万吨。2013 年为 40.67 万吨，创下历史最高水平，同比增长 12.34%，总出口额为 15.13 亿美元，同比增长 30.01%。2014 年出口量有所下降，罗非鱼的出口量与出口额基本都保持持续增长的态势（表 5-2）。

表 5-2　2002—2014 年中国罗非鱼贸易变化情况

年份	出口量（吨）	出口量变化（%）	出口额（万美元）	出口额变化（%）
2002	31625.89	—	5027.50	—
2003	59640.96	88.58	9766.33	94.26
2004	87253.52	46.30	15582.33	59.55
2005	107367.16	23.05	23221.63	49.03
2006	164474.40	53.19	36914.51	58.97
2007	215361.38	30.94	49103.76	33.02
2008	224358.54	4.18	73354.94	49.39
2009	258947.39	15.42	71037.07	−3.16
2010	322833.71	24.67	100584.84	41.59
2011	330281.36	2.31	110891.30	10.25
2012	361988.44	9.60	116339.44	4.91
2013	406657.14	12.34	151255.52	30.01
2014	395269.54	−2.80	153033.65	1.18

数据来源：中国海关总署、中国海关报关数据

中国罗非鱼出口量增长速度逐步放缓，2002—2006 年出口量的年均增长速度达51.01%，而 2007—2014 年的年均增长速度仅为 9.06%，较 2002—2006 年放缓了五倍。2008 年因雪灾造成罗非鱼大量减产，出口量的增幅明显减少，仅为 4.18%。近年来，随着全球性通胀的压力加大，世界经济增长缓慢，尤其是欧美主权债务风险升级，日本大地震、海啸、核辐射自然灾害的影响，中东局势的动荡轮番冲击世界经济，各种不稳定、不确定因素依然较多，导致稳定和拓展罗非鱼国外市场面临较多的制约。同时，国际保护主义抬头，贸易摩擦有增无减，特别是对来自亚洲的养殖淡水产品的进口增长的反应比较强烈。如 2011 年初遭遇国际攻击最厉害的是越南巴沙鱼，年底则转向了中国的罗非鱼。受国际环境的影响，中国罗非鱼出口量增长速度逐渐放缓，罗非鱼产业面临着危机。

2002 年以来中国罗非鱼对外贸易基本表现出良好的发展势头。根据其出口量及出口额的增幅，做出各年度增幅的比较图示。由图 5-1 中可以看出中国罗非鱼贸易的增长波动较大，虽然中国罗非鱼贸易的总体上升幅度较大，但产业贸易发展不稳定，受外界因素影响剧烈，同时在生产层面上则会影响渔民及生产基地的正常生产发展。从2008 年至今出口量增幅则骤然降低到较低水平，且 2009 年出口额的负增长则表明在罗非鱼出口量上升到一定程度后，中国罗非鱼外贸全球化的进程中各种困难开始显现，

该新型产业陷入发展瓶颈，罗非鱼加工企业的发展及利润受到较大影响。

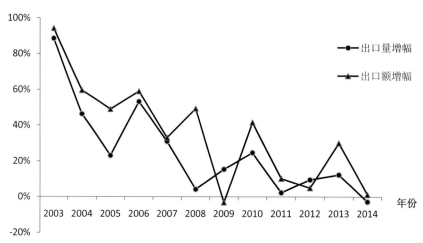

图 5-1　中国罗非鱼出口量与出口额年度变化

二、中国罗非鱼出口变化分析

（一）中国罗非鱼出口量与出口额变化

2014 年中国罗非鱼总出口量为 39.53 万吨，比 2013 年下降了 3.53%。1 月份出口量较多，2 月份急剧下降，之后几个月出口量稳步上升。与 2013 年同期相比，2014 年中国罗非鱼出口量没有明显的变化，3、4、8、9 月份与上年持平，5 到 7 月份的出口量低于上一年，11 月份出口量高于 2013 年同期，但 11、12 月份又开始下降。与 2012 年相比，2014 年各月的出口量基本高于同期水平，2、3、5、6 月份出口量比 2012 年同期有所下降（图 5-2）。

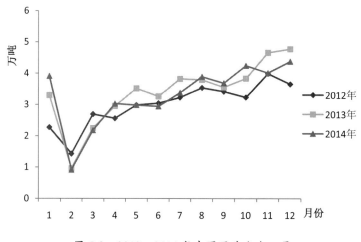

图 5-2　2012—2014 年中国罗非鱼出口量

　　2014 年中国罗非鱼出口额为 15 亿美元,同比增长 0.96%。与 2013 年同期相比,除 5、7、11、12 月份外,2014 年中国罗非鱼各月出口额都高于上年。与 2012 年相比,除 2、3 月份出口额较低外,2014 年其他月份出口额都显著高于 2012 年同期（图 5-3）。

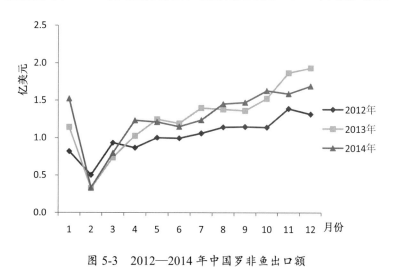

图 5-3　2012—2014 年中国罗非鱼出口额

（二）中国罗非鱼出口产品结构变化

　　罗非鱼贸易产品结构分析有助于对中国罗非鱼产业的技术水平、加工业的发展状况加以了解,使中国出口贸易结构更加合理。

　　由时间序列来看,中国出口总额逐年上升。中国罗非鱼出口的产品品种主要包括冻罗非鱼、冻罗非鱼片、制作或保藏的罗非鱼、活罗非鱼（主要供应香港、澳门）,此外还有少量其他出口产品,如罗非鱼皮革、罗非鱼饲料、罗非鱼鱼皮鱼鳞鱼腹。在罗非鱼主要出口产品中,冻罗非鱼产品曾经占中国主导地位,出口额经历了 21 世纪前期的大幅提升后趋于稳定,在出口总额中的比例也从 2000 年的 94.55% 下降至 2014 年的 21.34%。2002 年开始,罗非鱼出口结构发生了转变,冻罗非鱼片产品出口额开始超过冻罗非鱼,成为主要出口产品。2002 年冻罗非鱼片出口额占总额的比例为 55.33%,除 2006—2008 年受美国市场的影响出口额大为减少外,其他年份基本稳定在 60% 左右。冻罗非鱼片出口量与出口额的大幅提升一方面是由于国际需求变动的原因,另一方面表明了中国罗非鱼加工业的迅速发展。冻罗非鱼片产品附加值的提高,促进了加工技术的发展,增加了产业加工业的利润,降低了贸易风险。

　　罗非鱼出口产品结构的变化一方面起因于国际罗非鱼产业的区域发展,产业发展初期往往是国际供给波动较大时期;另一方面是罗非鱼国际需求市场的变化,集中的出口区域使得单一国家的需求变动会对中国罗非鱼出口产生较大影响（图 5-4、表 5-3）。

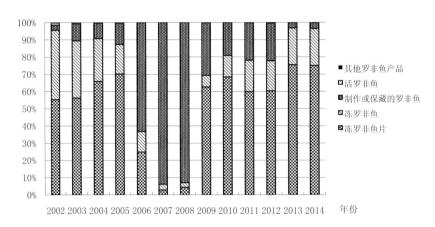

图 5-4　2002—2014 年中国罗非鱼出口产品（出口额）结构

数据来源：中国海关总署

表 5-3　中国罗非鱼出口总额及各品种比例

单位：万美元，%

年份	出口额	冻罗非鱼		冻罗非鱼片		制作或保藏的罗非鱼	
		出口额	比例（%）	出口额	比例（%）	出口额	比例（%）
2002	5027.50	2033.61	40.45	2781.74	55.33	149.21	2.97
2003	9766.33	3236.81	33.14	5491.15	56.23	964.51	9.88
2004	15582.33	3882.78	24.92	10253.29	65.80	1382.04	8.87
2005	23221.63	3993.31	17.20	16301.85	70.20	2848.45	12.27
2006	36914.51	4433.86	12.01	9165.13	24.83	23248.43	62.98
2007	49103.76	1635.46	3.33	1395.48	2.84	46057.16	93.80
2008	73354.94	1996.19	2.72	3191.12	4.35	68164.19	92.92
2009	71037.07	4819.77	6.78	44476.74	62.61	21606.96	30.42
2010	100584.84	12598.68	12.53	68856.40	68.46	18980.41	18.87
2011	110891.30	20240.00	18.25	66398.45	59.88	24036.50	21.68
2012	116339.44	20335.90	17.48	70200.57	60.34	25354.95	21.79
2013	151573.43	32158.66	21.26	114233.31	75.52	4669.68	3.09
2014	153033.65	32668.44	21.35	114923.21	75.10	5200.18	3.40

数据来源：中国海关总署

　　中国鲜冷罗非鱼与鲜冷罗非鱼片出口量一直保持较低水平，而冻罗非鱼片出口量逐年上升，其出口比例不断升高。冻罗非鱼片成为中国罗非鱼出口的主流产品，其出口量始终保持在出口总量的 60% 左右，冻整条罗非鱼、制作或保藏的罗非鱼和鲜活罗非鱼的出口量所占比例约为 25%、12% 和 0.4%。2014 年罗非鱼出口产品中冻罗非鱼片、冻罗非鱼、制作或保藏的罗非鱼（整条或切块）的主要组成比例分别为 60.63%、

36.37%、2.77%（表 5-4、图 5-5）。冻罗非鱼片的出口量占总出口量的比例在 2010—2012 年始终保持在 60% 左右，2013 年下降为 45%，2014 年恢复到 60.63%；冻罗非鱼的比例由 2010—2012 年的 25%，上升到 2013 年的 34%，2014 年再次上升为 36.37%。制作或保藏的罗非鱼比例由 20% 下降到 3%。

表 5-4 中国罗非鱼产品出口情况

单位：万吨

年份	冻罗非鱼片	冻罗非鱼	制作或保藏的罗非鱼	活罗非鱼	鲜或冷罗非鱼	鲜或冷罗非鱼鱼片	盐腌及盐渍的罗非鱼	出口量	出口量增减（%）
2002	0.912	2.083	0.105	0.054	0.007			3.163	
2003	1.901	3.516	0.472	0.070	0.004			5.964	88.58
2004	3.624	4.255	0.778	0.067			0.001	8.725	46.30
2005	5.349	3.876	1.449	0.045	0.005		0.013	10.737	23.05
2006	3.123	4.186	9.085	0.049	0.004			16.447	53.19
2007	0.515	1.406	19.602	0.013				21.536	30.94
2008	0.796	1.273	20.363	0.004				22.436	4.18
2009	13.494	3.300	9.005	0.096				25.895	15.42
2010	18.659	7.572	5.958	0.095				32.283	24.67
2011	15.811	10.760	6.338	0.119				33.028	2.31
2012	17.923	11.115	6.987	0.133		0.040		36.199	9.60
2013	24.825	14.775	0.976	0.090				40.666	13.19
2014	23.965	14.378	1.094	0.090				39.527	−3.53

数据来源：中国海关总署

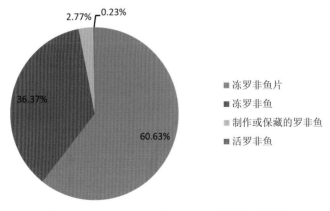

图 5-5 2014 年中国罗非鱼出口产品品种构成

（三）中国罗非鱼主要出口产品价格变化

与 2013 年相比，2014 年中国罗非鱼出口量有所减少，但出口额有所增加，增加幅度为 0.96%，表明 2014 年罗非鱼产品的出口平均价格（3.87 美元 / 千克）有所提高。从罗非鱼各产品价格走势图可以看出，2014 年出口的罗非鱼产品价格与 2013 年同期相比略有提升。

1. 冻罗非鱼

2013 年冻罗非鱼的价格是普遍高于 2012 年同期水平的。与 2012 年相比，2014 年冻罗非鱼的价格增加了较大的比例。与 2013 年相比，2014 年冻罗非鱼的价格呈上升态势，除 12 月份价格有所下降以外。2014 年 3、4 月份的价格略有下降，基本维持在 2.3 美元 / 千克左右，较 2013 年 2.15 美元 / 千克的平均价格，上升了 7%。与 2012、2013 年相比，2014 年冻罗非鱼的价格又有了新的提升（图 5-6）。

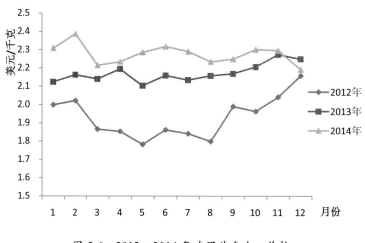

图 5-6　2012—2014 年冻罗非鱼出口价格

2. 冻罗非鱼片

冻罗非鱼片的价格变化幅度较大，整体来说，2014 年出口价格高于 2012 年同期。但与 2013 年相比，冻罗非鱼片的价格没有本质上的提升。与冻罗非鱼不同，2014 年冻罗非鱼片价格没有明显地高于 2012 年和 2013 年同期。2014 年上半年，冻罗非鱼片价格呈逐步上升的态势，但从 7 月份开始逐步下降，8—12 月份的出口价格均低于 2013 年同期（图 5-7）。

3. 制作或保藏的罗非鱼

制作或保藏的罗非鱼也是我国罗非鱼主要出口产品之一，2014 年前期其出口价格明显高于 2013 年同期，但这种价格差逐步减小，7 月份开始两年的出口价格趋于相同，并随之开始下降。另一方面，2013 年制作或保藏的罗非鱼出口价格显著高于 2012 年同期水平，2012 年制作或保藏的罗非鱼价格是较低的（图 5-8）。

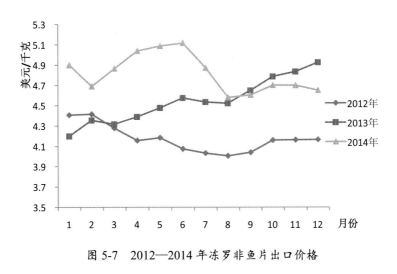

图 5-7 2012—2014 年冻罗非鱼片出口价格

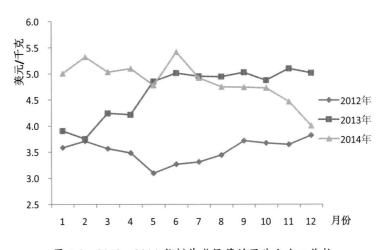

图 5-8 2012—2014 年制作或保藏的罗非鱼出口价格

4. 活罗非鱼

活罗非鱼产品的主要出口地是香港和澳门。2014 年活罗非鱼的价格基本是稳步上升的，平均价格为 21 港元 / 千克，全年的出口价格均高于 2012 年和 2013 年同期，与 2013 年相比，价格上升幅度为 20%。2013 年活罗非鱼的平均价格是高于 2012 年同期价格的，价格上升幅度达 10%，但是 4—6 月的价格要低于 2012 年同期水平（图 5-9）。

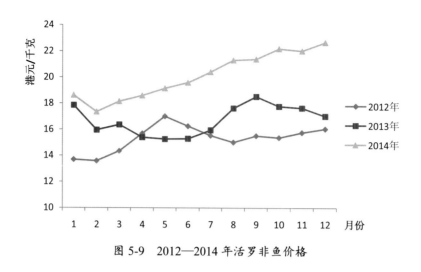

图 5-9　2012—2014 年活罗非鱼价格

三、中国罗非鱼出口区域

（一）中国罗非鱼出口区域结构

中国罗非鱼产品出口省份主要有广东省、海南省、广西壮族自治区、福建省、云南省、湖北省、浙江省和辽宁省。罗非鱼产品出口量主要集中在前四个省份，2014 年这四省的出口量之和占中国罗非鱼出口总量的 95.85%。其中广东排列第一，2014 年出口量占全国总出口量的 40.05%；海南省依靠其自身的地理优势，以及地方政策支持，成为罗非鱼出口另一大优势省份，位居第二，2014 年出口量占总出口量的 25.75%（表 5-5）。

表 5-5　2007—2014 年中国罗非鱼主要出口区域出口量

单位：万吨

年份	广东		海南		广西		福建		全国
	出口量	比例（%）	出口量	比例（%）	出口量	比例（%）	出口量	比例（%）	
2007	13.13	60.96	4.94	22.93	1.86	8.64	1.60	7.43	21.54
2008	10.90	48.57	6.84	30.48	2.64	11.76	1.92	8.56	22.44
2009	12.00	46.33	7.58	29.27	3.98	15.37	2.15	8.30	25.90
2010	11.98	37.11	8.49	26.30	5.95	18.43	3.81	11.80	32.28
2011	12.37	37.45	10.32	31.24	6.52	19.74	3.37	10.20	33.03
2012	12.80	35.36	10.78	29.78	8.28	22.87	3.58	9.89	36.20
2013	16.08	39.58	10.44	25.70	7.87	19.37	5.11	12.58	40.63
2014	15.83	40.05	10.18	25.75	7.20	18.21	4.68	11.84	39.53

数据来源：中国水产品进出口统计年鉴，中国海关总署

从罗非鱼产品增长速度来看,海南与广西发展形势较好,呈现快速良性增长;广东罗非鱼发展遇到较多困难,主要受到生产、加工和气候环境因素的影响,罗非鱼加工企业与养殖户的生产收益受到较大影响,占全国总出口额的比例也在逐年下降,由2007年的59.47%下降到2012年的39.81%,2013、2014年又开始有所上升(表5-6)。

表 5-6 2007—2014 年中国罗非鱼主要出口区域出口额

单位:亿美元

年份	广东		海南		广西		福建		全国
	出口额	比例(%)	出口额	比例(%)	出口额	比例(%)	出口额	比例(%)	
2007	2.92	59.47	1.23	25.05	0.51	10.39	0.25	5.09	4.91
2008	3.61	49.18	2.27	30.93	1.02	13.90	0.38	5.18	7.34
2009	3.30	46.48	2.10	29.58	1.12	15.77	0.51	7.18	7.10
2010	4.02	39.96	2.70	26.84	2.07	20.58	1.20	11.93	10.06
2011	4.50	40.58	3.36	30.30	2.40	21.64	1.09	9.83	11.09
2012	4.63	39.81	3.31	28.46	2.68	23.04	1.32	11.35	11.63
2013	6.34	41.90	3.69	24.39	2.89	19.10	1.90	12.56	15.13
2014	6.65	43.46	3.91	25.56	2.77	18.10	1.50	9.80	15.30

数据来源:中国水产品进出口统计年鉴,中国海关总署

2014 年广东省出口量为 15.83 万吨,出口额为 6.65 亿美元;海南省的出口量为 10.18 万吨,出口额为 3.91 亿美元;广西壮族自治区的出口量为 7.2 万吨,出口额为 2.77 亿美元;福建省的出口量为 4.68 万吨,出口额为 1.50 亿美元。与 2013 年相比,四个主要出口区域的出口量均有所下降(图 5-10)。

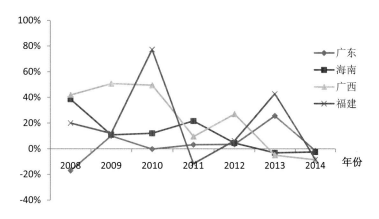

图 5-10 2008—2014 年中国罗非鱼主要出口省份出口量变化幅度

（二）中国罗非鱼出口区域产品

2014 年中国罗非鱼的出口区域中，广东省以出口冻罗非鱼片为主，占当地所有出口产品的 64.11%，其次为冻罗非鱼（28.89%）、制作或保藏的罗非鱼（6.46%）和活罗非鱼（0.54%）；海南以出口冻罗非鱼片为主，占当地所有出口产品的 73.73%，其次为冻罗非鱼（26.11%）和制作或保藏的罗非鱼（0.16%）；广西以出口冻罗非鱼片（74.86%）为主，其次为冻罗非鱼（25.14%）；福建和云南以出口冻罗非鱼为主，分别占当地所有出口产品的 90.09% 和 82.33%，其次为冻罗非鱼片；浙江和安徽主要出口冻罗非鱼，北京、山东和上海主要出口冻罗非鱼片（表 5-7）。

表 5-7 2014 年中国罗非鱼出口区域产品出口量与出口额

	出口产品	出口量（吨）	出口额（万美元）
广东	冻罗非鱼片	106892.13	53879.12
	冻罗非鱼	48170.23	10111.42
	制作或保藏的罗非鱼	10774.65	5095.61
	活罗非鱼	903.52	241.83
海南	冻罗非鱼片	75038.55	33687.81
	冻罗非鱼	26576.93	5312.79
	制作或保藏的罗非鱼	165.58	104.57
广西	冻罗非鱼片	50628.35	23317.45
	冻罗非鱼	17002.89	3458.72
福建	冻罗非鱼	38515.35	10735.53
	冻罗非鱼片	4238.17	2341.76
云南	冻罗非鱼	12664.56	2843.03
	冻罗非鱼片	2717.19	1632.11
浙江	冻罗非鱼	723.93	181.85
安徽	冻罗非鱼	124.19	25.11
北京	冻罗非鱼片	99.60	47.51
山东	冻罗非鱼片	17.91	7.59
上海	冻罗非鱼片	15.80	9.86

数据来源：中国海关报关数据

四、中国罗非鱼主要贸易国

（一）中国罗非鱼主要贸易国变化

在世界罗非鱼市场中，罗非鱼产品的主要出口国（或地区）为中国、中国台湾和印尼等亚洲国家（或地区），以及哥斯达黎加、洪都拉斯等美洲国家。在世界罗非鱼市场的主要进口国方面，美国、墨西哥为前两大罗非鱼进口国，俄罗斯、比利时及英国等部分欧盟国家的罗非鱼市场需求也在逐年增加（表5-8）。

表5-8 2004—2014年中国罗非鱼主要出口国出口量变化

单位：万吨

年份	2004	2005	2006	2007	2008	2009	2010	2011	2012	2013	2014
美国	6.279	8.084	10.465	12.209	11.854	13.737	16.882	15.060	17.179	17.685	17.632
墨西哥	1.588	1.638	3.289	3.929	3.652	3.619	4.321	4.684	3.940	5.378	5.018
科特迪瓦	0.000	0.000	0.031	0.140	0.528	0.437	0.692	0.983	1.687	1.969	2.072
俄罗斯	0.002	0.002	0.553	1.936	1.712	2.186	2.027	1.534	1.878	1.974	0.719
欧盟	0.001	0.237	0.621	1.341	1.460	1.978	2.790	2.964	2.658	2.764	2.832
以色列	0.068	0.129	0.369	0.407	0.415	0.664	0.700	0.976	1.099	0.895	1.210
加拿大	0.110	0.110	0.099	0.075	0.062	0.245	0.249	0.313	0.341	0.327	0.355
其他	0.576	0.453	0.881	1.481	3.253	3.351	5.194	7.347	8.906	9.674	9.691

数据来源：中国海关总署、中国海关报关数据

中国罗非鱼出口目标国从2002年仅十余个增长至2014年九十余个，市场趋于多元化。美国是中国第一大出口目标国，中国罗非鱼对美国市场的依赖性较强，美国市场的消费趋势和消费心理的变化均会对中国罗非鱼产业产生巨大影响。事实也已证明，2006年美国减少对冻罗非鱼、冻罗非鱼片的需求及2008年中国南方雪灾影响对中国罗非鱼出口均造成较大震动。罗非鱼作为传统"白肉鱼"鲟鱼鳟鱼的良好替代品已被中国成功打入欧洲市场。2003年对俄罗斯出口量还是零出口，2009年已上升到第三位。同时逐步实现了市场多元化战略，开发了大量的亚非市场。尼日利亚，科特迪瓦和赤道几内亚等市场的成功开发有效地缓解了经济危机对中国罗非鱼市场的冲击，同时可以预见，中国罗非鱼贸易的市场结构存在进一步优化的可能性。

从近年来出口数据可以看出，中国罗非鱼主要出口国过于集中。2014年中国罗非鱼的主要出口国为美国、墨西哥和科特迪瓦，三个国家中中国总出口量的份额超过了60%，其他国家所占份额不足40%。最大的出口市场为美国，2014年出口份额为44.16%，墨西哥为12.70%，科特迪瓦为5.24%（图5-11）。

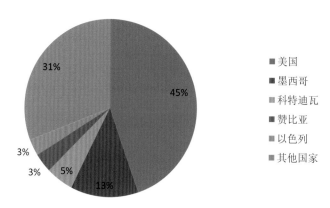

图 5-11   2014 年中国罗非鱼主要出口国所占份额

数据来源：中国海关报关数据

（二）美国罗非鱼市场情况

1. 美国市场出口变化情况

美国是中国第一大出口目标国，2014 年罗非鱼主要进口国美国总进口量为 23.07 万吨，与上年同比增加 0.84%，进口额为 11.14 亿美元，增加 7.78%。美国市场进口量最多的为冻罗非鱼片，其次为冻罗非鱼、鲜或冷的罗非鱼片、鲜或冷罗非鱼和鲜或冷的罗非鱼肉。分别占总进口量的 71.51%、17.27%、11.01%、0.19% 和 0.01%，同期增长分别为 3.28%、-4.56%、-5.06%、-2.13% 和 -62.83%。进口平均价分别为 5.02、2.25、7.65、4.62 和 4.74 美元/千克，同期增长分别为 6.34%、15.98%、4.37%、-6.96% 和 -35.25%（表 5-9）。

表 5-9   2014 年美国罗非鱼产品进口价格

单位：美元/千克

月份	1	2	3	4	5	6	7	8	9	10	11	12	均价
冻罗非鱼片	5.03	5.11	5.40	5.35	5.41	5.42	5.33	5.10	4.72	4.67	4.74	4.68	5.02
冻罗非鱼	2.18	2.20	2.24	2.26	2.30	2.37	2.31	2.33	2.22	2.20	2.18	2.21	2.25
鲜或冷的罗非鱼片	7.41	7.46	7.61	7.63	7.68	7.75	7.73	7.45	7.81	7.82	7.87	7.68	7.65
鲜或冷的罗非鱼肉										4.74			4.74
鲜或冷罗非鱼	3.34	6.81	5.91	6.12	4.23	6.25	6.72	3.40	3.62	3.55	4.25	5.57	4.62

数据来源：美国农业部门经济调查服务网 www.ers.usda.gov

从 2001—2014 年美国冻罗非鱼片的进口价格来看，中国历年来均低于其进口平均价格，价格较高的包括厄瓜多尔、中国台湾等国家或地区（表 5-10）。从 2001—2014 年美国冻罗非鱼的进口价格来看，绝大部分年份中国的价格都是低于其平均价格的（表 5-11）。

表 5-10　2001—2014 年美国冻罗非鱼片进口价格

单位：美元 / 千克

国家（地区）	2001	2002	2003	2004	2005	2006	2007	2008	2009	2010	2011	2012	2013	2014
中国	3.53	3.47	3.28	3.03	3.04	3.04	3.06	4.17	3.63	3.78	4.43	4.07	4.43	4.94
印尼	4.98	5.06	4.95	4.72	4.89	5.03	4.99	5.84	6.41	6.76	6.51	6.50	6.92	6.70
中国台湾	3.38	4.04	4.06	3.35	3.59	3.96	4.21	5.42	5.31	4.60	6.43	7.34	6.06	6.86
泰国	3.57	3.91	4.01	4.19	4.24	4.76	10.95	4.18	5.60	5.24	5.63	6.02	6.41	6.23
厄瓜多尔	4.59	4.99	5.07	5.62	5.42	5.09	4.63	5.90	6.64	6.63	7.26	8.12	9.19	10.85
哥斯达黎加		7.43	5.68	5.59	5.75		5.83	9.68	6.89	6.15	6.86	6.08	6.21	7.03
马来西亚					1.64			4.57			5.30	6.55	6.45	7.17
巴拿马		4.21	3.26	4.07	3.78	3.64	4.48	4.76	4.72	4.87	5.67	5.63	5.42	5.60
洪都拉斯						5.76	5.67	7.19	6.39	6.48	6.36	6.45	5.61	5.88
中国香港				3.19	2.99	3.31	2.75	3.80		3.50	1.72	1.84	2.92	4.60

数据来源：美国农业部门经济调查服务网 www.ers.usda.gov

表 5-11　2001—2014 年美国冻罗非鱼进口价格

单位：美元 / 千克

国家（地区）	2001	2002	2003	2004	2005	2006	2007	2008	2009	2010	2011	2012	2013	2014
中国	0.97	1.05	1.06	1.08	1.23	1.58	1.22	1.78	1.51	1.62	1.96	1.73	1.92	2.19
中国台湾	0.97	1.12	1.21	1.09	1.17	1.34	1.36	1.89	1.84	1.56	2.15	2.10	1.87	2.35
泰国	2.22	1.40	1.53	1.43	1.47	1.81	1.78	1.69	1.68	1.96	2.22	1.99	2.00	2.31
越南	2.75	3.37	2.35	2.31	2.66	2.80	2.39	2.43	2.42	2.55	2.43	2.79	2.63	2.74
巴拿马	2.56	1.12	1.13	0.91	1.64	1.15	1.47	1.63	1.72	1.54	1.53	1.80	1.79	1.91
菲律宾	1.22		1.90	2.18	1.25	1.59		2.55	3.77	2.03	2.21	2.52	3.14	4.01
厄瓜多尔	4.15	3.11	1.92	2.22	2.99	2.89	2.02	2.36	2.06	2.28	3.63	3.63	3.67	
印度					2.42					0.97	1.31	1.67	1.39	1.63
中国香港		0.96	1.21	1.22	2.17	1.31	1.29	1.83			2.01	1.80	1.76	
印尼	2.26	1.09	1.75	1.16	3.98	3.56	6.20	4.33	1.31	2.28	3.20	2.85	1.78	

数据来源：美国农业部门经济调查服务网 www.ers.usda.gov

　　中国对美出口量与出口额基本呈逐年上升的趋势。2004 年中国对美出口量为 6.28 万吨，2014 年为 17.63 万吨，10 年的时间内出口量增加了 180%。2014 年中国的出口额为 8.12 亿美元，比 2004 年的 1.16 亿美元增加了 7 倍。由于中国对外贸易市场的多样化，对美出口的份额由 2004 年的 71.97%，下降至 2014 年的 44.16%。目前主要出口产品为冻罗非鱼片，其次为冻罗非鱼和制作或保藏的罗非鱼（表 5-12）。

表 5-12　2014 年罗非鱼产品对美出口情况

产品	出口量（万吨）	出口额（亿美元）	出口价格（美元/千克）
冻罗非鱼	2.664	0.608	2.281
冻罗非鱼片	14.643	7.365	5.030
制作或保藏的罗非鱼	0.326	0.149	4.568

数据来源：中国海关报关数据

中国鲜冷罗非鱼和鲜冷罗非鱼片对美出口量一直较低，而冻罗非鱼片出口呈大幅上升态势，且其出口比例也在不断升高。1998 年以来，中国对美出口的产品品种以冻罗非鱼产品为主，2002 年冻罗非鱼片的出口额首次超过冻罗非鱼片，成为了中国罗非鱼出口的主流产品（表 5-13）。

表 5-13　中国对美国罗非鱼出口总额及各品种比例

单位：万美元

年份	冻罗非鱼鱼片 出口额	比例（%）	冻罗非鱼 出口额	比例（%）	鲜或冷的罗非鱼鱼片 出口额	比例（%）	鲜、冷罗非鱼 出口额	比例（%）
1998	21.751	33.21	43.736	66.79				
1999	302.610	32.11	634.219	67.30	5.559	0.59		
2000	709.095	33.71	1365.457	64.92	28.741	1.37		
2001	859.694	43.61	1049.676	53.25	61.731	3.13		
2002	2089.811	47.37	2023.854	45.88	297.870	6.75		
2003	5150.116	60.94	3049.667	36.09	250.958	2.97		
2004	8507.613	71.19	3442.424	28.81				
2005	13280.649	77.55	3844.010	22.45				
2006	19244.934	75.45	6262.163	24.55				
2007	26839.621	86.89	4044.893	13.09	5.167	0.02		
2008	38402.556	88.08	5197.541	11.92				
2009	36326.615	89.13	4418.570	10.84	10.920	0.03		
2010	51777.104	93.27	3733.783	6.73				
2011	52241.364	91.25	5011.029	8.75				
2012	61197.354	93.66	4086.349	6.25	35.727	0.05	5.296	0.01
2013	75409.694	72.94	8092.671	7.83	19617.856	18.98	226.828	0.22
2014	111427.562	79.57	8958.547	6.40	19439.185	13.88	206.543	0.15

数据来源：美国农业部门经济调查服务网 www.ers.usda.gov

2. 美国市场出口现状

美国作为中国最大的罗非鱼出口市场，2014 年在中国出口中所占的份额有所上升。2013 年占中国出口总量的份额为 43.49%，2014 年上涨为 44.61%。中国对美国市场的依赖性有所上升。与 2013 年同期相比，2014 年 6 月份之前，中国对美国的罗非鱼出口量与出口额基本变化不大，7 月份的出口量与出口额明显低于 2013 年同期，但从 8 月份开始，罗非鱼市场开始回暖，出口量与出口额显著高于 2013 年同期（图 5-12、图 5-13）。2014 年的总出口量为 17.63 万吨，较 2013 年同期减少了 0.30%；出口额为 8.12 亿美元，同比增加了 3.25%。虽然从 7 月份开始，中国罗非鱼出口量与出口额明显增加，但是出口价格却明显处于下降的态势，这也暴露了中国罗非鱼市场的一个问题，即过分依赖国际市场导致出口价格过低。在 7 月份之前，罗非鱼出口量虽然较 2013 年同期较少，但出口价格还是较高的，4 月份出口价格为 5.00 美元 / 千克，同比增加 18.04%（图 5-14）。

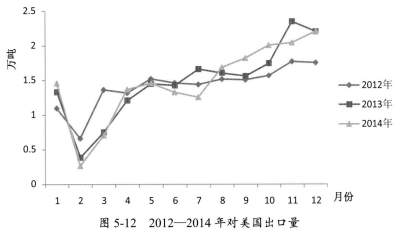

图 5-12　2012—2014 年对美国出口量

数据来源：美国农业部门经济调查服务网 www.ers.usda.gov

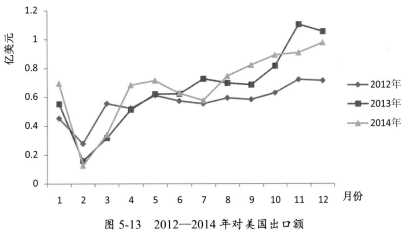

图 5-13　2012—2014 年对美国出口额

数据来源：美国农业部门经济调查服务网 www.ers.usda.gov

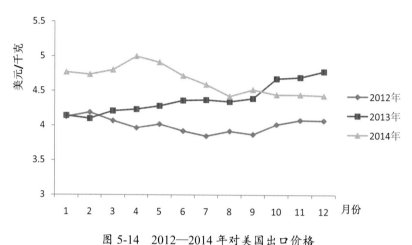

图 5-14　2012—2014 年对美国出口价格

数据来源：美国农业部门经济调查服务网 www.ers.usda.gov

　　2014 年美国冻罗非鱼片的价格普遍高于 2013 年的价格，但价格增加的比例是逐月减少的，从下图的价格趋势图可以看到在之后的月份中冻罗非鱼片的价格仍然会低于 2013 年。2014 年冻罗非鱼片的价格在 5.2 美元 / 千克左右波动（图 5-15）。

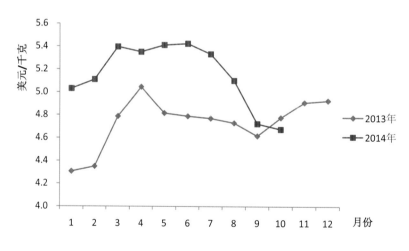

图 5-15　美国市场冻罗非鱼片进口价格

数据来源：美国农业部门经济调查服务网 www.ers.usda.gov

　　2014 年美国市场的冻罗非鱼价格明显高于上年同期，6 月份价格增加的比例最大，达 23.68%，但从 7 月份开始呈逐步下降的趋势。2014 年冻罗非鱼的价格在 2.2 美元 / 千克左右波动（图 5-16）。

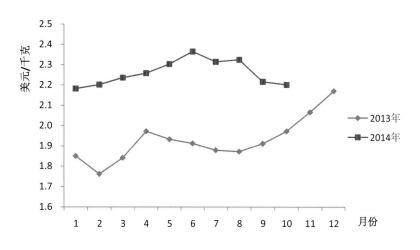

图 5-16 美国市场冻罗非鱼进口价格

数据来源：美国农业部门经济调查服务网 www.ers.usda.gov

2014 年 1 月份美国罗非鱼产品总进口量为 2.90 万吨，比上年同期增加了 27.60%，主要包括冻罗非鱼片、冻罗非鱼、鲜或冷的罗非鱼片和鲜或冷罗非鱼，分别占总进口量的 76.57%、15.15%、8.14% 和 0.14%，进口价分别为 5.03，2.18，7.41，3.34 美元 / 千克。与上月相比，1 月份罗非鱼产品的总进口量上升了 8.15%，除冻罗非鱼外，冻罗非鱼片、冻罗非鱼和鲜或冷罗非鱼的进口量均有所上升，鲜或冷的罗非鱼进口量上升幅度达 79.32%；在进口价格的比较中，鲜或冷的罗非鱼进口价格变化幅度很大，下降了一半，其他进口产品的价格基本保持不变。与上年同期相比，冻罗非鱼片、冻罗非鱼、鲜或冷的罗非鱼片和鲜或冷罗非鱼的进口量均呈上涨态势，鲜或冷的罗非鱼价格也下降了 53.67%。

2 月份美国罗非鱼产品总进口量为 1.83 万吨，比上年同期增加了 0.67%，主要包括冻罗非鱼片、冻罗非鱼、鲜或冷的罗非鱼片和鲜或冷罗非鱼，分别占总进口量的 73.14%、15.23%、11.50% 和 0.12%，进口价分别为 5.11，2.20，7.46，6.81 美元 / 千克。与上月相比，2 月份罗非鱼产品的总进口量下降了 36.66%，冻罗非鱼片、冻罗非鱼、鲜或冷的罗非鱼片和鲜或冷罗非鱼的进口量均有所下降，冻罗非鱼片、冻罗非鱼和鲜或冷罗非鱼的鲜或冷的罗非鱼的下降幅度均在 35% 以上；在进口价格的比较中，鲜或冷的罗非鱼进口价格变化幅度很大，上升了一倍，其他进口产品的价格基本保持不变。与上年同期相比，冻罗非鱼片、冻罗非鱼、鲜或冷的罗非鱼片和鲜或冷罗非鱼的进口量均呈下降态势，但进口价格均有所上升，冻罗非鱼的进口价格上涨幅度达 24.97%。

3 月份美国罗非鱼产品总进口量为 1.05 万吨，比上年同期减少了 10.22%，主要包括冻罗非鱼片、冻罗非鱼、鲜或冷的罗非鱼片和鲜或冷罗非鱼，分别占总进口量的

58.40%、16.77%、24.45%和0.39%，进口价分别为5.40，2.24，7.61，5.91美元/千克。与上月相比，2月份罗非鱼产品的总进口量下降了42.48%，鲜或冷的罗非鱼片和鲜或冷罗非鱼的进口量有所上升，冻罗非鱼片和冻罗非鱼进口量的下降幅度较大，其中冻罗非鱼片的下降幅度达54.07%；在进口价格的比较中，除鲜或冷的罗非鱼进口价格下降了13.34%外，其他进口产品的价格均有小幅度的上升。与上年同期相比，鲜或冷罗非鱼的进口量上升了1.5倍，但价格有所下降；冻罗非鱼的进口量下降了31.35%，价格上升了21.44%。

4月份美国罗非鱼产品总进口量为1.08万吨，比上年同期减少了2.21%，主要包括冻罗非鱼片、冻罗非鱼、鲜或冷的罗非鱼片和鲜或冷罗非鱼，分别占总进口量的62.09%、16.65%、21.10%和0.16%，进口价分别为5.35，2.26，7.63，6.12美元/千克。与上月相比，4月份罗非鱼产品的总进口量上升了2.25%，冻罗非鱼片和冻罗非鱼的进口量有所上升，鲜或冷的罗非鱼片和鲜或冷罗非鱼进口量的下降幅度较大，其中鲜或冷罗非鱼的下降幅度达57.23%；在进口价格的比较中，除冻罗非鱼片的进口价格下降了0.83%外，其他进口产品的价格均有小幅度的上升。与上年同期相比，鲜或冷罗非鱼和冻罗非鱼的进口量分别上升了20.43%和15.19%；冻罗非鱼的进口量下降了36.56%，价格上升了14.51%。

5月份美国罗非鱼产品总进口量为1.48万吨，比上年同期减少了7.14%，主要包括冻罗非鱼片、冻罗非鱼、鲜或冷的罗非鱼片和鲜或冷罗非鱼，分别占总进口量的70.93%、13.91%、14.87%和0.29%，进口价分别为5.41，2.30，7.68，4.23美元/千克。与上月相比，5月份罗非鱼产品的总进口量上升了37.52%。冻罗非鱼片、冻罗非鱼和鲜或冷的罗非鱼的进口量有所上升，其中鲜或冷的罗非鱼变化最为显著，上升了143.89%，冻罗非鱼片和冻罗非鱼的进口量的上升幅度分别为57.09和14.8%。鲜或冷的罗非鱼片进口量呈现下降状态，下降了3.0%；在进口价格的比较中，鲜或冷的罗非鱼的进口价格下降幅度比较大，与上月相比下降了30.81%，其他进口产品的价格均有小幅上升。与上年同期相比，鲜或的冷罗非鱼进口量上涨了121.4%，但同比进口价格却下降了31.4%；冻罗非鱼和鲜或冷的罗非鱼片进口量分别下降了41.1%和7.54%，同比进口价格分别上涨19.15%和4.95%。

6月份美国罗非鱼产品总进口量为1.87万吨，比上年同期增加了7.17%，主要包括冻罗非鱼片、冻罗非鱼、鲜或冷的罗非鱼片和鲜或冷的罗非鱼，分别占总进口量的71.92%、17.19%、10.77%和0.13%，进口价分别为5.42，2.37，7.75，6.25美元/千克。与上月相比，6月份罗非鱼产品的总进口量增加了26.26%。冻罗非鱼、冻罗非鱼片的进口量比上月分别上涨了56.06%和28.03%，鲜或冷的罗非鱼的进口量下降幅度比较大，与上月相比减少了 44.56%，鲜或冷的罗非鱼片减少了 8.62%；在进口价格的比较中，所有产品的进口价格都呈现上涨状态，与上月相比，鲜或冷的罗非鱼进口价格上涨了 47.83%，冻罗非鱼、冻罗非鱼片和鲜或冷的罗非鱼片的进口价格分别上涨了 2.68%、0.23% 和 0.84%。与上年同期相比，鲜或冷的罗非鱼进口量减少了 66.58%，但同比进口价格却上涨了 1.41%；冻罗非鱼和鲜或冷的罗非鱼片进口量分别下降了 8.49% 和 6.38%，同比进口价格分别上涨 22.35% 和 5.83%。

7 月份美国罗非鱼产品总进口量为 2.09 万吨，比上年同期增加了 5.06%，主要包括冻罗非鱼片、冻罗非鱼、鲜或冷的罗非鱼片和鲜或冷的罗非鱼，分别占总进口量的 68.60%、21.34%、9.94% 和 0.12%，进口价分别为 5.33，2.31，7.73，6.72 美元 / 千克。与上月相比，7 月份罗非鱼产品的总进口量增加了 11.50%。冻罗非鱼、冻罗非鱼片、鲜或冷的罗非鱼和鲜或冷的罗非鱼片的进口量分别比上月上涨了 38.39%、6.36%、4.69% 和 2.97%。在进口价格的比较中，与上月相比，鲜或冷的罗非鱼进口价格上涨了 7.42%，冻罗非鱼、冻罗非鱼片和鲜或冷的罗非鱼片的进口价格分别下降了 2.15%、1.67% 和 0.22%。与上年同期相比，鲜或冷的罗非鱼进口量减少了 66.62%，但同比进口价格却上涨了 8.93%；鲜或冷的罗非鱼片的进口量减少了 1.63%，但同比进口价格上涨了 5.59%；冻罗非鱼和冻罗非鱼片的进口量分别增加了 17.30% 和 3.12%，同比进口价格分别上涨了 19.72% 和 10.73%。

8 月份美国罗非鱼产品总进口量为 1.77 万吨，比上年同期减少了 21.35%，主要包括冻罗非鱼片、冻罗非鱼、鲜或冷的罗非鱼片和鲜或冷的罗非鱼，分别占总进口量的 66.76%、20.52%、12.42% 和 0.30%，进口价分别为 5.10，2.33，7.45，3.40 美元 / 千克。与上月相比，8 月份罗非鱼产品的总进口量减少了 15.28%。其中，鲜或冷的罗非鱼的进口量变化最为显著，增加了 114.48%，鲜或冷的罗非鱼片的进口量增加了 5.81%，而冻罗非鱼和冻罗非鱼片的进口量分别比上月减少了 18.51% 和 17.56%。在进口价格的比较中，与上月相比，冻罗非鱼片、鲜或冷的罗非鱼和鲜或冷的罗非鱼片的进口价格分别下降了 4.34%、49.40% 和 3.59%，冻罗非鱼的进口价格上涨了 0.45%。与上年同期相比，鲜或冷的罗非鱼进口量增加了 78.21%，但同比进口价格却下降了 44.88%；鲜或冷的罗非鱼片的进口量减少了 5.44%，但同比进口价格上涨了 1.80%；冻罗非鱼和冻罗非鱼片的进口量分别减少了 0.71% 和 28.34%，同比进口价格分别上涨了 20.27% 和 5.93%。

9 月份美国罗非鱼产品总进口量为 2.06 万吨，比上年同期增长了 10.17%，主要包括冻罗非鱼片、冻罗非鱼、鲜或冷的罗非鱼片和鲜或冷的罗非鱼，分别占总进口量的 68.80%、21.44%、9.52% 和 0.25%，进口价格分别为 4.72，2.22，7.81，3.62 美元 / 千克。

与上月相比，9 月份罗非鱼产品的总进口量增加了 16.17%。其中，冻罗非鱼的进口增加了 21.35%，冻罗非鱼片的进口量增加了 19.72%，而鲜或冷的罗非鱼和鲜或冷的罗非鱼片的进口量均比上月有所减少，分别减少了 5.27% 和 10.94%。在进口价格的比较中，与上月相比，鲜或冷的罗非鱼和鲜或冷的罗非鱼片的进口价格分别上涨了 6.61% 和 4.72%，冻罗非鱼和冻罗非鱼片的进口价格分别下降了 4.71% 和 7.40%。与上年同期相比，鲜或冷的罗非鱼进口量增加了 63.40%，但同比进口价格却下降了 41.24%；鲜或冷的罗非鱼片的进口量减少了 5.82%，但同比进口价格上涨了 6.61%；冻罗非鱼的进口量增加了 31.85%，同比进口价格上涨了 14.60%；冻罗非鱼片的进口量增加了 7.14%，但同比进口价格下降了 1.91%。

10 月份美国罗非鱼产品总进口量为 2.12 万吨，比上年同期减少了 5.23%。进口产品主要包括冻罗非鱼片、冻罗非鱼、鲜或冷的罗非鱼片、鲜或冷罗非鱼和鲜或冷罗非鱼肉，分别占总进口量的 71.60%、18.48%、9.61%、0.21% 和 0.09%，进口价分别为 4.67，2.20，7.82，3.55，4.74 美元 / 千克。与上月相比，10 月份罗非鱼产品的总进口量上升了 2.96%，冻罗非鱼片和鲜或冷的罗非鱼片进口量有所上升，冻罗非鱼和鲜或冷罗非鱼进口量的下降幅度均在 10% 以上；在进口价格的比较中，除鲜或冷的罗非鱼片进口价格上升了 0.22% 外，其他进口产品的价格均有小幅度的下降。与上年同期相比，冻罗非鱼片和鲜或冷的罗非鱼片进口量分别下降了 6.81% 和 7.97%，冻罗非鱼和鲜或冷罗非鱼进口量分别上升了 1.72% 和 215.12%；鲜或冷罗非鱼的进口价格下降幅度最大，达 46.29%。

11 月份美国罗非鱼产品总进口量为 2.24 万吨，比上年同期增加了 4.73%。进口产品主要包括冻罗非鱼片、冻罗非鱼、鲜或冷的罗非鱼片和鲜或冷罗非鱼，分别占总进口量的 75.47%、16.60%、7.70% 和 0.23%，进口价分别为 4.74，2.18，7.87，4.25 美元 / 千克。与上月相比，11 月份罗非鱼产品的总进口量上升了 5.64%，冻罗非鱼片和鲜或冷罗非鱼进口量有所上升，冻罗非鱼和鲜或冷罗非鱼片进口量有所下降，鲜或冷罗非鱼片的下降幅度达 15.37% 以上；在进口价格的比较中，除冻罗非鱼进口价格略有下降外，其他进口产品的价格均有所提升，鲜或冷罗非鱼价格上升幅度最大，近 20%。与上年同期相比，鲜或冷的罗非鱼鱼片进口量下降了 12.84%，鲜或冷罗非鱼进口量增加了 5 倍，但进口价格也下降了 42.28%。

12 月份美国罗非鱼产品总进口量为 2.59 万吨，比上年同期减少了 3.32%。进口产品主要包括冻罗非鱼片、冻罗非鱼、鲜或冷的罗非鱼片和鲜或冷罗非鱼，分别占总进口量的 78.22%、14.40%、7.25% 和 0.13%，进口价分别为 4.68，2.21，7.68，5.57 美元 / 千克。与上月相比，12 月份罗非鱼产品的总进口量上升了 15.79%，除鲜或冷罗非鱼进口量下降了 34.74% 外，其他罗非鱼产品进口量均有所上升，其中冻罗非鱼片进口量的上升幅度达 20%；在进口价格的比较中，冻罗非鱼片和鲜或冷罗非鱼片的价格略有下降，鲜或冷罗非鱼价格上升幅度达 31.07%。与上年同期相比，鲜或冷罗非鱼进口量上升幅度较大，超过了 50%，但进口价格同比下降了 24.82%；冻罗非鱼的进口量下降了 18.77%，进口价格略有上升。冻罗非鱼和鲜或冷的罗非鱼鱼片进口量与进口价格变化幅度不大。

（三）墨西哥罗非鱼市场情况

1. 墨西哥市场出口变化情况

中国对墨西哥出口量与出口额基本呈逐年上升的趋势。2002 年中国对墨西哥出口量为 0.40 万吨，2014 年为 5.02 万吨，出口量翻了近四番。2014 年中国对墨西哥出口额为 2.00 亿美元，比 2002 年的 0.07 亿美元增加了近 30 倍。2002 年以来，中国对墨西哥出口的份额，一直保持在 15% 左右。目前主要出口产品为冻罗非鱼片，其次为冻罗非鱼和制作或保藏的罗非鱼（表 5-14）。

表 5-14　2002—2014 年中国罗非鱼对墨西哥出口情况

年份	出口量（吨）	出口量变化（%）	出口额（万美元）	出口额变化（%）
2002	3956.21	—	696.36	—
2003	8113.42	105.08	1331.15	91.16
2004	15884.08	95.78	2803.70	110.62
2005	16383.74	3.15	2851.30	1.70
2006	32893.81	100.77	5946.35	108.55
2007	39288.74	19.44	7485.78	25.89
2008	36521.61	−7.04	10545.76	40.88
2009	36185.10	−0.92	9184.04	−12.91
2010	43210.55	19.42	12434.96	35.40
2011	46837.76	8.39	15696.02	26.22
2012	39401.55	−15.88	12740.77	−18.83
2013	53783.00	36.50	10624.16	−16.61
2014	50179.69	−6.70	20061.90	88.83

数据来源：中国海关总署，中国海关报关数据

　　除 2007、2008 年以外，中国冻罗非鱼片对墨西哥出口呈大幅上升态势，且其出口比例也在不断升高。中国对墨西哥出口以冻罗非鱼产品为主，其次为冻罗非鱼。2007 年和 2008 年对墨西哥的主要出口产品为制作或保藏的罗非鱼，出口比例高达 95% 以上（表 5-15）。

表5-15　中国对墨西哥罗非鱼出口总额及各品种比例

单位：万美元

年份	冻罗非鱼鱼片		冻罗非鱼		制作或保藏的罗非鱼		鲜、冷罗非鱼	
	出口额	比例（%）	出口额	比例（%）	出口额	比例（%）	出口额	比例（%）
2002	492.943	70.79	201.515	28.94		0.00	1.899	0.27
2003	914.251	68.68	391.192	29.39	25.708	1.93		
2004	2022.308	72.13	683.294	24.37	98.094	3.50		
2005	1877.964	65.86	799.856	28.05	173.477	6.08		
2006	1262.630	21.23	995.366	16.74	3688.359	62.03		
2007	34.339	0.46	210.423	2.81	7241.018	96.73		
2008	91.262	0.87	108.645	1.03	10345.856	98.10		
2009	5078.369	55.30	355.474	3.87	3750.192	40.83		
2010	8574.192	68.95	1644.371	13.22	2216.396	17.82		
2011	9499.776	60.52	2737.859	17.44	3458.388	22.03		
2012	7795.281	61.18	1877.226	14.73	3068.259	24.08		
2013	15332.211	78.13	3364.265	17.14	927.687	4.73		
2014	16449.481	81.99	2765.033	13.78	847.388	4.22		

数据来源：中国海关总署，中国海关报关数据

2. 墨西哥市场出口现状

　　墨西哥市场是除美国市场外，中国对外出口的第二大国。2014 年从 2 月份出口量的大幅下降开始到 7 月份中国罗非鱼的出口量与出口额都明显低于上年同期，8 月份开始，出口量开始增加，并高于上年同期水平（图 5-17）。出口额与出口量的变化规律基本一致，8 月份虽然出口量高于上年同期，但出口额仍低于上年同期（图 5-18）。与上年同期价格相比，除 5、8 月份中国对墨西哥市场的出口价格较低外，其他月份的出口价格都显著高于上年同期（图 5-19）。

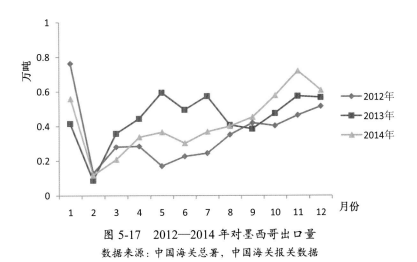

图 5-17　2012—2014 年对墨西哥出口量

数据来源：中国海关总署，中国海关报关数据

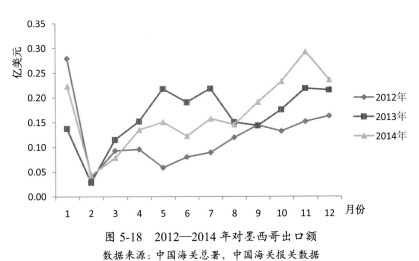

图 5-18　2012—2014 年对墨西哥出口额

数据来源：中国海关总署，中国海关报关数据

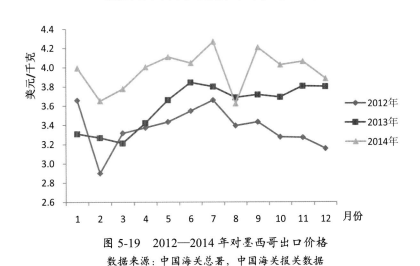

图 5-19　2012—2014 年对墨西哥出口价格

数据来源：中国海关总署，中国海关报关数据

（四）科特迪瓦罗非鱼市场情况

1. 科特迪瓦市场出口变化情况

2006 年之前，中国对科特迪瓦的出口量为零，2006 年之后，出口量与出口额呈逐年上升的态势。2006 年中国对科特迪瓦出口量为 0.03 万吨，2014 年为 2.07 万吨，出口量增长了 70 倍。2014 年中国对科特迪瓦出口额为 0.51 亿美元，比 2006 年的 27.80 万美元增加了近 200 倍。近年来中国对科特迪瓦出口的份额增长到 5% 左右。2014 年之前主要出口产品为冻罗非鱼和制作或保藏的罗非鱼。2014 年开始冻罗非鱼片开始取代制作或保藏的罗非鱼，成为了中国对科特迪瓦出口的主要产品（表 5-16）。

表 5-16　2002—2014 年中国罗非鱼对科特迪瓦出口情况

年份	出口量 （吨）	出口量变化 （%）	占总出口量 比例	出口额 （万美元）	出口额变化 （%）
2006	314.16	—	0.19	27.80	—
2007	1404.08	346.93	0.65	153.73	452.99
2008	5278.58	275.95	2.35	770.56	401.24
2009	4372.04	−17.17	1.69	525.80	−31.76
2010	6922.02	58.32	2.14	1003.78	90.91
2011	9829.71	42.01	2.98	1795.72	78.90
2012	16874.86	71.67	4.66	3141.21	74.93
2013	19685.89	16.66	4.84	4484.38	42.76
2014	20721.95	5.26	5.24	5114.89	14.06

数据来源：中国海关总署，中国海关报关数据

除 2007、2008 年以外，中国冻罗非鱼片对墨西哥出口呈大幅上升态势，且其出口比例也在不断升高。中国对墨西哥出口以冻罗非鱼产品为主，其次为冻罗非鱼。2007年和 2008 年对墨西哥的主要出口产品为制作或保藏的罗非鱼，出口比例高达 95% 以上（表 5-17）。

表 5-17　中国对科特迪瓦罗非鱼出口总额及各品种比例

单位：万美元

年份	冻罗非鱼		制作或保藏的罗非鱼		冻罗非鱼鱼片	
	出口额	比例（%）	出口额	比例（%）	出口额	比例（%）
2006	27.801	100.00		0.00		
2007	20.757	13.50	132.972	86.50		
2008	353.769	45.91	416.788	54.09		
2009	335.540	63.82	190.261	36.18		
2010	890.982	88.76	112.802	11.24		

年份	冻罗非鱼		制作或保藏的罗非鱼		冻罗非鱼鱼片	
	出口额	比例（%）	出口额	比例（%）	出口额	比例（%）
2011	1637.391	91.18	158.328	8.82		
2012	2880.734	91.71	260.473	8.29		
2013	4344.379	96.88	140.000	3.12		
2014	4712.005	51.75	402.490	4.42	3990	43.82

数据来源：中国海关总署，中国海关报关数据

2. 科特迪瓦市场出口现状

近几年来，科特迪瓦市场的出口量逐渐增加，逐渐掌握了出口优势，2014 年成为中国第三大目标出口国。在 6 月份之前，中国在科特迪瓦市场的出口量变化幅度较小，且明显低于上年同期，之后罗非鱼出口量大幅度增加，2014 年的总出口量为 2.07 万吨，较上年增加了 5.26%（图 5-20），与此同时，出口额和出口价格表现出较好的增长势头，2014 年的出口额为 0.51 亿美元，同比增加了 14.06%（图 5-21）；出口均价为 2.47 美元/千克，同比变化率为 8.35%（图 5-22）。

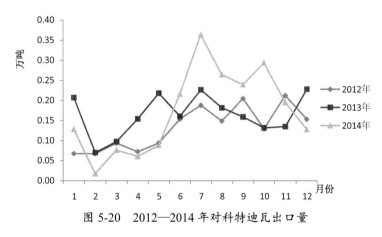

图 5-20　2012—2014 年对科特迪瓦出口量

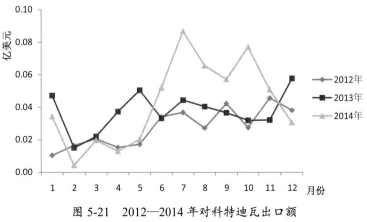

图 5-21　2012—2014 年对科特迪瓦出口额

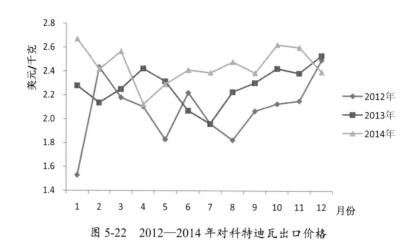

图 5-22　2012—2014 年对科特迪瓦出口价格

第二节　中国罗非鱼贸易影响因素分析

一、中国罗非鱼贸易影响因素

（一）中国出口增长影响因素研究

中国出口贸易的增长可以从多个角度进行解释，像林毅夫等（1994）就从劳动力比较优势的角度进行了解释，卢峰（2006）、刘志彪（2007）等则认为中国出口增长更大程度上依赖于经济全球化，卢锋（2006）等认为中国贸易量的增加与全球范围产品分工和垂直协作有直接关系；刘志彪（2007）指出中国出口贸易增长的部分原因可以归结为跨国公司主导的全球价值链；吴福象、刘志彪（2009）认为中国贸易量的增长源于跨国公司对其制造工序、环节的垂直外包，源于中国企业适时调整和参与国际产品内分工的策略。另一方面，也有学者认为出口贸易的增长也有国内市场的原因，朱希伟和金祥荣（2005）将中国出口贸易量的强劲增长归结为严重的国内市场分割，认为由此导致企业无法依托巨大的国内需求发挥规模经济优势，因此被迫选择出口。此外，江小涓、李蕊（2002）分析了外商直接投资对中国工业增长的重要贡献，曾铮、张亚斌（2007）讨论了由于各类贸易产品不同的投入结构导致汇率变动对出口商品结构的影响，潘向东（2005）分析了经济制度安排和贸易流量之间的相互关系及其对该国经济增长以及影响经济增长的其他因素的影响。其他影响因素，主要包括本地市场效应(张帆，2007)，企业特征等（刘志彪、张杰，2009）。

（二）农产品出口贸易及影响因素研究

农产品出口贸易的影响因素对水产品贸易影响因素的研究有一定的借鉴意义。本节从农产品出口贸易的影响因素出发，探讨并研究水产品出口贸易的影响因素。

由于农产品自身的固有特点，自然条件对农业生产的影响很大，所以资源禀赋是影响农产品出口的主要因素。卢锋（1997）指出在急速的经济转型期，不同类食物会表现出极为不同的贸易趋势，若干食物会表现出强劲的竞争力。食物的资源禀赋不同，贸易形势也大为不同。钟甫宁、羊文辉（2000）通过研究指出畜牧和蔬菜的比较优势有上升趋势，粮食的比较优势是下降的；刘拥军（2004）总结资源禀赋仍是解释农产品贸易格局的主要因素，各国市场经济的成熟程度对农产品比较优势的发挥具有显著影响。但邹统钎等（2001）认为由资源禀赋差异形成的比较优势在决定国际贸易格局中的作用越来越小，而后天培养的规模经济、知识与技术创新、政府政策、市场需求等竞争优势成为国际贸易的决定因素。

另一方面，进口国的需求对中国贸易出口的影响尤为显著，如董明（2014）指出价格和贸易伙伴的进口需求量是影响中国苹果出口的主要因素。

近年来，农产品国际市场竞争日益激烈，发达国家对本国农产品的贸易保护程度逐步加强，以关税和非关税壁垒为主要措施限制国外农产品的进口。在这样的背景下，农产品出口影响因素除了传统的比较优势、进口需求因素外，还包括各国的贸易政策。高颖、田维明（2008）认为大豆进口价格、贸易伙伴国的产业政策、中国大豆市场开放程度对中国的大豆贸易格局变化有显著影响。赵文（2009）分析了农业补贴对农产品贸易的影响。卫龙宝、杨金风（2004）贸易技术壁垒影响了中国农产品的贸易情况。孙东升（2005）运用引力模型分析了日本的技术性贸易壁垒措施对中国农产品出口的经济影响。董银果（2005）通过研究指出，SPS（卫生与动植物检疫）措施对禽肉出口的短期影响为数量限制，而长期影响则表现为贸易限制（禁止）和贸易转移效应。宋海英（2008）在实证分析中重点探析了8种SPS措施影响农产品贸易的量化分析方法。韩德光（2001）通过研究得出"汇率"和"国民收入"是影响中国对外贸易进口额的主要因素。宋海英（2005）认为中国农产品出口与当年人民币的实际有效汇率显著地呈反向相关关系。李惊雷（2009）实证分析结果表明无论在长期或短期内，农产品实际有效汇率与价格贸易条件呈反向关系，而与收入贸易条件则不具备相关性，人民币升值并不能改善中国农产品贸易条件。另一方面，部分研究表明区域贸易安排等方面的因素促进了国际农产品出口（李众敏、唐忠，2006；孙林等，2010）。

国内关于出口贸易影响因素的实证研究内容正不断丰富，研究视角已从初步的宏观分析向微观研究转变，研究深度不断提高，结构分解是当前研究出口增长问题的最新视角。这为本节对中国罗非鱼产品出口贸易研究提供了重要的基础和借鉴。

二、基于引力模型的中国罗非鱼贸易影响因素实证研究

引力模型被广泛应用于国际贸易流量与潜力的测算，评估贸易影响因素、评测贸易集团效果等。Tinbergen（1962）和 Poyhone（1963）最早将引力模型引入国际贸易领域，随后，许多学者从多个角度拓展了引力模型，同时对引力模型的变量因素进行了丰富和修正（Learner，1995）。近几年来，国际贸易的迅速发展，中国学者也开始利用引力模型研究国际贸易的影响因素与潜力，如张海森（2011）、郭芳（2007）、胡求光（2008）等。已有的研究成果既包括农产品大范畴的研究，也包括水产品、蔬菜、水果等分类产品的研究。实证研究利用引力模型对罗非鱼贸易潜力的分析是一个新的研究范畴，为确定中国罗非鱼出口贸易的影响因素，保障罗非鱼产业持续稳定发展提供了依据。

（一）模型构建

根据 Bergstrand 的研究，引力模型的表述方式可以为：

$$Y_{ij} = \beta_0 GDP_i^{\beta_1} GDP_j^{\beta_2} DIS_{ij}^{\beta_3} X_{ij}^{\beta_4} \varepsilon_{ij} \tag{5.1}$$

其中，Y_{ij} 表示在某一时期内 i 国向 j 国的出口额，GDP_i 为 i 国的 GDP，GDP_j 为 j 国的 GDP，DIS_{ij} 为两国之间的距离，X_{ij} 为其他一些阻碍或促进两国之间贸易的因素，ε_{ij} 为随机扰动项。

为了便于回归分析，构建如下的对数线性模型：

$$\ln Q_{ij} = \beta_0 + \beta_1 \ln GDP_i + \beta_2 \ln GDP_j + \beta_3 \ln DIS_{ij} + \beta_4 \ln X_{ij} + \varepsilon_{ij} \tag{5.2}$$

式（5.2）中，$\ln Q_j$、$\ln GDP_i$、$\ln GDP_j$、$\ln DIS_{ij}$ 和 $\ln X_{ij}$ 分别为 Q_{ij}、GDP_i、GDP_j、DIS_{ij} 和 X_{ij} 的自然对数，β_0 为常数项，β_1、β_2、β_3 和 β_4 是对应变量的回归系数，ε_{ij} 为随机扰动项。

根据 Bergstrand（1989）、史朝兴（2005）和耿献辉（2013）的研究，由于缺少价格变量，传统引力模型存在偏误，所以研究在模型中引入人均 GDP 这一变量，反映一个国家资本与劳动要素的比例，从而消除价格的影响。此外，在使用出口国该产品产量作为因变量的基础上加入行业生产总值变量，综合反映该国的供给能力。由于两国间的距离很难找到合适的替代变量来衡量，所以在实证模型中去掉了距离这一变量，以免影响最终回归结果，模型具体形式如下：

$$\ln Q_{ij} = \beta_0 + \beta_1 \ln AY_i + \beta_2 \ln Y_j + \beta_3 \ln(Y_i / N_i) + \beta_4 \ln(Y_j / N_j) + \beta_5 \ln DY_{ij} + \beta_6 \ln CQ_i + \beta_7 \ln PP_i + \beta_8 p_{ij} + \beta_9 WTO + \beta_{10} APEC + \varepsilon_{ij} \tag{5.3}$$

上式是中国罗非鱼出口主要贸易国或地区的引力模型，其中，Q_{ij} 为中国向主要贸易国或地区出口罗非鱼数量。AY_i 为中国农业生产总值，农业生产总值越高，意味着农产品的供给能力越强，罗非鱼的出口量也应该越高，所以 β_1 符号预期为正；Y_j 为进口

国 GDP，一般来说，进口国 GDP 越大，其消费能力越强，对罗非鱼的需要也越大，β_2 符号为正；Y_i/N_i 表示中国人均 GDP，人均 GDP 越高，国内消费与需求能力越大，所以 β_3 符号预期为负；Y_j/N_j 表示中国主要贸易国人均 GDP，其人均 GDP 越大，罗非鱼消费能力越大，所以 β_4 符号预期为正；DY_{ij} 为中国与主要贸易国人均 GDP 差值的绝对值，现阶段中国罗非鱼主要出口国家为欧美等发达国家，中国与主要贸易国之间人均收入差距越大则贸易量越大，所以 β_5 符号预期为正；CQ_i 为中国罗非鱼产量，与农业生产总值相似，罗非鱼产量越大则供给能力越强，预期 β_6 符号为正；PPi 为国内生产者价格，反映了罗非鱼的生产成本，生产成本越高，产品越缺乏国际竞争力，出口量越少，预期 β_7 符号为负；p_{ij} 为人民币汇率，汇率越高表明人民币升值，罗非鱼在国际市场上的价格优势有所下降，出口量将减少，所以预期 β_8 为负数；WTO 和 APEG 为世贸组织和亚太组织政策的虚拟变量，此类贸易促进组织都对中国罗非鱼出口起着积极的作用，β_9 和 β_{10} 符号预期为正。

（二）数据来源

2002—2012 年中国共计向 117 个国家和地区出口罗非鱼，其中向美国、墨西哥、俄罗斯、科特迪瓦、喀麦隆、以色列、波兰、尼日利亚、安哥拉、民主刚果、埃及、法国、英国、西班牙、荷兰等 15 个国家和地区的平均出口量占所有国家出口量的 85.02%。研究选取的样本数据时间是罗非鱼产业出口逐渐发展壮大的时期，期内罗非鱼出口量基本呈逐步上升的态势，所以本节所选取的样本反映了罗非鱼产业的发展情况，具有一定代表性。其中，中国农业生产总值数据、各进口国的 GDP 数据来自世界银行在线数据库（www.worldbank.org），进出口国人均 GDP 数据根据世界银行在线数据库中 GDP 数据和人口数据计算而得；罗非鱼的出口量、产量数据以及国内生产者价格数据来自世界粮农组织数据库（http：//faostat3.fao.org）；双边汇率数据来自世界银行电子数据库（http://elibrary-data.imf.org）；当中国与进口国均是 WTO 成员国时，WTO 变量取值为 1，否则为 0；当中国与进口国均是 APEC 成员国时，APEC 变量取值为 1，否则为 0。

实证研究的样本数据是 2002—2012 年期的时间序列和横截面数据组合而成的面板数据，研究对象为中国的 15 个主要贸易国或地区。静态面板数据的回归方法主要包括固定效应模型和随机效应模型，通过 Stata 软件分别对两类模型进行回归，结果显示随机效应模型的基本假设（个体效应与解释变量不相关）得不到满足，样本数据不适用于随机效应模型，实证研究将采用固定效应模型，回归得到无偏、有效和一致的估计结果。

（三）回归结果分析

模型回归结果如表 5-18 所示，模型回归整体显著，进口国 GDP、进口国人均 GDP、进出口国人均 GDP 差值的绝对值、中国罗非鱼生产者价格、世贸组织和亚太组织政策虚拟变量对中国罗非鱼出口贸易的影响显著。

表 5-18　中国罗非鱼出口主要贸易伙伴国（地区）引力模型回归结果

变量	变量符号	系数	标准误	P 值
农业生产总值的对数	$\ln AY_i$	−0.3961	4.3196	0.927
进口国 GDP 的对数	$\ln Y_j$	0.8130**	0.3267	0.013
中国人均 GDP 的对数	$\ln(Y_i/N_i)$	14.1730	11.0250	0.199
进口国人均 GDP 的对数	$\ln(Y_j/N_j)$	1.0343***	0.3531	0.003
进出口国人均 GDP 差值的绝对值的对数	$\ln DY_{ij}$	0.4259*	0.2179	0.051
中国罗非鱼产量的对数	$\ln CQ_i$	−2.2748	7.5190	0.762
中国罗非鱼生产者价格	PP_i	−51.6932**	21.9943	0.019
汇率	p_{ij}	−0.0867	3.5793	0.981
世贸组织	WTO	2.5606**	1.0571	0.015
亚太组织	$APEG$	6.0000***	0.9015	0.000
常数项		180.6986	93.7539	0.054
Wald chi2(10)=481.02		Prob>chi2=0.0000		

注：*** 在 1% 的水平上显著；** 在 5% 的水平上显著；* 在 10% 的水平上显著。

（1）进口国 GDP 和进口国人均 GDP 对中国罗非鱼出口贸易的影响显著。进口国的国内生产总值越高，经济水平越高，中国罗非鱼的出口量越大；进口国的人均国内生产总值对出口量的影响更为显著，进口国的人均国内生产总值反映了该国居民的消费能力，居民的消费能力越强，罗非鱼的消费量越大，中国的出口量越大。农业生产总值的影响不显著，且与预期作用符号相反，这可能是由于罗非鱼产量占水产品总产量的比例不足 3%，所以罗非鱼出口量与农业生产总值之间的关系并不大；中国人均 GDP 的影响同样不显著，这主要是因为罗非鱼作为一种外来物种，国内消费者的认可度不高，消费量也一直较为稳定，所以国内消费者情况对罗非鱼出口量的影响不大。

（2）中国与主要贸易国或地区的人均 GDP 差值绝对值的回归系数符号为负，表明中国罗非鱼的出口量是随着与主要贸易国人均 GDP 差值的增大而增大的。这种结论也符合现阶段的实际情况，中国最大的出口国是美国，罗非鱼在欧美等发达国家罗非鱼被认为是可替代鳕鱼、鲑鱼的"白色三文鱼"，消费量越来越大。在中国的贸易伙伴国中，随着中国与消费国人均 GDP 差值的增大，其出口量也是增大的。

（3）中国罗非鱼生产者价格对罗非鱼出口贸易的影响为负。生产者价格反映了罗非鱼的生产成本，主要要素包括投入成本、土地成本和人工成本，说明随着国内生产成本的上升，罗非鱼的出口量是减少的，生产成本的上升制约了罗非鱼的出口贸易。

罗非鱼产量对其出口贸易的影响不显著，说明中国罗非鱼出口贸易主要与需求方因素有关，供给量对其影响不大，这主要是由于中国罗非鱼是出口拉动型产品。

（4）亚太经合组织政策虚拟变量的系数值要强于世贸组织政策虚拟变量的系数值，表明与世贸组织政策相比，亚太经合组织政策的效果要更好，亚太区域自由贸易区政策对中国罗非鱼出口促进效应强于世贸组织相关政策。

（四）提高罗非鱼贸易量的对策分析

研究结果表明进口国 GDP、进口国人均 GDP、中国与主要贸易国或地区的人均 GDP 差值绝对值、中国罗非鱼生产者价格、世贸组织和亚太经合组织政策虚拟变量对中国罗非鱼出口量的影响显著。可以看到，需求方的各项经济因素对罗非鱼出口的影响是较大的，相对应地，供给量（罗非鱼产量）对其影响并不显著，中国罗非鱼产业的发展受制于国际市场，国际市场的变动直接影响着罗非鱼出口贸易。同时，罗非鱼国内生产成本的上升也严重制约了罗非鱼的出口量，尤其是近年来中国劳动力成本的迅速上升，促使罗非鱼整体生产成本上升。世贸组织和亚太经合组织对促进罗非鱼出口贸易也发挥了一定的作用。在保障罗非鱼产业持续健康发展中，可以考虑从以下几个方面着手：①积极开拓国内市场，培养国内消费者对罗非鱼的消费量，从而减少中国罗非鱼产业对国际市场的依赖，促进罗非鱼产业持续健康发展；②罗非鱼生产成本的上升给中国罗非鱼出口贸易带来了巨大的挑战，因此产业政策的制定需要注重罗非鱼产业资源的优化配置，发展适度规模经营，减少劳动力成本上升对罗非鱼出口贸易的冲击；③有效利用亚太经合组织，开发亚太国家的罗非鱼消费，扩大国际市场占有率。

第三节　中国罗非鱼进出口贸易发展趋势分析

一、中国罗非鱼贸易面临的新形势

（一）竞争国竞争力不断提高

在诸多不确定因素的影响下，世界经济发展在调整中逐步恢复增长，总体上呈现先低后高的走势。各国在稳定金融形势、刺激经济复苏、改善基础设施、培育新兴产业等方面，采取了一系列空前的大规模综合性措施，实施极度宽松的货币政策和大规模的扩张性财政政策，同时加强国际政策协调合作，这对恢复市场信心、扭转经济下滑、促进经济复苏发挥了积极作用。随着世界各国经济的复苏，中国罗非鱼出口竞争国的竞争力不断提高，中国罗非鱼出口面临的压力越来越大。近年来中国罗非鱼加工产品在国际市场上的占有率出现了下降趋势，特别是美国市场，主要原因是主要进口国美国的进口产品结构发生了明显的变化，如鲜冷罗非鱼片进口量逐年增加，其次是中国罗非鱼产品在产品质量、产品品牌和国际接受度上处于弱势地位，主要竞争国（地区）包括中国台湾、越南、泰国、印尼等。作为竞争国的印尼，其产品价格远远高于中国罗非鱼产品。印尼出口的罗非鱼产品有自己的品牌和出口渠道，Regal Spring Tilapia 公司是印尼最主要的罗非鱼出口商，产品销往北美洲和欧洲，是美国最大的罗非鱼进口商。中国罗非鱼出口在此方面尚有很大须改进之处。

（二）竞争品种挤占国际市场

随着投入的增加、单产的提高，长期来看，世界农产品的供给水平将大幅提高。受全球人口增速放缓、收入拉动作用减弱及地区发展不平衡等因素的影响，未来世界农产品的有效需求相对供给而言仍然不足，各国对有限市场的竞争将更为激烈。随着鳕鱼和金枪鱼等传统野生捕捞鱼类资源的逐渐衰退，养殖鱼类越来越成为人类水产品消费的主流品种，这其中尤其以海水养殖的三文鱼和淡水养殖的罗非鱼为代表。而三文鱼的养殖需要消耗大量的昂贵鱼粉，罗非鱼成为替代西方传统的海水白肉鱼（鳕鱼类）和三文鱼的主要产品。近年来，三文鱼捕捞量的增加，和其他低价鱼类出口量的增加，挤占了有限的国际市场，中国罗非鱼出口需要开拓更为广阔的市场。

（三）国际贸易环境更加严峻

国际市场面临着多种的不确定性，除了受到供求因素的影响，同时也受到气候变化、技术壁垒、国际投机资本等多种因素的影响。国际市场的变动直接影响了罗非鱼对外贸易情况。一些国家为保护本国农业和农民利益，将设置更加严格的技术性贸易壁垒，限制产品进口，并将其常态化、制度化、法制化，这使全球市场竞争更为激烈。

中国罗非鱼产品在国际市场价格方面占有绝对的优势，但是产品质量却受到诸多进口国的质疑。一些国家借助食品安全、动植物卫生检验检疫法规，对入境农产品及食品实行近乎苛刻的检疫、防疫制度；产品质量标准、食品标签和包装要求不断升级，检测项目不断增多；制定不合理的环保和动物福利标准，对进口农产品设置"绿色壁垒"等等，都严重影响了中国产品的出口。如，2015 年美国强化对中国出口罗非鱼片的磺胺类药残检测影响，致使中国罗非鱼多批产品被拒，出口受阻，迫于国内大量产品库存的压力，罗非鱼出口价格不断下降，养殖户养殖热情严重受挫，罗非鱼投放量减少。此外，外商对罗非鱼出口渠道的控制也直接影响了中国罗非鱼出口价格与出口利润。加工厂在销售过程中并没有建立起自己的品牌，绝大部分加工出口商是凭借自己产品的低价格获取市场份额，产品质量也无法得到保证，在国外收购商和消费者心目中，低价格与低品质也是相对应的，直接导致中国罗非鱼产品无法卖出好价格。并且国内加工厂数量众多，互相之间压价现象屡屡发生，实际上中国罗非鱼产业的命脉控制在国外经销商手中。在这种情况下，中国罗非鱼产业的利润很大程度上被外商剥夺，国内生产者和加工厂所占的份额有限。建立独立自主的经销途径成了罗非鱼产业可持续发展的必要途径。

二、未来中国罗非鱼贸易发展展望

中国是农产品消费大国，在贸易方面具有大国效应，即中国进口量的些许变化会影响国际市场价格的变化和其他国家的供应。未来中国罗非鱼供给仍以国际市场供给为主，国内市场供给为辅。同时，应加快罗非鱼质量监管，提高罗非鱼品质，提高质量竞争力和价格竞争力。

（一）罗非鱼供应仍以国际市场为主，贸易量将持续稳定增长

中国罗非鱼的需求分为国内需求与国际需求两部分，其中国际需求所占份额越来越大，2002 年所占比例为 7.46%，2004 年为 19.12%，2006 年为 34.07%，2008 年为 49.05%，从 2009 年开始国际需求量占总产量的比例超过了 50%。从 2014 年中国罗非鱼出口形势的变化来看，2015 年罗非鱼出口量仍将延续 2014 年的增长趋势，预计出口量将达到 46 万吨（图 5-23）。这种情况的估计也是出于 2014 年的实地调研情况分析，虽然养殖户养殖罗非鱼的热情较之前几年有所下降，但 2014 年中国罗非鱼的出口总量还是比 2013 年要多。出现这种情况的原因，一方面是由于国际市场需求的增加，另一方面也可能是由于部分加工出口企业有存货，会定期释放部分库存。这种盈利模式对出口企业来说是有利的，企业只需要支付部分存贮成本，出口后可以获得国家的退税补贴，并且保持出口量的持续性，有利于提升企业的外在影响力，能够拥有获得更多订单的机会，对今后的发展是有利的。

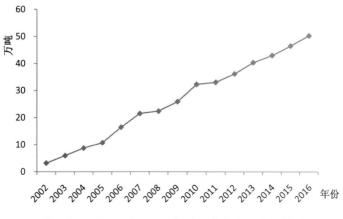

图 5-23　2014—2016 年中国罗非鱼出口总量预测

（二）罗非鱼出口国更加多元化，贸易依存度进一步降低

中国罗非鱼出口目标国从 2002 年仅十余个增长至 2014 年九十余个，市场正趋于多元化。对美国、俄罗斯等消费大国的依赖性将进一步降低。对美国的出口量可能仍然会有所下降，对墨西哥和科特迪瓦的出口量有增长的可能性，与 2014 年相比相差不大（表 5-19）。

表 5-19　2004—2014 年中国罗非鱼主要出口国出口量占总出口量的比例（%）

年份	2004	2005	2006	2007	2008	2009	2010	2011	2012	2013	2014
美国	72.81	75.88	64.17	56.74	51.68	52.40	51.38	44.48	45.58	43.49	44.61
墨西哥	18.41	15.38	20.17	18.26	15.92	13.80	13.15	13.83	10.45	13.22	12.69
科特迪瓦	0.00	0.00	0.19	0.65	2.30	1.67	2.11	2.90	4.48	4.84	5.24
俄罗斯	0.02	0.02	3.39	9.00	7.46	8.34	6.17	4.53	4.98	4.85	1.82
欧盟	0.01	2.22	3.81	6.23	6.37	7.54	8.49	8.75	7.05	6.80	7.16
以色列	0.79	1.21	2.26	1.89	1.81	2.53	2.13	2.88	2.92	2.20	3.06
加拿大	1.28	1.03	0.61	0.35	0.27	0.93	0.76	0.92	0.90	0.80	0.90
其他	6.68	4.25	5.40	6.88	14.18	12.78	15.81	21.70	23.63	23.79	24.52

数据来源：中国海关总署、中国海关报关数据

（三）罗非鱼产品仍以冻罗非鱼片为主，主要满足国际市场需求

罗非鱼出口产品的主要品种有冻罗非鱼片、冻罗非鱼、制作或保藏的罗非鱼（整条或切块）和活罗非鱼，2014 年前三个品种的组成比例分别为 59.32%、37.84%、2.62%。2015 年，冻罗非鱼片仍会是出口产品的主要品种，制作或保藏的罗非鱼变化幅度可能会较大，其他产品所占的比例基本与 2014 年相同。预计今后罗非鱼贸易仍以冻罗非鱼片为主，2015 年冻罗非鱼片的出口量将达到 25 万吨，冻罗非鱼的出口量也将达到 19万吨，制作或保藏的罗非鱼的出口量将达到 2 万吨（图 5-24）。

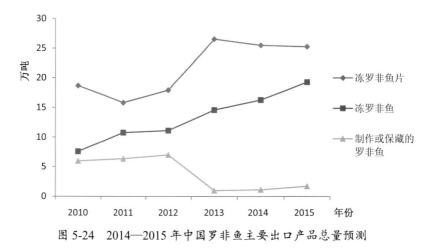

图 5-24　2014—2015 年中国罗非鱼主要出口产品总量预测

第六章
中国罗非鱼产业国际竞争力分析

第一节　中国罗非鱼产业竞争力影响因素

中国罗非鱼产业竞争力的影响因素主要包括生产要素、国内外市场、其他相关产业、政府因素等。在生产要素方面，罗非鱼生产的自然条件、劳动力资源、基础设施建设和科技投入是影响罗非鱼产业竞争力的主要因素。

一、生产要素

（一）自然条件

中国大陆海岸线约 1.8 万千米，养殖水域广阔潜力大，养殖水域分布在热带、亚热带、温带，个别水域处于寒带，其中绝大部分位于亚热带和温带，气候温和，热量充足，条件优越，水生生物生长期长，生长迅速，气候条件优越，有利于发展水产养殖业。中国南方地区环境和气候等条件适宜罗非鱼的生长，罗非鱼养殖发展迅速，成为广东、广西、海南和福建等地主要养殖水产品种之一。广东发展罗非鱼产业具有得天独厚的优势，广东地处中国南部，属亚热带季风气候区，陆地自南至北横跨北热带，南亚热带和中亚热带，热量资源丰富，气候温暖，冬无严寒，雨量充沛，适合罗非鱼生产。广西地处低纬度地区，南濒热带海洋，北为南岭山地，西延云贵高原，境内河流纵横，气候类型多样，夏长冬短。雨、热资源丰富，雨季恰好与热季重叠，较有利于罗非鱼生产。海南省气候适宜，地处热带—亚热带，夏无酷暑，冬无严寒，雨量充沛，光照充足，水质环境优良，水产养殖自然条件十分优越，罗非鱼几乎全年都可以生长，可自然越冬，发展罗非鱼产业具有无可比拟的区域优势和产业优势。福建省属于典型的亚热带气候，福建大部地区冬无严寒，夏少酷暑，雨量充沛，形成暖热湿润的亚热带海洋性季风气候，福建复杂多样的气候，形成不同的生态环境，为各种生物的生息繁衍，为发展罗非鱼养殖提供了有利条件。

（二）劳动力资源

近几年，中国渔业劳动力数量不断增加、渔业劳动队伍不断壮大。随着中国渔业经济的快速发展，渔业从业人员数量不断增加，如表 6-1 所示，2012 年和 1992 年相比较，渔业乡、渔业村、渔业户、渔业人口和渔业从业人员的数量都有较大的增加。渔业属于劳动密集型产业，需要大量的劳动力，中国在渔业劳动力资源方面，排在世界首位。中国罗非鱼产业劳动力大约有 23.8 万渔业专业人员和 15 万兼业、临时从业人员，在产业专业人员中，苗种、成鱼养殖就业人员约 14.9 万人，产品加工业约 3.4 万人、饲料生产约 1.8 万人、市场流通及服务等约 3.7 万人。

表 6-1　1992 年和 2012 年全国渔业人口与从业人员比较

年份	1992	2012
渔业乡	362	939
渔业村	5898	8776
渔业户	3043301	5188813
渔业人口	14312129	20738071
渔业从业人员	9664534	14440510
其中：		
专业从业人员	3869114	7903564
兼业从业人员	5795420	4956892
临时从业人员		1580054

数据来源：中国渔业统计年鉴、中国统计年鉴

（三）基础设施建设

2012 年全国共落实渔业基础设施建设中央投资 89.33 亿元，比 2011 年增加 80.38 亿元，增长了 9 倍。在中央投资强有力地支持带动下，全国渔业基础设施，尤其是渔船装备水平得到明显提升，有近千艘海洋渔船开始实施更新改造。截至 2012 年底，全国共建有国家级水产原良种场 60 个，与 2011 年底相比增长 8.33%；沿海一级以上渔港和内陆重点渔港 169 个，与 2011 年底相比增长 6.96%；创建国家级水产种质资源保护区 368 个，与 2011 年底相比增长 30.50%。中国现建有国家级罗非鱼良种场 7 家，罗非鱼加工企业 100 多家。广东茂名市有"中国罗非鱼之都"的美誉，省级以上罗非鱼良种场有 5 家，上规模的罗非鱼种苗场 28 家，年繁殖罗非鱼种苗 12.7 亿尾，成为全国规模最大的罗非鱼种苗生产基地，目前，全市建有 14 家农业部健康养殖示范场，面积约 2 万亩，年产健康水产品超 2 万吨；20 家养殖场列入省水产养殖质量安全示范点，141 家罗非鱼养殖单位被出入境检验检疫局登记备案。广西渔业基础设施建设不断加强，一是良种场建设加快。全区先后投入资金 3400 万元，建设罗非鱼等一批主要养殖品种的良种场。二是加强了水生动物疫病防治体系建设。投入资金 2457 万元，建设了县级水生动物疫病防治站 28 个，县级疫病测报点 57 个。三是水产品出口养殖基地建设进一步加快，目前获得国外注册出口水产品企业 36 家，获得出口养殖基地（场）备案登

记的水产养殖场 168 家。海南省拥有几十家罗非鱼优质苗种场，现有省级罗非鱼良种场 4 家，罗非鱼加工企业 30 多家，主要分布在海口市、文昌市等，海南水产品加工能力达 50 多万吨，有 37 家企业获准国内外各类质量认证，其中 30 家获得 HACCP 认证，10 家获得欧盟注册。

（四）科技投入

2012 年全国渔业科研机构 110 个，水产技术推广机构 14711 个。渔业科技与推广人员素质不断提高，从事一线科研活动的人员中研究生学位有 1388 人，同比增长 8.44%。技术推广人员中，本科及以上学历 9145 人，同比增长 13.52%。全年发明专利 184 项，同比增长 142.11%。

中国在罗非鱼产业化研究方面拥有较强的技术力量，一批专业的研发机构和科研人员为罗非鱼产业发展提供了强有力的技术支撑。中国拥有一支由水产科研院所、各级水产技术推广站和水产企业专业技术人才为主的高层次水产技术队伍，在罗非鱼育种、养殖、饲料、病害和加工等技术研发、推广应用上取得显著成绩，积累了丰富的经验。2008 年国家启动了罗非鱼产业技术体系建设，罗非鱼产业技术体系是现代农业产业技术体系中 5 个水产体系之一，建有 1 个国家技术研发中心、3 个功能研究室和 10 个综合试验站，拥有 10 名岗位科学家和 10 名综合试验站站长。体系的建设原则是充分利用国内现有研发基础和产业建设基础，及已建立的产学研合作关系，在不改变原有人、财、物资源关系的基础上，通过建立各单位、各环节间有效的协调运行机制和信息沟通渠道，达到产业技术整合的目标。2010 年广西壮族自治区组建了罗非鱼产业技术创新战略联盟，联盟首批成员由 25 个单位组成，成员单位包括广东、广西、海南、江苏等中国罗非鱼主产区的骨干企业和科研院校。联盟旨在整合优势资源，积极吸纳外围企业参与，共同打造联盟的技术创新平台，建立市场导向、技术牵引、资源共享和利益回馈的机制，整体提升罗非鱼产业的自主创新能力。

二、国内外市场需求状况

（一）国际市场

随着全球海洋捕捞渔业资源的衰退，国际市场对水产养殖品种的需求越来越大，渔业养殖业已经成为国家支柱性产业。罗非鱼肉质白嫩鲜美、富有弹性、刺少、蛋白质含量高、营养价值高，逐渐成为深海鳕鱼的替代品，深受欧洲、美国、日本、韩国、中东等国家和地区消费者的欢迎，在欧美地区消费者的心目中仅次于三文鱼，位居第二，被称为"21 世纪之鱼"。据联合国粮农组织和国际渔业研究中心联合发布的全球渔业供求趋势预测,在 21 世纪的前 20 年内,全球水产品的年平均增长速度在 1.5% 左右,而同期人口的年平均增长率为 1.9%。由于渔业自然资源衰退,水产品增长的速度跟不上人口增长的速度,从而导致全球性水产品短缺。欧美市场对罗非鱼产品的接受程度逐渐提高,美国水产品人均消费统计显示,罗非鱼是唯一保持上升势头的水产品品种,人均消费量从 2000 年的 0.136 千克上升至 2008 年的 0.540 千克,列美国水产品人均消费量的第五位。这表明世界罗非鱼市场潜力巨大,在以欧美国家为主要出口市场的前提下,罗非鱼出口企业应主动了解这些国家市场需求和产品偏好的变化,通过不断更新产品种类、丰富产品结构等手段来赢得更大的市场空间。

(二)国内市场

中国是世界罗非鱼最大的消费国,国内市场的消费潜力巨大,2002—2012 年罗非鱼国内消费量在 60 万吨上下波动。国内市场主要以销售鲜活罗非鱼为主,但鲜活罗非鱼物流费用高,保活技术尚待突破,不能支持远距离保活,地域局限性较大,鲜活罗非鱼适合在产区周边销售,不适合远距离的运输。近几年一些加工企业开始着手布局国内市场,北京、上海、大连等地不少西餐厅与寿司店开始销售罗非鱼片,一些大型超市也开始销售罗非鱼片,国内罗非鱼片销量呈增长态势。部分加工企业在上海、天津、深圳、武汉等地建立了销售网点。目前多家罗非鱼加工企业开始搭建网络销售平台,利用电商销售罗非鱼,对企业而言可以增加产品销量,实现品牌销售;对消费者而言,因省去了中间环节,消费者可以买到更便宜、更新鲜的水产品。

三、其他相关产业

2013 年中国罗非鱼苗种总产量为 228.74 亿尾,广东、海南、广西、云南和福建五省区的罗非鱼苗种生产量为 114.0 亿尾、55.6 亿尾、18.8 亿尾、8.3 亿尾和 12.1 亿尾,占全国罗非鱼苗种总产量的 49.8%、24.0%、8.0%、4.0% 和 5.0%。2013 年中国共有罗非鱼苗种生产省份 18 个,比上年减少 10%。2014 年中国新增 1 家国家级罗非鱼良种场通过认证,截至目前,中国共有 7 家罗非鱼良种场获得国家级良种场资格认证,分别是茂名伟业罗非鱼良种场、广西南宁罗非鱼良种场、河北中捷罗非鱼良种场、厦门鹭业罗非鱼良种场、青岛罗非鱼良种场、山东济南罗非鱼良种场和广东罗非鱼良种场。优质的苗种是开展养殖生产的基础,良种场的建立为健全中国罗非鱼苗种管理体制、提高良种覆盖率提供有力的基础保障。

罗非鱼饲料生产企业主要有通威、海大、恒兴、裕泰、百洋、统一、汇海、新希望等。2013 年全国罗非鱼饲料总销量为 130 万吨,其中华南地区罗非鱼饲料约为 116 万吨(广东市场 64 万吨,广西市场 15 万吨,海南市场 37 万吨)。从饲料品种上来看,膨化料、颗粒料的市场份额比例约为 3：7。目前市场对膨化料的需求仍然强劲，颗粒料的市场份额正在被膨化料挤占，尤其当成鱼价格比较高时，为促进商品鱼生长，减少上市周期，养殖户更愿意选择档次较高的膨化料。

2014 年中国罗非鱼加工出口企业有 128 个，比上年减少 11.7%。在加工设备的使用上，大多数企业采用的有半自动罗非鱼开片、修整线、半自动鱼片去皮机、鱼片及活鱼、手动发色柜、自动真空封口机、自动螺旋式和钢带输送式速冻隧道、自动金属探测仪，采用的技术有木烟发色、CO 发色、臭氧消毒、低温速冻、超低温速冻、检测高科技仪器有高效液相色谱、原子荧光光度计，质谱仪，所采用的标准为《HACCP 管理体系》。罗非鱼出口产品主要有冻罗非鱼片、冻罗非鱼、制作或保藏的罗非鱼（整条或切块）和活罗非鱼，活罗非鱼主要供应香港和澳门。2014 年出口量较多的企业包括通威（海南）水产食品有限公司、广西南宁百洋食品有限公司、北海钦国冷冻食品有限公司等。中国加工出口企业众多且无领头企业，也是行业无序竞争、靠压低价格出口商品的重要原因。

四、政府作用

政府因素对中国罗非鱼产业的国际竞争力的影响是非常大的。在科研投入、基础设施建设、罗非鱼经营管理体制和政府政策等方面政府都会对中国罗非鱼产业的国际竞争力造成影响。在广东、广西、海南和福建等罗非鱼主产区，政府出台了一系列扶持政策，支持罗非鱼产业发展。广东省政府一直高度重视罗非鱼产业发展，研究出台了一系列扶持政策，推行"企业＋基地＋农民"的产业化经营，打造集养殖、加工、出口于一身的罗非鱼产业"金三角"基地，促进了罗非鱼产业集群发展。此外，还积极在招商引资、加工流通、技术推广、病害防治方面做好引导和扶持，组织企业参加渔博会以及国外考察等活动，拓展国内外市场，把罗非鱼加工出口作为产业发展的突破口，打造成为世界最大的罗非鱼产业基地，把罗非鱼品牌推向世界。广西壮族自治区政府对罗非鱼产业的扶持，至关重要。自从 2003 年以来，以南宁市为例，政府对罗非鱼产业给予了高度重视，先后投入 1150 多万元的农业产业化资金扶持了鱼塘改造、标准化网箱建造和引进加工厂，对全市罗非鱼产业化的发展起到了极大的作用。南宁市坚持"四个创新"，认真实施"开发一个品种，振兴一方经济"的"一条鱼"工程战略，致力于罗非鱼生产、加工、出口基地建设，取得了较好的效果。海南省政府高度重视发展罗非鱼产业，早在 2004 年，就提出用 3 年时间完成全省 18 个市县的养殖水域滩涂规划，倡导环境保护与开发利用并重，并由当地政府颁布实施。2006 年海南省政府制订了《海南省罗非鱼产业行动计划》，规划用 5 年时间扩建和新建 10

家罗非鱼国家级与省级良种场，重点建设海南热带淡水水产良种场、定安罗非鱼良种亲本场、海口昌盛罗非鱼良种场、桂林洋高山罗非鱼良种场，并在白沙、文昌、琼中、五指山选址建设罗非鱼良种场。为解决养殖户融资难的问题，海南省还通过农村金融信贷投放资金，推动了罗非鱼产业的发展。2011 年 5 月，海南省三江湾罗非鱼健康养殖基地竣工，该项目从 2009 年开始建设，投入资金 1000 多万元，新建、改扩建罗非鱼养殖池塘 256.44 公顷，改造进、排水渠道 11.25 千米，修补中心大排沟 2 千米，标志着海南省罗非鱼产业向绿色养殖、生态养殖迈出了坚实的一步。福建省政府把罗非鱼列为"种业创新与产业化工程"十个品种之一，省政府斥资 1450 万元用于支持罗非鱼产业，采用专项资金扶持一条鱼一个项目的产业化工程。建设 1 个罗非鱼保种与选育基地；3 个标准化罗非鱼苗种场；与养殖户合作进行罗非鱼优质养殖技术示范与推广基地建设，总结出一套适合福建自然条件的罗非鱼优质养殖模式及其相关的配套技术，完成池塘主养罗非鱼、小山塘水库主养殖罗非鱼和罗非鱼水库网箱优质养殖技术操作规范的制定；完成病害快速诊断、水质调控、无公害脆化专用配合饲料研制等罗非鱼产业配套关键技术的创新与集成；对养殖户进行培训，提供技术指导手册与多媒体资料。

第二节　中国罗非鱼产业竞争力分析

罗非鱼产业竞争力以国家为依托，以一国特定产业为对象，以国内产业竞争力为基础，向外扩展到特定的国际市场，并与同类商品相竞争占领市场，同时获取利润，这种能力的测算是基于相关贸易数据的竞争力评价指标得到的。本节通过国际市场占有率、显示性比较优势和贸易竞争指数对罗非鱼产业竞争力进行分析。

一、国际市场占有率

国际市场占有率是一国某产品出口额占世界该产品出口总额的百分比，它反映该国产品参与国际竞争和开拓市场的能力，是反映国际竞争力结果的最直接和最简单的实现指标。国际市场占有率越高，出口竞争力就越强，反之则弱。用公式表示为：

$$IMS_{ij} = \frac{X_{ij}}{X_{iw}} \tag{6.1}$$

其中 IMS_{ij} 表示国际市场占有率，X_{ij} 表示 j 国 i 产品的出口额，X_{iw} 表示世界 i 产品的出口总额。

2002 年至 2011 年间，中国罗非鱼的国际市场占有率总体上呈现增长态势，由

2002 年的 35.39% 增加到 2011 年的 79.17%（表 6-2），说明中国罗非鱼产品在国际市场上占有绝对地位。

表 6-2　2002—2011 年中国罗非鱼产品国际市场占有率变化

年份	中国罗非鱼出口额（亿美元）	世界罗非鱼出口额（亿美元）	国际市场占有率（%）
2002	0.50	1.40	35.39
2003	0.97	1.89	51.16
2004	1.55	2.48	62.51
2005	2.31	3.70	62.59
2006	3.69	5.24	70.29
2007	4.91	6.44	76.23
2008	7.34	9.75	75.23
2009	7.09	9.46	74.94
2010	10.04	12.64	79.48
2011	11.07	13.98	79.17

数据来源：中国海关总署、联合国粮农组织（FAO）数据库（www.fao.org）

二、显示性比较优势指数

RCA 指数是指一个国家某种商品出口占该国商品出口总值的份额与世界该种商品出口占世界商品出口总值的份额之比。其计算公式为：

$$RCA_{ij} = (X_{ij}/X_{it})/(X_{wj}/X_{wt}) \tag{6.2}$$

其中，RCA_{ij} 表示 i 国家 j 种产品的显示性比较优势指数；X_{ij} 表示国家 i 对商品 j 的出口值；X_{it} 表示国家 i 的总出口值；X_{wj} 表示世界上商品 j 的总出口值；X_{wt} 表示世界出口总值。

一般认为，若 RCA 指数值大于 2.5，表明该国产品具有极强的国际竞争力；若 RCA 指数值小于 2.5 而大于 1.25，表明该国商品具有较强的国际竞争力；若 RCA 指数值小于 1.25 而大于 0.8，则表明该商品国际竞争力一般，且处于不稳定状态；若 RCA 指数值小于 0.8，则表明该商品的国际竞争力较弱。

2002—2011 年中国罗非鱼出口 RCA 指数均大于 2.5，平均值为 8.35（表 6-3），表明中国罗非鱼产品具有极强的国际竞争力。

表6-3 2002—2011 年中国罗非鱼产品 RCA 指数变化

年份	中国罗非鱼出口额（亿美元）	世界罗非鱼出口额（亿美元）	中国货物出口总值（亿美元）	世界货物出口总值（亿美元）	RCA指数
2002	0.5	1.4	3256	64920	7.12
2003	0.97	1.89	4382	75860	8.88
2004	1.55	2.48	5933	92180	9.71
2005	2.31	3.7	7620	104890	8.59
2006	3.69	5.24	9691	121130	8.80
2007	4.91	6.44	12180	140000	8.76
2008	7.34	9.75	14285	161160	8.49
2009	7.09	9.46	12017	125220	7.81
2010	10.04	12.64	15779	152380	7.67
2011	11.07	13.98	18986	182910	7.63

数据来源：中国海关总署、联合国粮农组织（FAO）数据库（www.fao.org）

三、贸易竞争指数

贸易竞争指数是指在一定时期内，一国某产品出口额与进口额之差除以该产品进口额和出口额之和。其计算公式为：

$$TC = (X_i - M_i)/(X_i + M_i) \tag{6.3}$$

其中，X_i 代表 i 产品的出口额，M_i 代表 i 产品的进口额。

TC 指数介于 − 1 和 + 1 之间，其取值存在三种情形：TC 取值 <0：表明一国产品的进口大于出口，处于竞争劣势。TC 取值趋近于零，表明一国产品的进口和出口基本持平。TC 取值 >0，表明一国产品的出口大于进口，具有一定国际竞争力。

中国罗非鱼贸易竞争指数在 2002—2011 年间高于 0.99，中国在罗非鱼产品贸易中出口远大于进口，是贸易出超国家，国际市场竞争力极强（表6-4）。

表6-4 2002—2011 年中国罗非鱼产品贸易竞争指数变化

年份	出口额（千美元）	进口额（千美元）	贸易竞争指数
2002	49715	5	0.99980
2003	96942	13	0.99973

续表 6-4

年份	出口额（千美元）	进口额（千美元）	贸易竞争指数
2004	155314	1	0.99999
2005	231443	192	0.99834
2006	368603	63	0.99966
2007	490790	54	0.99978
2008	733709	0	1
2009	708881	15	0.99996
2010	1004355	17	0.99997
2011	1106749	1351	0.99756

数据来源：中国海关总署

第三节　中印尼罗非鱼产品出口竞争力比较

中国罗非鱼产品在产品质量、产品品牌和国际接受度上处于弱势地位，作为竞争国的印尼，其产品价格远远高于中国罗非鱼产品。美国是世界最大的罗非鱼进口国，同时也是中国和印尼最大的出口目的国。本节选择这一目标市场为研究区域，对中国和印尼罗非鱼产品在美国市场的出口竞争力进行比较分析，旨在通过对比找出影响中国罗非鱼产品出口竞争力的因素。

一、中印尼罗非鱼产业情况与出口特征对比

（一）中国罗非鱼产业情况与出口特征

中国罗非鱼产业发展过于迅速，造成产能过剩。目前国内有罗非鱼加工企业 200 多家，其中加工出口企业 170 多家，年加工能力超过 200 万吨，但全年实际加工量仅有 90 万吨左右，罗非鱼加工能力已经远远超过原料供给量和市场需求量。近年来中国罗非鱼加工业的产能利用率在 40% 左右波动，许多中小企业已经处于停产或半停产状态。

中国罗非鱼产品对外出口渠道被外商控制，主要是以加工贸易为主。在罗非鱼刚刚引入中国的时期，国内市场消费占总产量的绝大部分，2002 年为 65.39 万吨，超过产量的 90%，2005 年占产量的 76.20%，但 2009 年开始，国内消费量开始低于国际市场加工量，此后，国际市场加工量呈逐步增长的态势。随着国际市场对罗非鱼需求的不断扩大，中国罗非鱼国际出口量不断增加，国际市场的消费比例逐年上升。产能过

剩直接导致罗非鱼加工企业间的过度竞争，为了有限的国际市场，众多的加工企业竞相压价、恶性竞争，质量安全问题时有发生，导致国际市场信任度下降，从而使得中国罗非鱼产品价格和产业利润越来越低。

（二）印尼罗非鱼产业情况与出口特征

20 世纪 90 年代后期，随着中国台湾将罗非鱼养殖引入中国，印尼的罗非鱼养殖也跟着发展起来，并同时以美国为主要出口市场，并几乎全部出口冻罗非鱼片。

与中国罗非鱼产业贸易方式不同的是，印尼出口的罗非鱼产品有自己的品牌和出口渠道，Regal Spring Tilapia 公司是印尼最主要的罗非鱼出口商。该公司并不单单在印尼发展罗非鱼养殖，它是世界上最大的独立罗非鱼养殖企业，产品销往北美洲和欧洲，是美国最大的罗非鱼进口商。中国冻罗非鱼片的价格远低于印尼冻罗非鱼片的价格，差价基本在 2 美元 / 千克左右。尤其是 2009 年以后，印尼冻罗非鱼片的价格开始大幅提升，这一价格甚至高于厄瓜多尔出口的鲜冷罗非鱼片（表 6-5）。

表 6-5　美国市场上罗非鱼主要养殖国家罗非鱼产品价格比较

单位：美元 / 千克

出口国（地区）	产品	2007	2008	2009	2010	2011	2012	2013	2014
中国	冻罗非鱼片	3.07	4.25	3.61	3.82	4.40	4.08	4.48	4.84
中国台湾	冻罗非鱼片	4.17	5.17	5.35	4.49	6.12	7.41	5.93	7.12
印尼	冻罗非鱼片	4.99	5.84	6.45	6.72	6.52	6.51	6.92	6.75
厄瓜多尔	鲜冷罗非鱼片	6.31	6.48	6.36	6.33	6.49	5.92	6.17	5.89
哥斯达黎加	鲜冷罗非鱼片	6.47	7.36	7.34	6.83	6.98	7.60	7.60	7.80
洪都拉斯	鲜冷罗非鱼片	6.52	7.40	7.93	7.76	7.64	7.75	7.86	8.00

资料来源：美国农业部门经济调查服务网 www.ers.usda.gov

二、中印尼罗非鱼产品出口竞争力评价

为了对中国和印尼罗非鱼产品在美国市场的出口竞争力进行比较分析，选取市场占有率、显示性比较优势指数、恒定市场份额模型对中印罗非鱼产品对美出口情况进行比较。

（一）市场占有率

市场占有率在本节中特指美国市场占有率。从表 6-6 可以看到，20 世纪 90 年代是中国罗非鱼产业发展的起步阶段，1994 年在美国市场上的占有率仅为 2.05%，排名第五，随着中国罗非鱼产业的发展，美国市场的占有率也持续上升，2004 年在美国市场的占有率排名升到了第一位，美国市场逐步被中国罗非鱼产品所占领。同时期，虽然印尼在美国市场的排名有所变动，1994 年排名第三，2004 年排名变为第六，近年来逐步稳定在第三，但在美国市场上的市场占有率是保持稳定的，基本在 6.5% ~ 8.5% 之间。所以，从市场占有率的角度来看，中国罗非鱼产品对美的出口竞争力逐步增强，印尼则相对保持稳定。

表 6-6　中印罗非鱼产品在美国市场的占有率

年份	中国		印尼	
	市场占有率 /%	排名	市场占有率 /%	排名
1994	2.05	5	7.44	3
1999	11.51	4	6.78	5
2004	40.18	1	6.73	6
2009	58.55	1	8.11	3
2014	69.00	1	7.03	3

资料来源：美国农业部门经济调查服务网 www.ers.usda.gov。

（二）显示性比较优势指数

根据 1994—2014 年中印两国相关贸易数据计算 RCA 指数，如图 6-1 所示，中国罗非鱼产品的竞争力在波动中呈不断上升的态势，1999 年之后开始上升到 1 以上，开始从比较劣势转变为比较优势，竞争力近年来保持相对稳定。印尼罗非鱼产品的 RCA 指数变化幅度较大，最低点为 1996 年的 6.02，最高点为 2005 年的 11.45，RCA 指数值在 9 上下浮动，远远高于中国的 RCA 指数值，这说明印尼罗非鱼产品在美国市场具有较强的竞争力。

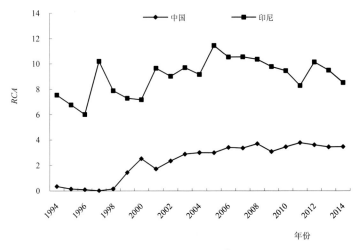

图 6-1　中印尼罗非鱼产品在美国市场 RCA 指数的变动

资料来源：美国农业部门经济调查服务网 www.ers.usda.gov，美国商业部 U.S. Department of Commerce

从中印尼两国的比较情况来看，两国存在着明显的差距，这种差距没有随着时间变化而有较大的改善。与印尼相比，虽然中国罗非鱼产业发展迅速，但比较优势仍不够明显，而且从 2008 年之后，中国罗非鱼产业的发展就有所停滞。

（三）恒定市场份额模型

恒定市场份额（Constant Market Share，简称 CMS）模型对一国出口额变动值的分解可以解释该国基于何种原因发生了贸易波动。基本原理是：如果一国的竞争力水平保持恒定不变，在其他条件不变的情况下，该国产品的国际市场份额应该保持不变，但如果该国竞争力发生变化，那相应的出口额也会发生改变。CMS 模型公式等式的左侧为出口额的变动值，等式右侧将出口额的变动分解为结构效应、竞争效应、结构与竞争的交互效应（二阶效应），结构效应可以进一步分解为增长效应、市场结构效应，竞争效应可以进一步分解为总体竞争效应和特定竞争效应，二阶效应可以进一步分解为完全二阶效应和动态结构效应，具体形式见下公式。

$$\Delta X = \sum_{i=1}^{n} R_i^t Q_i^t - \sum_{i=1}^{n} R_i^0 Q_i^0 = \sum_{i=1}^{n} (R_i^0 + \Delta R_i) Q_i^t - \sum_{i=1}^{n} R_i^0 Q_i^0 = \sum_{i=1}^{n} R_i^0 \Delta Q_i + \sum_{i=1}^{n} \Delta R_i Q_i^t$$

$$= \sum_{i=1}^{n} R_i^0 \Delta Q_i + \sum_{i=1}^{n} \Delta R_i (Q_i^0 + \Delta Q) = \sum_{i=1}^{n} \Delta R_i Q_i^0 + \sum_{i=1}^{n} \Delta R_i \Delta Q_i \qquad (6.4)$$

$$= R^0 \Delta Q + \left(\sum_{i=1}^{n} R_i^0 \Delta Q_i - R^0 \Delta Q \right) + \Delta R Q^0 + \left(\sum_{i=1}^{n} \Delta R_i Q_i^0 - \Delta R Q^0 \right) + \sum_{i=1}^{n} \Delta R_i \Delta Q_i$$

上式中，ΔX 代表出口额的变动值，在此具体指的是某国对美出口罗非鱼产品的值，0 和 t 分别代表基期和报告期，i 代表出口产品种类，n 代表产品种类总数，R_i 代表 i 产品在目的市场所占的份额，具体指的是某国对美国出口 i 产品的出口额占世界对美国出口 i 产品的总出口额的比例，Qi 在此指世界 i 产品对美国的出口额。

（6.4）式中，$R^0 \Delta Q$ 为增长效应，反映了在出口国市场份额不变的条件下，目标市场需求变化所带来的出口国供给的变化，指在只有美国市场罗非鱼产品需求发生变化，而中印尼两国市场份额不变的情况下，两国出口额变动的幅度；（$\sum R_i^0 \Delta Q_i - R^0 \Delta Q$）为商品结构效应，反映了出口国仅依靠目标市场需求结构变动，不依赖于自身竞争力变动所产生的出口额变动值；$\Delta R Q^0$ 为总体竞争效应，反映了出口国产品市场份额的增长对出口增长的贡献；（$\sum \Delta R_i Q_i^0 - \Delta R Q^0$）为特定竞争效应，即特定种类的产品出口份额的增长对出口增长的贡献；$\sum \Delta R_i Q_i$ 为交互效应，即美国市场需求变动与某国罗非鱼产品出口份额变动带来的交互影响，即目标国某产品需求量增加，而出口国该产品的市场份额也增加了，即 $\Delta Q_i > 0$ 且 $\Delta R_i > 0$，则交互效应（$\sum \Delta R_i Q_i$）为正值，反之两项有一项为负，则交互效应为负值。

利用 CMS 模型对中印罗非鱼产业进行出口竞争力的比较时，将时间范畴具体划分为 1994—1999 年、1999—2004 年、2004—2009 年、2009—2014 年 4 个阶段，结果如表 6-7、表 6-8 所示。

表 6-7　中国对美国罗非鱼产品出口的 CMS 分析

	1994—1999		2000—2004		2005—2009		2010—2014	
	金额（万美元）	贡献率（%）	金额（万美元）	贡献率（%）	金额（万美元）	贡献率（%）	金额（万美元）	贡献率（%）
出口变化	889.86	100.00	11007.65	100.00	28806.07	100.00	36131.15	100.00
结构效应	72.10	8.10	1873.96	17.02	24214.60	84.06	31584.62	87.42
增长效应	115.62	12.99	2479.94	22.53	16018.63	55.61	24485.17	67.77
商品结构效应	−43.53	−4.89	−605.99	−5.51	8195.97	28.45	7099.45	19.65
竞争效应	304.39	34.21	2511.21	22.81	1538.63	5.34	2410.16	6.67
总体竞争效应	241.87	27.18	2348.22	21.33	5463.63	18.97	7275.22	20.14
特定竞争效应	62.52	7.03	162.99	1.48	−3925.00	−13.63	−4865.07	−13.47
交互效应	513.37	57.69	6622.48	60.16	3052.84	10.60	2136.37	5.91

资料来源：美国农业部门经济调查服务网 www.ers.usda.gov。

表 6-8　印尼对美国罗非鱼产品出口的 CMS 分析

	1994—1999		2000—2004		2005—2009		2010—2014	
	金额（万美元）	贡献率（%）	金额（万美元）	贡献率（%）	金额（万美元）	贡献率（%）	金额（万美元）	贡献率（%）
出口变化	364.70	100.00	1447.80	100.00	3644.94	100.00	2184.67	100.00
结构效应	457.02	125.32	2418.51	167.05	5593.10	153.45	4726.60	216.35
增长效应	419.17	114.94	1460.88	100.90	2684.87	73.66	3393.09	155.31
商品结构效应	37.86	10.38	957.62	66.14	2908.23	79.79	1333.51	61.04
竞争效应	−27.98	−7.67	−181.11	−12.51	−512.97	−14.07	−1384.17	−63.36
总体竞争效应	−17.02	−4.67	−3.60	−0.25	410.20	11.25	−754.90	−34.55
特定竞争效应	−10.97	−3.01	−177.50	−12.26	−923.17	−25.33	−629.27	−28.80
交互效应	−64.34	−17.64	−789.60	−54.54	−1435.20	−39.38	−1157.77	−53.00

资料来源：美国农业部门经济调查服务网 www.ers.usda.gov。

从出口额的变化幅度来看，中国罗非鱼产品在各时期对美出口额的增加值都是大于印尼的，2 个国家在 4 个时间段内出口额的变化值均为正，且呈上升趋势。

在中印尼两国罗非鱼产品对美出口增额的贡献中，结构效应均为正，从表 6-7、表 6-8 中可以看到，中国结构效应的贡献率是远远小于印尼的，其最高贡献率为 87.42%，而印尼最高贡献率为 216.35%。中印尼两国在美国市场的罗非鱼产品出口额增加，很大程度上依赖于结构效应中的增长效应，尤其是印尼，也就是说，美国市场需求的增加更大程度度上刺激了印尼对美出口额的增加。商品结构效应隶属于结构效应，不同于增长效应，它反映的是需求增长对供给的带动作用，即需求情况与供给结构相符合的程度。中国在 1994—1999 年和 2000—2004 年这 2 个阶段商品结构效应均为负，说明中国在这 2 个时间段对美出口的罗非鱼产品并不能按照美国市场需求供应，而这段时间内中国罗非鱼产品主要是以冻罗非鱼为主，美国市场的需求以冻罗非鱼片为主，而 2005—2009 年和 2010—2014 年这 2 个阶段的商品结构效应为正，中国对美国出口的罗非鱼产品转变为冻罗非鱼片，已经是美国需求较多的产品。印尼在各时间段的商品结构效应均为正，表明印尼出口的罗非鱼产品出口结构与美国罗非鱼产品的需求结构的契合程度较高，2005—2009 年的商品结构效应贡献率高达 79.79%，明显高于中国出口的商品结构效应，意味着印尼出口的罗非鱼产品内部结构较之中国更加符合目标市场的需求情况，对出口增长的贡献更高。

除了结构效应之外，竞争效应也对出口额的增长起到一定作用。从表 6-7、表 6-8 可以看到，中国竞争效应的贡献率是高于印尼的，且均为正，这表明中国罗非鱼产品竞争力的增强。印尼在同期内的竞争效应均为负，其负效应对出口增长的贡献率最大为 −63.36%，换句话说，印尼出口额的增长更大程度上来源于出口产品结构与目标市场需求的高度契合，而中国出口额的增长更大程度上来源于竞争力的增强。总体竞争效应的比较也可以说明这个问题，中国 4 个阶段的总体竞争效应为正，印尼对美国罗非鱼产品出口的总体竞争效应在 2005—2009 年这一阶段为正，其他时间段均为负。特定竞争效应反映了出口产品的内部结构是否能够适应目标市场需求的变动，中国在 2005—2009 年和 2010—2014 年这 2 个阶段为负，印尼在所有时间段均为负，说明中国和印尼的出口产品都不能和美国市场罗非鱼产品的需求达成积极的互动，印尼尤甚之，虽然印尼固有的产品内部结构符合美国市场先前的需求情况，但不能适应美国市场需求的变动。

竞争与结构的交互效应反映了竞争效应与结构效应对出口额变动的交互影响。中国在 4 个阶段都是正值，印尼均为负，表明中国的出口额随着竞争力增强和美国市场需求的增加而增长，印尼的竞争效应均为负导致交互效应对印尼罗非鱼产品出口增长的贡献为负。

综上所述，美国市场需求增加同样都带来了中国和印尼罗非鱼产品对美出口的增长，不同的是，中国罗非鱼产品自身竞争力逐步增强，而产品内部结构的竞争力不强，印尼产品内部结构的竞争力较强，但产品本身竞争力的作用不大。所以，中国罗非鱼产品在美国市场的出口竞争力强于印尼，但出口结构竞争力不如印尼。在与印尼的对比中可以发现，中国罗非鱼产品出口结构仍不够合理，应减少产品数量，优化产品结构，以此来提高中国罗非鱼产品的出口竞争力。改变已有的以低价格占领市场的固有方式，努力推动出口产品向高品质、高附加值转变。

第七章
中国罗非鱼产业发展组织模式分析

本章通过对广东省、广西壮族自治区、海南省、福建省、云南省五个罗非鱼主产区的实地调研，梳理与分析中国罗非鱼产业组织发展现状。在个案分析与总体评价相结合的基础上，从定性与定量的角度分析不同罗非鱼产业化经营组织模式发展现状，并对其绩效给予评价，通过借鉴发达国家农业产业组织的发展经验，探索中国罗非鱼产业组织模式的建立与发展。

第一节　中国罗非鱼产业组织模式发展背景

自从 20 世纪 70 年代末 80 年代初家庭联产承包责任制推行和发展以来，中国的渔业发展进入了一个新的历史阶段，经济体制的转轨使中国渔业养殖生产走上了市场化的道路，养殖户成为渔业生产的主体，调动了养殖户的生产积极性，极大地提高了农业生产力，促进了渔业的生产发展和产业升级。家庭联产承包责任制是中国农业经济组织的基本形式，实质上是对人民公社制度的一种改进，是生产力与生产关系相适应的结果。然而家庭联产承包责任制面临着经营规模小、组织化程度低、抗风险能力差等问题，由于其制度缺陷导致的小规模经营与大市场的矛盾日益凸显。因此，产业化经营逐步被引入到农业生产中来，农业产业化是继家庭联产承包责任制之后中国农村经营体制的又一次重大转变，积极探索和创新集约化、专业化、组织化、社会化的新型农业经营体系，不仅是实现"四化同步"发展的重要路径，也是推进现代农业发展的必然选择。农业产业化发展的一个关键问题是产业化生产经营模式的选择，作为农业产业化的重要制度载体，生产经营模式关系到参与农业产业化生产的各个经济主体的利益得失，决定了整体农业产业化进程的成败。

党的十七届三中全会通过的《中共中央关于推进农村改革发展若干重大问题的决定》明确提出，家庭经营要向采用先进科学技术和生产手段的方向转变，统一经营要向发展农户联合与合作，形成多元化、多层次、多形式经营服务体系的方向转变，培育农民新型合作组织，发展各种农业社会化服务组织，鼓励龙头企业与农民建立紧密型利益联合机制，着力提高组织化程度。十八届三中全会通过的《中共中央关于全面深化改革若干重大问题的决定》中再次强调，"加快构建新型农业经营体系。推进家庭经营、集体经营、合作经营、企业经营等共同发展的农业经营方式创新"。渔业是大农业的重要组成部分之一，也是农业和农村经济的重要产业之一，渔业产业的地位逐渐提高，渔业的发展对促进和调整农村产业化结构调整，改善人民生活水平，增加农民收入，保障食物安全起到重要作用。中国的渔业发展已经进入了一个新的历史阶段，经济体制的转轨使中国渔业走上了市场化和产业化的道路。渔业产业化的本质就是立足本地资源，根据国内外市场需求，以市场为导向，确定主导产品，按产业链条来组织渔业生产，形成捕养加、产供销、渔工商、内外贸、渔科教一体化的生产经营体系，通过生产要素重组提高渔业效益，从而实现区域化布局、专业化生产、一体化经营、社会化服务、企业化管理的新格局。渔业产业化组织模式是渔业产业链内各相关主体以利益为机制形成的一种联结方式，其构成要素主要包括主导产业、渔业龙头企业、渔业中介组织、养殖户、养殖生产基地、社会化服务体系等。建立产业经营组织可以充分利用规模经济带来的效益，发挥自由竞争带来的活力，防止垄断和过度竞争，实现产业组织的合理化和社会福利的最大化。

中国1956年引进罗非鱼，1978年开始进行大规模养殖，罗非鱼在经历了从引进、推广到创新等几个阶段的成长之后，形成了由苗种、成鱼养殖、产品加工、市场流通、国际贸易等行业构成的外向型产业。罗非鱼产业涵盖了一二三产业，产业包括了苗种、成鱼养殖等第一产业，产品加工和饲料、渔药等第二产业以及市场流通、国际贸易、生产服务等第三产业。罗非鱼产业是水产业中效益比较高的一个产业，不仅为国民提供优质动物蛋白、保障国家食物安全、增加养殖户就业机会、提高养殖户收入水平和增加国家外汇收入，而且推动了饲料、水产品冷藏、加工、物流、渔业装备等相关产业的发展。作为外向型产业，如何增强中国罗非鱼产业国际竞争力成为中国罗非鱼产业未来一段时间的重大课题。在此背景下，针对国际市场的要求和惯例，中国罗非鱼产业必须建立与之相适应的措施，其中的重要举措之一就是走产业化发展道路，完善和强化中国的罗非鱼产业化经营组织模式，以更好地满足中国罗非鱼产业参与国际市场竞争的需要。

当前中国水产业普遍存在的问题是分散型的小农户养殖模式生产规模小、投入成本高、缺乏市场开拓能力等问题，难以形成规模经济进行市场竞争，必须通过某种形式将小农生产组织起来，形成经营组织体，由合作社、行业协会、龙头企业、养殖大户等组织形式带动，促使产业链各环节价值进行重新分配，从而实现小农户和大市场的有效对接。中国每年约有三分之一罗非鱼经过加工成鱼片等产品，再经过速冻冷藏出口到欧美市场，因此罗非鱼产品的质量安全问题尤为重要，而中国罗非鱼养殖生产以一家一户的松散型、家庭式经营为主，苗种来源，养殖规格均由个人决定，难以做到标准化养殖，罗非鱼产品较少能达到罗非鱼出口产品的质量标准。分散经营导致的罗非鱼养殖生产的规模偏小、资金分散，影响了中国罗非鱼产业的发展。分散的养殖户由于力量小、获取信息成本大，从而在市场竞争中处于劣势，而且在罗非鱼出口过程中，加工厂商竞相压价收购，在与加工厂商的博弈中，小养殖户缺乏对罗非鱼产品的议价能力，低价收购打击了养殖户的养殖积极性，不利于罗非鱼产业的健康发展。

在罗非鱼产业市场化和国际化的进程中，存在着产业生产经营方式不适应国际化渔业发展的需要、产业组织效率低下、行业组织化程度低、行业内部管理协调机制不健全等问题，极大地制约了罗非鱼产业竞争力的提升。因此，如何提高产业组织效率，探索建立新型产业组织模式，对于推进和保障罗非鱼产业的健康、稳定和可持续发展具有重要意义。

第二节 中国罗非鱼产业组织模式演变

一、渔业产业组织模式的演变

从经营组织演进的角度，理论上可以将渔业产业化划分为初始、成长、成熟和完善四个阶段。在初始阶段，养殖户与市场的关系是单对多的关系，众多养殖户处于分散的无序竞争状态，渔业产业化经营组织结构和层次单一，仍依赖于"双层经营体制"中的集体层次，但是这种组织大多名存实亡；在成长阶段，有实力的龙头企业开始直接介入渔业产业链条，龙头企业通过与养殖户签订合同或者订单的方式让养殖户按照企业的要求生产产品；在成熟阶段，龙头企业依托各类中介组织（如养殖专业合作社、行业协会等）作为桥梁，约束着企业和养殖户的违约行为；在完善阶段，企业、中介组织与养殖户之间的界限进一步模糊化，渔业产业化经营组织呈现出完全一体化发展的趋势。

从以上分析我们发现，龙头企业带动型模式主要与渔业产业化成长阶段相适应，中介组织联动型模式主要与渔业产业化成熟阶段相适应，而合作社一体化模式主要与渔业产业化完善阶段相适应。由于区域经济发展的非均衡性以及产业之间发展水平的差异性，渔业产业化经营组织模式伴随渔业产业化的多个阶段而并存。同时，三种模式之间存在着内在演化关系。龙头企业带动型模式存在巨大的交易成本加上养殖户的利益难以保障，使龙头企业和养殖户都有引入中介组织来降低产业化组织内部交易成本和保障养殖户利益的需要。当养殖户组织化程度提高到一定水平时，中介组织联动型模式便应运而生。而中介组织联动型模式是比较松散的组织结构，不但难以进一步降低内部交易成本，而且中介组织容易异化为企业的代言人从而不能保障养殖户的利益。这些内在矛盾的激化可能使中介组织联动型模式沿着两种路径演化：一是中介组织强化为养殖专业合作社，进而演化为合作社一体化模式；二是中介组织弱化并退出渔业产业化经营组织，同时，龙头企业通过"反租倒包"和吸纳养殖户入股等方式而形成农工商综合体模式。

二、罗非鱼产业组织模式的演变过程

罗非鱼产业经营组织模式的演变过程大致可划分为初始、成长、成熟和完善四个阶段（图7-1）。

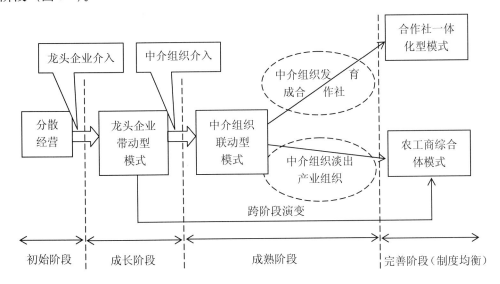

图 7-1 渔业产业化模式演化的逻辑结构

在初始阶段，养殖户与市场的关系是单对多的关系，众多养殖户处于分散的无序竞争状态。中国罗非鱼养殖生产以一家一户的松散型、家庭式经营为主，苗种来源，养殖规格均由个人决定，难以做到标准化养殖，在罗非鱼出口过程中，加工厂商竞相压价收购，在与加工厂商的博弈中，小养殖户缺乏对罗非鱼产品的议价能力，低价收购打击了养殖户的养殖积极性，不利于罗非鱼产业的健康发展。

在成长阶段，随着罗非鱼产业的不断发展，龙头企业开始直接介入罗非鱼产业链条并成为其中的关键环节，罗非鱼养殖户与加工龙头企业之间以契约的方式建立起比较稳定的产业组织形式（如"公司＋养殖户"、"企业＋基地＋养殖户"）。

在成熟阶段，龙头企业依托各类中介组织与养殖户建立更为紧密的利益联结，中介组织成为企业和养殖户经营一体化的桥梁，改变了养殖户在市场竞争中的不利地位，增强养殖户抵御风险的能力，同时可以约束着企业和养殖户的违约行为。罗非鱼养殖户自发建立或加入罗非鱼专业协会、合作社等中介组织，形成了罗非鱼合作式产业组织形式，有利于提高罗非鱼生产规模化和标准化水平，提高养殖户和加工企业的谈判能力，增加养殖户的收益，从而保障罗非鱼产业的健康、稳定和可持续发展。

在完善阶段，企业、中介组织与养殖户之间的界限进一步模糊化，产业化经营组织呈现出完全一体化的趋势，在现行农业土地制度基础上，单个养殖户以土地入股成立合作组织，养殖户脱离生产成为股东享受收益、承担损失。由合作组织管理土地，寻找农业企业进行合作，维护养殖户权益。合作组织可以以提供土地的方式与农业企业组建新公司进行生产，也可以以委托的方式由农业企业直接生产。生产完全由企业来进行，采取产前、产中、产后上下游连通式全产业链经营模式，规模化、标准化生产。既提高了生产效率、降低了成本、凸显规模经济，又保持在市场的强势议价权，提高了经济利润。目前中国罗非鱼产业组织模式尚未到达此阶段。

三、罗非鱼主产区产业组织模式的演变

（一）广东省罗非鱼产业组织模式演变

渔业专业合作组织作为单个养殖户的结合体，拥有比单个养殖户更强的谈判能力，它代表了广大养殖户的利益。合作经济组织一般为农户提供集中类型的服务：一是技术性服务，如农产品技术指导；二是供销服务，帮助农户采购价格合理质量有保证的农资产品，并组农产品的统一销售；三是政策服务，为农户争取适当的政府支持，融资贷款，风险控制等。为了降低交易成本，实现产前、产中、产后等各个环节上小农户与大市场的有效对接。

2003 年，广东省农业厅颁布了《关于加快发展农民专业合作经济组织意见的通知》，鼓励和引导各类农民专业合作经济组织规范发展，进一步提高农业的组织化程度，农村各种合作经济组织发展工作进入新的阶段。每年安排专项资金扶持农民专业合作经济组织扩大经营，加快渔业产业化进程，大力推进产业化经营，提高生产加工的组织化、现代化水平。广东省各级政府加强组织领导，妥善解决农民专业合作社发展过程中遇到的困难和问题，完善农民专业合作社的运行方式、经营管理模式和利益分配机制，充分发挥农民专业合作社在促进农业增效、农民增收和社会主义新农村建设中的作用，不断提高农民专业合作社的影响力和竞争力。随着 2007 年《中华人民共和国农民专业合作社法》正式实施，确立了农民专业合作社这一新型市场主体的法律地位，进一步完善了农村基本经营制度，为农民专业合作社的发展提供了良好的机遇。2008 年，广东省级财政已安排了 1000 万元的专项资金扶持 100 个省级农民专业合作社示范单位的发展。目前广东省罗非鱼产业经营组织模式主要为：①"公司＋基地＋农户＋标准"模式。公司组织种苗、药物、饲料供应、加强池塘改造、对养殖进行统一规划设计，使基地达到标准化连片要求等，并为罗非鱼养殖户开展养殖生产培训。以规范化、标准化、专业化引导养殖户开展生产，推动罗非鱼养殖业的整体水平提升。②养殖专业合作社模式。合作社统一采购生产资料以及销售产品，为他们提供养殖、病害防治技术、规范生产行为、统一产品标准等，定期举办水产养殖技术交流会，实行多方携手，为养殖户实现低成本、安全、高效养殖。合作社成为广大小规模养殖户的代言人，统一对外谈判，提升小规模农户的话语权。

如广东省茂名市大力发展养殖户专业合作组织，着力建立以家庭承包和股份合作为主要形式的利益共享、风险共担渔业社会化服务体系，使养殖户真正得到实惠、得到好处。在养殖户专业合作组织的发展中，茂名市海洋与渔业局始终按照"民办、民管、民收益"的原则，尊重养殖户的创造和意愿，体现养殖户的市场主体地位，维护养殖户的合法权益，遵循《农民专业合作社法》及有关政策规定，以增加养殖户收入为目标，在发展中规范，在规范中发展，不断创新发展模式，使养殖户专业合作组织呈现出组建力量多渠道、组建形式多样化、服务内容多层次的发展格局，推动了渔业产业化发展和养殖户收入的增加。从 2004 年省委、省政府下发《关于大力发展养殖户专业合作经济组织的意见》，茂名市养殖户专业合作社发展一年比一年快，以前的 4 个合作社实现年销售收入总额 8500 多万元，拥有社（会）员 371 人，带动养殖户 2000 多户，发展到现在的 48 个。近年来，加大了对养殖户专业合作组织扶持力度，如 2008 年冻灾，就由市级直接安排 20 万元资金，扶持遭受重灾的高州长兴养殖户专业合作社。电白、茂南两地也对当地的对虾、罗非鱼合作社予以补助，努力使其健康稳步发展。同时渔业技术推广站还注重把一些新技术、新品种的试验项目优先安排在合作社。另一方面，提供网络信息服务，畅通销售渠道，增加养殖户收入，提高养殖户专业合作社服务水平和生产经营能力。2015 年，茂名市已建成农业部健康养殖示范场 6 个，罗非鱼产品加工厂 7 家；拥有罗非鱼产业相关的各种协会、专业合作社、家庭农场 25 个；已通过无公害认证的罗非鱼养殖场（企业）有 80 家，面积近 10 万亩；罗非鱼出口原料备案企业 140 多个，备案基地面积 15 万亩。

（二）广西壮族自治区罗非鱼产业组织模式演变

龙头企业是按照契约约定组织农民养殖户生产，并回购、销售罗非鱼产品的产业化经营模式，具有引导罗非鱼生产、深化罗非鱼加工、开拓罗非鱼销售市场、提供全程技术服务并进行技术创新等综合功能，是罗非鱼产业发展的中坚力量。在中国普遍存在着小规模、分散的小农户生产的情况下，龙头企业发挥带动和连接作用，以契约的方式将分散的小规模生产结合在一起，扩大了经营规模，提高了农业生产的组织化程度和专业化程度。

2002 年初，广西确立了"扶持龙头企业就是扶持农民"的指导思想，出台了《关于扶持农业产业化龙头企业的通知》，财政安排专项资金，扶持龙头企业做大做强，并在全国第一个明确农村合作经济组织可以在工商部门登记为"农业合作社"，成立了全国第一个省级"农村合作经济组织联合会"。2007 年广西又提出打造"百强"龙头企业、"千家"区域性骨干龙头企业和"千个"合作组织的目标。"十一五"期间，广西重点推广"公司＋合作经济组织＋农户"模式，对完善渔业产业化利益联结机制进行重点扶持，扩大产业化带动面。2007 年，为引导龙头企业推广订单农业，广西结合扶持项目提出实施龙型增收工程，内容是号召所有国家和自治区重点龙头企业全面推行规范化订单农业，通过推广良种良法等创新科技措施，大力建设标准化基地，发展农产品加工，实现农民增收、农业稳定发展和企业经济效益提高。自治区对在龙型增收工程中带动农户数较多、农户增收额较大的企业给予扶持，扶持金额与项目效果挂钩，待项目实施完通过验收后，根据项目带动农户增收的情况再确定扶持金额，新增订单额和订单户越多，扶持金额就适当增加。区政府引进百洋集团投资罗非鱼加工项目，主要生产销售罗非鱼等水产品，是广西目前投资规模最大的水产品加工厂，从 2007 年起公司年出口创汇一直居广西同行业的首位。2011 年开始实施"339 工程"，支持龙头企业通过资产重组、合作合资、上市融资，打造大型龙头企业集团；从 2006 年起每两年评选、奖励一批农业千百亿元产业发展先进市、县政府，表彰一批优秀农业企业家，并给予10 ～ 200 万元不等的奖励；2009—2010 年两年间，广西共协调有关银行贷款 638 亿元，支持龙头企业产业化发展。在龙头企业的带动下，广西特色优势农业产业聚集效应突显，初步构建起以龙头企业为核心带动力的现代农业产业新体系。

（三）海南省罗非鱼产业组织模式演变

1998 年海南省政府出台了《关于扶持农产品加工龙头企业发展的决定》，指出应在资金、信贷、税收、土地等方面给予扶持。2001 年，省委、省政府出台"关于大力推进渔业产业化经营的意见"，提出大力培育农业龙头企业，把农业和农村经济战略结构性调整，小生产与大市场，分散生产与集约化经营等矛盾和问题，通过不断推进渔业产业化经营的过程中逐步解决。2010 年省农业厅制定《海南省农业龙头企业认定和监测管理暂行办法》，进一步规范和完善农业龙头企业认定和运行监测管理，有力推动农业龙头企业和渔业产业化经营的发展。

为了推广罗非鱼养殖新技术与新成果，积极引领农民依靠科技做大做强罗非鱼产业，提高养殖收益，推动海南省罗非鱼产业发展。2003 年，琼海市成立了罗非鱼养殖技术协会，协会积极引领养殖户依靠科技做大做强罗非鱼产业，打造无公害罗非鱼品牌。2012 年，海南省提出加强引导养殖户以"专业合作社＋基地＋农户"的养殖模式实施养殖，不断扩大养殖面积，提高养殖技术，确保各基地罗非鱼养殖密度和产量逐年稳步提高，促使罗非鱼养殖产业化进程加快。文昌市积极推行"公司＋基地＋标准化"生产管理模式，创办加工企业自属的养殖基地，由小面积分散经营向规模化、集约化、标准化、技术水平高的方向发展。

（四）福建省罗非鱼产业组织模式演变

从 20 世纪 90 年代初开始，在福建省一些地方就出现了"公司＋农户"的简单松散型组织形式，后来又发展到公司＋基地，基地带农户的较为紧密型组织形式，现在已发展到公司＋基地，基地带农户，科技、加工、销售一体化的综合紧密型组织形式。沿海经济较发达的地方，已经出现了围绕"龙头企业"等经济实体的市场牵"龙头"、"龙头"带基地、基地联农户的组织形式。这种组织形式不改变家庭承包责任制的体制，目前虽然还不能全部覆盖农村经济，但已显示了强大的生命力，有效促进了渔业产业化经营从低水平向高水平的发展，大大提高了经营规模和效益。从调查情况看，全省已涌现出一批跨行业、跨部门、跨区域的渔业产业化新型组织形式，其中组织化程度比较高，带动面比较广，规模比较大，联结比较紧密的组织形式，概括起来主要有以下几种形式：

一是链条组合形式。这种形式以龙头企业为骨干，一头连基地和农户，一头连市场，把生产、加工、销售、出口等环节有机地结合起来，形成利益共同体，促进农业增效、农民增收。二是块状组合形式。这种形式是农产品加工企业相对向城区、城郊、集镇或工业小区集中，集聚资金、土地、技术、劳动力等生产要素，形成产业化龙头，发挥综合效益。这种组织形式，更加有效地形成经营规模和效益，提高了渔业产业化经营的整体水平，是当前和今后一个时期渔业产业化经营呈现的一个主要组织形式。

2011 年，福建省人民政府出台了《关于扶持农民专业合作社示范社建设的若干意见》和《关于印发福建省"十二五"农民专业合作组织发展专项规划的通知》，进一步加强组织领导，对农民专业合作社进行大力扶持，促进全市农民专业合作社规范化发展。对专业合作社加大财政扶持力度、落实税收优惠政策、优化金融信贷服务和落实用地用电政策。2011 年颁布实施《福建省水产产业化龙头企业评审认定管理办法》，2012年实施《关于福建省贯彻落实国务院支持农业产业化龙头企业发展的实施意见》，对符合条件的农产品加工龙头企业项目，优先纳入省级技改专项资金补助范围，并积极帮助争取中央预算内投资有关专项资金扶持。明确指出现代农业发展、农业综合开发等涉农专项资金要优先支持省级以上重点龙头企业。全面落实国家扶持农产品加工业发展、企业开展技术创新推广等方面的各项税收优惠政策。每年由省渔业产业化工作领导小组筛选一批大型农产品加工项目优先列入省重点建设项目。

（五）云南省罗非鱼产业组织模式演变

2005 年，云南省人民政府出台了《云南省人民政府关于加快发展农民专业合作组织的意见》，各地均认真贯彻落实，促进了云南省农民专业合作组织发展。例如罗平县在鲁布革乡成立万峰湖水产专业合作经济组织——水产协会。通过协会内部章程的约束，把千家万户的养殖户组织起来，与龙头企业平等对接，与市场直接连结，与外部建立畅通的市场信息，避免供求失衡和内部的恶性竞争，规避市场风险，同时又将协会中的中共党员组织起来，建立了协会党支部。在县乡党委、政府的领导下，水产协会在技术培训交流、生产物资采购、产业规范发展、稳定社会秩序等方面发挥了积极作用。协会建立严格的管理制度，对养殖基地（农户）进行统一管理，统一苗种、统一饲料、统一技术规程、统一指导、统一收购、统一加工、统一销售，开展定单式规模化养殖，解决了养殖户的后顾之忧。2011 年，云南省人民政府颁布《关于推进农业产业化发展扶持农业龙头企业的意见》，推进农业产业化进程，扶持农业龙头企业的发展。例如罗平县县委、县政府加大招商引资力度，重点扶持通过招商引资组建的中外合资水产品深加工龙头企业——云南新海丰食品有限公司，为企业发展创造宽松的外部环境，加快产业化经营步伐。公司立足资源优势、区位优势、交通优势，在城郊轻工业园区征地 60 余亩，高标准规划，高起点建设全省一流、全国领先的罗非鱼产品深加工出口创汇工厂。依托龙头企业打造市场占有率高的名牌产品，带动种苗、加工、流通、渔药、饲料等配套产业的发展，形成"养殖、加工、流通"三位一体、互相促进的发展新格局。

由于渔业经济的发展特点、产业化发展程度及发展方向、资源分布的不同，不同地区渔业产业化发展组织模式将会有不同的选择。通过引进带动力强、发展前景好的罗非鱼生产加工龙头企业，可以降低生产成本，争创名优品牌。龙头企业通过建立起罗非鱼产前、产中、产后的"一条龙"经营体系，开发罗非鱼深加工产品，提高产品的附加值，增加罗非鱼养殖利润，促进罗非鱼产业发展。而农民专业合作组织作为单个农户的结合体，拥有比单个农户更强的谈判能力，合作社可以降低交易成本，实现小农户与大市场的有效对接。因此，提高罗非鱼产业组织化程度，大力发展渔业产业化经营和农民专业合作社，建立起种苗培育、养殖、产品加工、包装储运、饲料供应、产品经销等相互配套、综合经营的"一条龙"体系，有利于促进罗非鱼生产规模化和专业化水平，从环境水域、苗种、饲料用药等养殖过程实施全程的质量监控，保障罗非鱼产品的质量安全，稳步提高罗非鱼产量和增加养殖户收入，加快罗非鱼养殖产业化进程。

第三节　中国罗非鱼产业组织模式现状

中国罗非鱼养殖生产从一家一户的分散经营，发展到龙头企业和农户共同存在的局面，然而在产业发展相对落后地区仍以个体经营为主，产业整体发展极不均衡，现代化大生产与个体经营并存，此局面在短期内不会完全改变，但是可以通过发展产业化经营组织加以改善。中国罗非鱼产业经营组织模式主要有企业基地一体化型、龙头企业带动型和合作经济组织带动型等三种类型。经营模式在罗非鱼主产区的分布不一，广西壮族自治区企业基地一体化模式比较常见；海南省则以龙头企业带动模式为主，约占全省的 50%；广东省和福建省大多数为合作经济组织带动模式，其中福建省约占 20%～30%、广东省约占 30%。

一、罗非鱼产业化经营组织的主要形式

（一）企业基地一体化型

企业基地一体化模式主要是龙头企业向养殖户租赁养殖水面经营权，将大量分散在养殖户手中的养殖水面进行统一的生产经营。罗非鱼的养殖生产完全实行企业化管理，企业根据市场需求，统一提供罗非鱼苗种、饲料等生产资料，统一进行管理，进行全程技术指导与跟踪监督。养殖户当起了"产业工人"，养殖户只要根据企业制定的操作规程进行规范化操作、标准化生产，即可获得公司核定的工钱。中国的罗非鱼加工龙头企业多采用此种模式进行罗非鱼的养殖生产。例如海南勤富实业有限公司。

（二）龙头企业带动型

龙头企业指的是在某个行业中，对同行业的其他企业具有很深的影响、号召力和一定的示范、引导作用的企业。企业成为带动产业化发展的策动力，龙头企业在整个产业链条中处于优势和支配地位。龙头企业带动型（"公司＋农户"、"公司＋基地＋农户"等等），即以农产品加工、冷藏、运销企业为龙头，围绕一个产业或产品，实行产、加、销一体化经营，龙头企业外连国内外市场，内连农产品基地，基地连农户，形成松散型或紧密型半紧密型的利益共同体。龙头带动型的渔业产业化经营模式可具体分为"松散型"、"半紧密型"和"紧密型"等三种具体的操作模式。在"松散型"模式中，龙头企业与养殖户的连接纽带是市场，企业与养殖户进行现货交易，收购价格随行就市，交易结束后企业和养殖户之间不存在其他的经济联系；在"半紧密型"模式中，龙头企业与养殖户的连接纽带是契约，龙头企业事先与养殖户签订供销合同，按照双方合同中约定的价格，企业向养殖户预付一定数额的收购定金，待产品收获时养殖户按照合同向龙头企业提供相当数量和质量的产品，并进行最后的交易结算；在"紧密型"的模式中，养殖户与龙头企业联系的主要纽带是产权关系，通过参股、合并、收购等方式，养殖户被内化为企业的有机组成部分，成为企业的资产所有者。龙头企业带动型模式有利于发挥企业在资金、技术、管理和市场信息等方面的优势，从而得以加速农业现代化。在这种模式下企业占据绝对优势地位，企业对养殖户具有较强的博弈能力，而养殖户缺乏谈判能力，因而企业会倾向于压低农产品的协议价格，养殖户能够分享到的水产品加工、销售利润极为有限。由于契约的不完全性和信息的不对称性，企业和养殖户都可能发生机会主义行为，因而，当市场价格变动较大时，企业和养殖户都不得不投入大量的人力、物力进行监督，这必然增加了内部交易成本。具体有以下三种形式。

1."龙头企业+养殖户"模式

基本形式是围绕罗非鱼生产的养殖户群体，与销售及加工、服务企业，相互以合约形式实行产销衔接的一体化生产经营体系。在这种产业组合中，龙头企业与养殖户是相互独立的经济主体。龙头企业为从养殖户获得合乎要求而稳定的货源，养殖户为由公司帮助解决经营取向、生产技术、产品销售，形成在各自经营基础上的联合。该组织模式的优点是，企业化经营，追求利益最大化的结合，有较强的竞争性。在产业结合中，市场价格机制和非市场的组织机制结合，比较灵活，组织成本低；在产业发展不稳定、市场风险高的阶段，有较大的适应性；通过公司向渔业引入资金和现代技术要素。例如广西百洋集团。

2."龙头企业+基地+养殖户"模式

基本形式是将开发资源与建设产品基地结合起来，用产品基地把小养殖户组织起来，通过发挥本地资源优势建立起渔业生产或者加工基地；通过基地的逐步发展，培育市场主体，形成龙头企业，再以龙头企业带动区域渔业的发展。

这种模式是公司通过承包、租赁、购买等方式获得宜渔低价连片土地，开发出具有一定规模、功能齐全的养殖基地，利用市场、技术、管理等优势和社会化服务，把养殖户组织起来从事水产养殖，形成有组织、有规模、有专业分工的社会化生产经营模式。公司和养殖户这两个经营主体通过基地这一生产载体，以各自利益为结合点，分工合作，扬长避短，通过对相关资源的合理配置和利润分配，实现了规模化生产。它突出了"基地"的功能，基地不仅是组织化、规模化生产的载体，也是技术进步和产品质量的保证。该模式有利于实现小生产与大市场的对接，有利于生产要素合理流动和资源合理配置，降低养殖户单独经营的风险，保证养殖户利益的实现。广西百洋集团也有此种模式。

3."龙头企业+中介机构+养殖户"模式

基本形式是养殖户以家庭为单位生产水产品，龙头企业进行加工和销售水产品，中介机构居于其间，为养殖户提供产前和产中的服务（生产资料采购、技术服务、维权等），也为龙头企业提供服务（水产品粗加工和订立契约合同等）。这种产业组织的运作方式是，龙头企业根据生产计划，通知中介组织本年度生产的数量、品种，中介组织根据龙头企业的要求从渔业生产地区组织货源，协助龙头企业和养殖户公平合理地订立契约。有些时候，中介组织也可能负责产品的粗加工和运输。为了达到龙头企业的数量和品质要求，中介组织往往还为养殖户提供购买生产资料的服务和生产过程所需的技术服务。这种产业化组织模式是原有的"龙头企业＋养殖户"模式的产业化组织出于节约内生交易费用的目的通过引入中介机构而形成的。这种组织形式变革在一定程度上弥补了原有制度的缺陷。

（三）中介组织带动型

此种模式是以合作社或者专业协会为依托，围绕某种水产品生产，按照自愿、互利的原则，把从事专业生产的养殖户组织起来，为协会会员提供产前、产中、产后服务，促进产业化经营。渔业协会、各种渔业合作经济组织、养殖专业合作社是中介组织的主要形式。中介组织可通过合作制或股份合作制等利益联结机制，带动养殖户根据市场需求从事专业生产，将生产、加工、销售有机结合起来，实行一体化经营，使养殖户既避免盲目生产，又能解决销售问题，同时也给中介组织带来稳定收入。有了中介组织，更好地代表和保障养殖户利益，便于养殖户与龙头企业打交道，企业成本得以降低，基层的渔业经济部门也有了开展技术推广和服务工作的载体。中介组织还在养殖户和科研机构之间起到桥梁作用，使科技成果能够及时转化为现实生产力。具体形式如下。

1."合作社＋养殖户"模式

"合作社＋养殖户"模式是渔业产业化发展到一定阶段的产物，是渔业产业化的一种较高级的组织形式。养殖户通过入股，成立渔业专业合作社，渔业合作社是在家庭承包自主经营基础上，养殖户与为渔业生产经营服务的提供者、利用者自愿联合，民主管理的互助性经济组织。养殖户通过选举产生合作社董事会、监事会成员，聘请总经理管理合作社。养殖户根据合作社安排的计划，定向生产，将生产的产品交付合作社统一销售或加工，养殖户根据与合作社发生的业务量大小和入股多少来分红。养殖户是生产者，也是合作社的经营者，能够较强地抵御经营风险。而且合作社可以享受国家的多项扶持政策，可以集中养殖户资金，扩大再生产或进行其他事业的投资，拓宽经营渠道，提高养殖户竞争力，取得更大的经济效益。这种模式可以有效避免养殖户过分依赖渔业协会或龙头企业，降低经营风险，是渔业产业化将来发展的主要形式。例如广东省廉江市恒联水产养殖专业合作社。

2."渔业行业协会＋养殖户"模式

发展渔业协会，可以提高渔业的组织化水平。渔业协会组织有一定的凝聚力和控制力，是市场经济必然的产物。一要借鉴国外行业协会的做法，按照市场经济规律和产业自身发展需要，大力推进民间组织、特别是渔业协会建设，为产业健康发展创造良好的条件。二是要引导民间组织、渔业协会发挥人才优势，利用内部调控手段，促进会员平等竞争，推动产业上规模、上水平；三要发挥渔业协会的桥梁和纽带作用，围绕水产主体品种产业化环节，协调会员一起进行技术、品种更新，组织经验、信息交流，开展投资、贸易中介，加快市场、产业开拓步伐，推动产业的快速发展和技术进步。

"渔业行业协会＋养殖户"模式是以渔业协会为牵头的经营组织形式。这种模式是依靠渔业协会将养殖户组织起来，统一生产、统一批发销售，可以把养殖户分散的小规模经营集中合并起来，形成有较强实力的渔业生产销售为一体的联合组织，统一对外宣传，统一制定价格，统一购进原材料，可以降低成本，集体创造品牌，解决销售问题，是渔业产业化有了初步发展，渔业协会已经建立并发挥较强的组织协调能力地区发展的模式。该模式的局限性在于过分依赖渔业协会。渔业协会要有较强实力运作市场、协调养殖户，协会负责人要廉洁奉公，有较高威信和较强能力来领导养殖户生产、开拓市场。例如海南省琼海市罗非鱼养殖技术协会。

中介组织联动模式在某种程度上克服了龙头企业带动模式中产业化组织内部交易成本过高的弊端，有利于防范企业和养殖户毁约行为的发生。中介组织成为这一模式的核心部分，并在其中发挥着重要的协调作用，中介组织的出现使得企业与养殖户之间信息的不对称性有所降低、他们所签订契约的不完全性有所减弱，渔业产业化组织的内部交易成本有所减少。但是，这种模式引入了委托代理关系，使得契约关系更为复杂，中介组织目标和利益多元化使得企业与养殖户之间的博弈关系更为复杂和不稳定，养殖户的利益在很大程度上受中介组织的左右。另外，中介组织拥有养殖户的部分决策权，这一方面可以降低整个产业化组织的内部交易成本，但另一方面也可能导致组织发生异化，出现龙头企业和中介组织联合起来共同侵占养殖户利益的局面。

所以从制度上看，合作社组织带动型是三种模式中较为完善的组织模式。但是，由于缺乏实力强劲的龙头企业带动，这一模式易受到诸如资金、技术、管理能力、销售渠道等因素的制约。另外，当合作社经营规模扩大到一定程度的时候，不仅出现融资困难、资金不足的瓶颈，而且科层管理结构复杂化，也使得组织内部的交易成本不断增加。但随着市场经济的发展，大多数企业通过合作社与养殖户形成了一种间接地契约关系，如"企业＋合作社＋养殖户"的利益联结方式在当前罗非鱼产业中较为普遍。

（四）加工出口牵动型

以水产品加工企业为纽带，联合众多水产养殖户，加工企业平时为养殖户提供技术服务，帮助他们解决购买种苗、饲料、渔需物资的资金困难问题；到了产品收获时，随行就市，按照当时的市场价格收购他们的产品；产品入厂经过精深加工之后，多数销往国外市场。这种模式借助于有自行进出口权的龙头企业，把水产品直接导向国际市场或通过加工增值后打入国际市场。这种方式更加注重与国际接轨，熟悉有关出口国家的法律和法规，一切按照 WTO 有关的规章制度办事，并不断提高产品的质量，使产品符合国际水准的要求。即整个产业链从生产到销售的整个环节都由一个企业来进行。在这个企业内，由专门负责生产的部门进行生产，生产出来的初级水产品就在企业内部不经过市场交易而通过企业内部的行政命令进入加工环节，加工出来的初级水产品直接由销售部门负责进行销售。或者初级水产品再次通过一体化企业内部的行政命令进入深加工的环节，最终产品由企业内专门的销售部门对外通过市场交易进行销售。整个产业链中只有在产前的原材料供应环节和最终产品的销售环节才存在市场交易。这种组织形式大大节省了搜寻、定价等外部的市场交易费用。例如北海钦国有限公司。

二、罗非鱼产业组织存在的主要问题

（一）对公司规模要求较高，养殖户的利益难以得到保障

"公司＋基地＋养殖户"的运作模式较为依赖产业链分工和合理的利益分配机制，对公司的产业链配套、区域布局、资金实力、供销规模、品牌信誉等方面要求较高。龙头企业发挥着开拓市场、建立基地、带动农户的重要作用。当前中国罗非鱼产业经营的龙头企业少，规模不大，缺乏雄厚的实力，更不能大范围的把生产者、销售者和消费者紧密连结在一起。除了个别的罗非鱼进出口生产企业外大部分是单打独斗，缺乏横向联系，龙头企业和专业合作社未能形成合力，对农民的积极示范带动作用不显著，优化提高产业组织效率作用有限。而且此种模式的缺陷在于：一方面，由于养殖户的分散性和信息不对称性使得养殖户在与企业的谈判中始终处于劣势，公司利用自身对整个产业链的控制和对市场信息的掌握，在市场交易中容易出现利润不对称的现象，养殖户难以分配到整个产业链中的收益；另一方面，公司在提供技术指导、监督生产以及对产品质量的验收上花费了一定费用，造成企业内部管理成本较高。

（二）违约现象时有发生，影响组织合作的稳定性

龙头企业和养殖户之间衔接松散，有些完全是一种产品买断的关系，其结果对企

业和养殖户的经营产生了不良影响，进而也影响到组织合作的稳定和可持续性。对农业产业组织运行影响最大的莫过于违约事件，有学者曾估计违约事件中公司占70%、养殖户占30%。由于罗非鱼市场价格受诸多因素的影响，当市场价格高于协商价格时，养殖户必然把罗非鱼转售给市场的意愿；而当市场价格低于协商价格时，龙头企业则更倾向于从市场上收购，违约现象便时有发生。

1. 合作组织内部运行机制不健全、不规范、管理水平较低

许多专业化合作组织的内部管理体制不完善，组织机制没有形成。例如，一些专业化合作组织内部组织制度、议事决策制度、财务管理制度等不健全，存在无章可循或有章不循的问题；一些专业合作社负责人权力的行使得不到会员的有效监督，合作组织与会员、负责人之间的关系没有理顺，权利与义务界定不清；尤其是农村的很多专业化合作组织没有运作章程，严重影响了正常的生产合作经营活动。目前，很多罗非鱼养殖专业化合作组织，由于大多数是养殖户自己创办，创办群体的现代管理知识有限，没有制定规范的章程，自放自由，运作极不规范，管理无章无法可依，随意性很强；有的虽有章程，但没有按章程办事，实际上也是处于放任自流，没有自己内部的运行组织机制。专业化合作组织内部管理不完善，与人才匮乏也有直接关系，农村现有的专业化合作组织负责人自身素质的高低往往决定了合作社今后的发展命运。由于缺乏科学严谨的管理经验和完善的内部管理机制，合作社在成立之初，为了生存，兼之血缘地缘关系，社里上下一心，共渡难关，但是如果有一定的经济收入，就会因为利益分配机制不明确，管理制度不健全而带来生存危机。

2. 合作社发展面临资金困境和信任危机

合作社不仅要组织统一生产，负责监督养殖生产管理，进行产品质量考核，预防事后机会主义行为等，还要承担生产和销售上的风险。而目前罗非鱼养殖专业合作社本身运营机制决定了其运营资金来源不足，一是养殖户缺乏发展资金，二是合作社自身运营经费没有保障。由于专业合作社从事的基本上都是属于弱质产业的养殖业，养殖风险较大，效益不高，很难吸纳社会富余资金，加上养殖户的收入水平较低，养殖户自身的积累非常有限，也严重影响了会员的投入。为了筹集发展资金，有的合作社进行饲料销售，在确保社长自身利益的前提下，才会顾及到养殖户的利益，造成社员对合作社的整体不信任。

3. 小养殖户入会难，缺乏专职工作人员

由于行业协会入会费较高和协会本身的宣传工作不到位，对小养殖户而言，并没有看到加入协会的实际好处，小养殖户对加入行业协会的意愿不大，造成行业协会在帮助小养殖户进行养殖生产销售方面难以充分发挥作用。虽然罗非鱼行业协会

已架构起一定的组织，设立了秘书处等部门开展日常管理工作，但仍然缺乏专职工作人员，大多数协会的工作人员是由其他单位的工作人员兼职，难以对行业协会的工作全力投入。

4.产业政策制定存在缺陷

产业的发展离不开产业内部的产业组织，产业组织实体主要有企业、个体养殖户、农民专业合作组织。产业组织的发展需要良好的产业组织政策来支持。在市场经济中企业是产业组织的主要形式，但由于企业特有的逐利倾向，在市场交易中必然会出现不公平现象，由于农民的分散性使其在与企业的谈判中始终处于劣势。养殖户在与企业交易的过程中没有发言权，只是被动的接受企业提出的一切要求，自身的权益难以维护。农民专业合作组织作为多个养殖户的结合体，拥有比单个养殖户较强的谈判能力，它代表了广大养殖户的利益，虽然近几年来国家大力支持农民专业合作组织的成立来提高农民的维权能力，但各地的发展情况不同。在实际的运行过程中会逐渐被行政化或被企业渗透成为企业的附属。就主产区来说，罗非鱼作为当地的主导产业，几乎成了每个养殖户都参与的产业，同时当地政府也引进了许多大型龙头企业来带动该产业的发展，但实际上养殖户由于分散没有形成良好组织，在与企业的交易中始终没有得到应有的收益，虽然政府在制定产业政策的时候会提及大力扶持农民专业合作组织的建立，然而这些只是停留在政策层面，更多的政策则是偏向于对龙头企业的扶持与优惠，使得产业组织政策的应有效力失去作用，不利于产业的发展。

由于罗非鱼产业政策制定上存在上述问题，致使中国罗非鱼产业发展缺乏符合罗非鱼产业特点和产业发展规律的长远发展规划，缺乏长期稳定的投入渠道和可靠的投资保障，缺乏合理的产业组织政策和布局政策，不能有效地发挥政策对罗非鱼产业发展的激励作用，对罗非鱼产业长远发展有一定的影响。

第四节　中国罗非鱼产业不同组织模式案例的效益分析

为充分发挥罗非鱼龙头企业、合作社、大户等在罗非鱼养殖生产经营中的重要作用，国家罗非鱼产业技术体系经济岗位团队联合其他研究室和试验站，分别在罗非鱼主产区选取典型的罗非鱼加工龙头企业、罗非鱼养殖专业合作社和罗非鱼行业协会为调研点，针对具有代表性的罗非鱼产业经营组织模式——企业基地一体化型、龙头企业带动型和合作经济组织带动型进行效益分析。通过对不同的罗非鱼产业化经营组织模式的案例进行探讨分析，交叉学习不同产业化经营组织模式的发展经验，提出促进罗非鱼产业发展的对策建议。

一、企业基地一体化型

中国的罗非鱼加工龙头企业多采用企业基地一体化型模式进行罗非鱼的养殖生产（图7-2）。下文主要选取海南勤富实业有限公司和博罗县吴波畜牧水产有限公司为例进行分析。

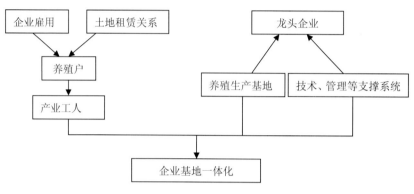

图 7-2　企业基地一体化示意图

（一）海南勤富实业有限公司

海南勤富实业有限公司成立于 2000 年 3 月，公司注册资金 3000 万元，是海南省最早发展罗非鱼养殖、养殖技术最全面、养殖规模最大、标准化程度最高的省级重点渔业产业化龙头企业。公司于 2007 年投资建设海南勤富食品有限公司，该食品公司是从事罗非鱼养殖、加工、贸易的综合型水产企业，完全按"公司＋基地＋标准化"模式经营。公司地处文昌市清澜新市区，总投资 5000 万元人民币，总占地面积 48000 平方米。主要产品有：冻罗非鱼片、条冻罗非鱼等。产品主要销往欧盟、美国、俄罗斯、日本、墨西哥、澳大利亚、中东等国家和地区。公司现有 12 个养殖基地，遍布文昌、定安、临高等市县，总面积 5000 亩，带动罗非鱼养殖户 800 多户，连接养殖户罗非鱼养殖基地 2 万亩，辐射带动文昌市罗非鱼养殖面积 10 万亩，对推动农业经济结构调整、加快社会主义新农村建设和农民增收方面起到了积极作用。公司拥有的 12 个水产养殖基地全部被海南省人民政府海洋与渔业厅授予"无公害农产品产地认定证书"。公司为推进罗非鱼成片养殖，引导和鼓励农民利用中小型水库和低洼地养殖罗非鱼，扩大精品养殖规模，提高养殖科技含量，产品均按"无公害、无药物残留"的国际标准生产，把罗非鱼养殖产业做强做大，为公司走向高附加值的深加工提供充足原料奠定基础。养殖场共有养殖水面面积 600 亩，罗非鱼亩产高达 2000 公斤，2 年产量达 1200 吨，年产值达 1200 万元，亩产值约达到 2 万元，人均产值达到 40 万元。

（二）博罗县吴波畜牧水产有限公司

博罗县吴波畜牧水产有限公司位于广东省惠州市博罗县杨桥镇，公司成立于2005年，是以养殖樱桃谷鸭为主，鱼塘养殖为辅，集产供销于一体的水产养殖企业。该公司现有水产养殖基地约100个，鱼塘水面面积约200公顷，加盟养殖户86户。公司主要采用鱼鸭共生的综合经营模式，鱼鸭混养不仅可以肥水，还可以使得鱼类养殖成本低于同类平均水平。公司一年共放养8批鸭子（100～120只/亩），主养草鱼和罗非鱼，套养鲢鱼、鳙鱼和鲫鱼等。公司年出产商品鱼约3500吨，年种鸭养殖2.7万羽，出栏鲜活樱桃谷肉鸭约300万只，现正常存栏活鸭30万只，月销售活鸭25万只左右。

羊和村经济利益共同体也是吴波公司为了升级管理模式，推行标准化生产而提出，采用"公司+投资者+管理者"的创新型的融资模式，公司主要发挥统筹协调的作用，作为组织者，出面协调养殖用地，负责完成鱼塘标准化建设，为养殖户提供产前、产中和产后服务。在产前服务方面，建立标准化养殖生产基地，提供优良的苗种；在产中服务方面，公司购买苗种、饲料和鱼药等生产资料，委派技术人员监督养殖生产，养殖场的生产管理由管理者全权负责；在产后服务方面，公司对养殖产品进行统一销售。准纵向一体化模式中的公司就是帮生产过程"外包"给养殖户，公司雇佣养殖户（和吴波公司合作多年，有丰富的养殖经验）在基地工作，养殖户当起了"产业工人"，养殖户只要按照公司制定的操作规程进行规范化操作和标准化生产，即可获得相应的工钱。在此准纵向一体化模式下，公司主导了养殖产业链的整合过程。公司通过对产业链的整合，促进产业经营组织协同进化并产生合作剩余。

二、龙头企业带动型

龙头企业带动模式主要是龙头企业按照契约约定组织农民养殖户生产，并回购、销售罗非鱼产品的产业化经营模式，具有引导罗非鱼生产、深化罗非鱼加工、开拓罗非鱼销售市场、提供全程技术服务并进行技术创新等综合功能，是罗非鱼产业发展的中坚力量（图7-3）。目前，罗非鱼行业内仅有少数几家优势企业可采用此种模式。下文主要选取广西百洋集团和云南新海丰食品有限公司为例进行分析。

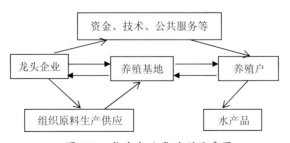

图7-3　龙头企业带动型示意图

（一）广西百洋集团

广西百洋集团是一家水产种苗繁育、水产养殖、水产品加工出口、国内贸易为一体的渔业产业化龙头企业，罗非鱼产品出口量和出口额连续几年位居全国同业首位，集团被授予"中国罗非鱼行业突出贡献奖"。百洋集团采用"公司＋基地＋养殖户"的运作模式进行罗非鱼的生产与加工出口，集团采用基于市场化合作下的差异化服务体系。集团按照出口备案基地标准，在广西南宁、钦州、防城、北海、百色、河池、贵港，广东茂名、湛江及海南等地，水质优良，精选罗非鱼优质鱼苗，严格按照水产品出口备案基地标准养殖，安全无公害。集团开展标准化、专业化、规模化养殖，并通过自身完善的产业链优势，为农户提供种苗、饲料、基地示范、技术支持及成鱼回收，直接和辐射带动了两广及海南地区数万农户走上水产养殖致富之路，有力地促进当地水产养殖水平的提升和渔业经济发展。

其主要做法如下：公司建立罗非鱼养殖基地负责示范带动养殖户进行罗非鱼的养殖生产，公司为养殖户提供罗非鱼种苗、饲料和养殖技术等服务，帮助养殖户解决产前和产中遇到的一系列困难，最后公司收购合作养殖户的罗非鱼作为加工原料。从罗非鱼生产加工到储运出口，每一个环节均严格按照中国出口食品卫生有关法律法规、美国联邦水产品 HACCP 法规标准和欧盟食品卫生法规要求进行质量监控。公司通过资信标准将养殖户分为三类：普通养殖户、合作养殖户和优质合作养殖户，并根据养殖户的资质进行差异化业务服务，其中优质合作养殖户可以获得公司的饲料赊销以及部分资金担保的权限。公司凭借差异化的服务体系，持续为广大养殖户创造价值，直接带动了上万户养殖户开展合作养殖，养殖面积达到数万亩，有力推动了周边养殖业的发展。相较于国内主流的小型罗非鱼加工模式，"公司＋基地＋养殖户"模式对于企业的资质要求较高，但能够保障稳定的原料来源与效益最大化。目前，罗非鱼行业内仅有少数几家优势企业可采用此种模式。

百洋集团在防城港市的大水面淡水池塘鱼虾混养殖基地，共有养殖面积 410 亩，其中罗非鱼年产量 410 吨，亩产 1000 公斤，产值 410 万元，平均亩产值 1 万元，人均产值达 20 万元。相较于国内主流的小型罗非鱼加工模式，"公司＋基地＋养殖户"模式对于企业的资质要求较高，但能够保障稳定的原料来源与效益最大化。

（二）云南新海丰食品有限公司

新海丰食品有限公司是云南省第一家集水产品养殖、加工、销售为一体的水产品深加工企业，是引领全市现代渔业发展的代表。利用万峰湖优越的水资源优势，大力发展罗非鱼规模化养殖、加工和销售，既大力发展了现代渔业，又带动了库区经济发展，解决了部分失地农民的生计问题，带动就业，促进了移民增收。

公司严格按照利于环保的循环经济模式开展建设，建有先进的养殖基地、鱼片加工厂和鱼粉加工厂。总投资1.2亿元，设计能力为年加工罗非鱼5万吨，生产罗非鱼片2万吨，销售收入5亿元。2008年6月投入生产。主要产品有罗非鱼片、条冻罗非鱼，副产品有鱼粉、鱼油、白条鱼、黄颡鱼、青虾等。产品出口美国、澳大利亚、墨西哥等国际市场。具体做法如下。

1. 标准的养殖基地建设

公司养殖基地建在罗平县万峰湖库区，科学规划，建设标准罗非鱼网箱养殖基地，依据国家标准和行业标准，制定更严格的企业生产标准和养殖基地作业指导，统一派经验丰富的技术员，指导农户进行标准化生产。采取"公司＋基地＋渔户"的经营模式，签定养殖合同，分散养殖，定期培训，实行计划收购，同时建立基础数据档案，开展标准化养殖技术，强化标识管理和环保责任，确保水体质量。目前，基地已建网箱5000余个，是云南省最大的罗非鱼养殖出口基地。

2. 先进的加工基地建设

主要设备从德国进口，生产流水线符合国际标准，公司自建技术中心（通过市级技术中心认定），负责水产品质量安全的检测和动态监测。产品经各批次自检送检，全部达到出口标准。现已通过QS认证和HACCP认证，目前正在开展欧盟认证和美国FDA注册工作，计划年内通过认证后，产品即可顺利进入欧盟和美国市场。鱼片加工厂生产后的下脚料（固废），公司配套建设鱼粉鱼油加工厂，全部用于加工成鱼粉及鱼油，既利于环保、又促进了循环经济的发展。

自2008年6月投入生产至2009年8月以来，向渔户收购罗非鱼1.7万吨，共加工罗非鱼1.7万吨，销售收入1.7亿元，出口创汇1.6亿元。公司采用订单式生产方式，同养殖户签订生产合同，实行保护价收购，保护渔民合法利益。公司每年以村委会为单位选出贫困养殖户，出资对其进行网具，生产技术，渔业物资等方面的扶持，直接受益扶贫6909人。公司通过招聘当地合同工，吸纳当地人才就业，共招募企业员工500余人。通过企业良好的示范带动作用，滇桂黔三省区结合部万峰湖库区共有5千余户、2万多移民从事渔业生产，渔民人均养殖纯收入达1.7万元，大大高于传统农业生产效益。

三、合作经济组织带动型

合作经济组织带动型模式大体可分为两种，专业合作社和行业协会。

（一）专业合作社

专业合作社模式主要是农民作为市场上弱小而分散的市场主体，为保护自身利益而按照合作原则组织起来展开自我服务的经济组织形式（图 7-4）。由于农民的分散性使得企业在谈判中始终处于优势，个体养殖户在与市场和企业的竞争中处于劣势地位，他们在与企业交易的过程中没有发言权，只是被动的接受企业提出的一切要求，自身的权益难以维护。中国罗非鱼合作经济组织一般由村里有威望的"能人"牵头成立养殖专业合作社（或养殖技术协会），合作社（或协会）是一种非资本化的养殖户联合体，对外实行营利性经营，对内则是非营利性的服务和自我保护。合作社（或协会）作为农民的代言人与企业签订合同，并依据章程约束会员的行为。专业合作经济组织作为个体养殖户的结合体，拥有比个体养殖户更强的谈判能力，它代表了广大养殖户的利益。下文选取茂名市两个著名的罗非鱼养殖专业合作社进行分析。

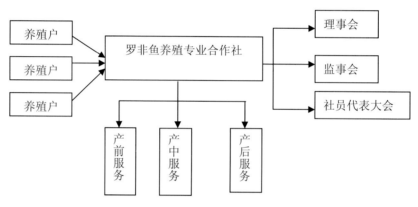

图 7-4　合作组织带动型示意图

1. 茂名高州市长兴罗非鱼养殖专业合作社

广东省茂名市气候条件十分适宜罗非鱼养殖。目前，全市共有罗非鱼养殖面积 22.6 万亩，年产量 18.2 万吨，年产值 16.8 亿元，罗非鱼产量约占广东省的 1/3，是广东省乃至全国规模最大的罗非鱼产业基地，被授予"中国罗非鱼之都"称号。罗非鱼产业是茂名市渔业的一个大产业，罗非鱼种苗繁育、养殖、加工一条龙已初步形成，带动了农村 5 万多名劳动力就业，人均收入超 1.5 万元，该产业已成为茂名市广大农民致富、农产品出口创汇的重要产业之一。茂名市罗非鱼产业在罗非鱼养殖专业合作社这一新型的合作社组织带动下，提高渔民进入市场的组织化程度，推进渔业产业化经营和渔业结构调整，实现渔业增效、渔民增收、渔区繁荣，有效促进社会主义新农村建设。

广东省高州市长兴罗非鱼养殖专业合作社以无公害标准化养殖为入社条件，吸引着大批养殖场为达到入社条件而积极按照无公害标准化要求改造生产基地，为社员提供生产、技术、营销等服务，形成生产、营销、社会化服务为一体的农民专业合作社。

合作社已依法制定了章程、健康养殖产地认定办法，目前合作社有养殖户130多户，还带动了100多户，养殖总面积5000多亩。产品将可完全达到出口欧盟、美国等国际市场的质量安全要求。该合作社以茂名市长兴食品有限公司为依托，通过"合作社＋公司＋养殖户"的组织形式，从事罗非鱼的生产与流通，养殖户按照自愿、平等、民主、互助、互利原则，自愿组织起来，实现自我服务。其宗旨是联合水质优良、纯投料的健康养殖专业户，为全市相关养殖场提供罗非鱼养殖、流通、加工等综合服务，进一步推进当地罗非鱼产业化进程。合作社向社员提供优质平价的鱼苗、鱼药、饲料、饲料原料等养殖生产资料，提供罗非鱼养殖的科学管理技术，根据全体社员的罗非鱼生产计划，制定销售方案，组织配送队伍，将社员的罗非鱼送到罗非鱼加工厂、批发市场，进行统一销售。

合作社的主要做法是：一是做好服务。为社员提供产前、产中、产后服务，协调饲料的供应、罗非鱼的销售。协助和指导社员根据无公害标准和要求成为顺德利宝饲料有限公司的合作伙伴并得到其大力支持，为社员提供低价高质的饲料，与水产企业协商罗非鱼的收购标准和价格，提高养殖户的效益。二是热情帮扶。根据社员在创业中遇到的问题，从资金、技术上进行帮扶，先后帮助23户养殖户做大做强水产养殖业。多次邀请省内著名的专家教授前来传授养殖技术，现场解答疑问；在合作社内建立养殖技术信息交流会制度，使社员之间互相学习互相促进；为资金周转困难的养殖户提供饲料的赊销，解决资金不足的问题。三是及时解难。2008年初受冰冻天气影响，大部分养殖户的塘鱼都被冻死，经济损失惨重。正当他们一筹莫展的时候，黎来基主动免费为他们提供灾后消毒药物、鱼苗、饲料等，提供周转资金60万元，使他们在最短的时间内恢复生产。走上致富路的同时，黎来基热心支持家乡公益事业建设。他带头捐助了3万元，并发动社员和村民捐资16万元在村内建设起环村水泥硬地化道路等公益事业。

该合作社罗非鱼养殖面积将超过3万亩，产量超2.5万吨。在高州长兴罗非鱼专业合作社组织带动下，渔民社员的市场组织化程度得到提高，年增加收入近4000万元。

2. 广东省廉江市恒联水产养殖专业合作社

该合作社是廉江市以罗非鱼养殖为主的经济合作组织，紧紧围绕罗非鱼的产、供、销开展生产经营活动。从合作社成立以来，已经发展社员100多户，养殖面积达2.5万多亩，占到全市养殖面积的60%以上。为了保证罗非鱼产品质量，合作社推行标准化生产，主要做法如下：首先，合作社统一推荐两家罗非鱼苗种厂、两家饲料厂供社员选用，为社员定购健康优质的种苗，对部分因特殊原因没有统一定购种苗的社员，要求种苗必须来自取得生产许可证的繁育场。其次，对罗非鱼养殖的监管贯穿于整个生产过程，按照《水产养殖质量安全管理规定》，从鱼塘环境的整治、饲料的使用、鱼病的防治等，进行全程跟踪服务。合作社执行渔医生行医制度，对鱼病对症下药，避免药物超标和残留等问题，使罗非鱼产品的质量安全得到保障。再次，合作社成立了捕捞队，负责社员养殖罗非鱼的捕捞、收购和运输。2008年，该合作社产前帮助渔农采购约5000多万尾优质罗非鱼苗，为渔农供应优质饲料4000多吨左右，产后帮助渔农销售罗非鱼182多万千克，专业合作社的年产值高达1500多万元。合作社将社员作为加工企业备案的养殖户，由合作社与水产加工企业签订供销协议，加工企业预先为养殖户支付生产资金，然后由合作社统一收购原料鱼送往加工企业，保证了加工企业有充足、优质的原材料供应，真正实现了互利共赢，在一定程度上化解了小生产与大市场的矛盾。由于合作社与加工厂关系密切，合作社能及时了解罗非鱼出口贸易的形势和信息，提高社员在与加工企业价格谈判中的地位，可以更好地就罗非鱼产品价格问题与加工企业进行交涉，从而保障了社员的利益，提高了社员的养殖积极性。

从合作社成立以来，已经发展社员100多户，养殖面积1.1万亩，辐射面积约5000亩，占到全市养殖面积的60%以上，专业合作社的亩产达到1200千克，年产量为13000吨，年产值高达1.3亿元，平均亩产值12000元，人均产值48万元。

由于养殖户与龙头组织之间信息不对称，导致处于信息优势的一方利用该优势损害另一方的利益，导致整个系统利益降低所产生的损失。在大多数产业化经营模式中，养殖户只负责生产，成为龙头组织的生产基地，而龙头组织则负责加工与销售。在系统运行过程中，由于养殖户基本不接触市场信息，而龙头组织占有丰富的市场信息。而在一定程度上这些组织具有垄断或寡头垄断的性质，在利益－风险机制不完善的条件下，很难做到与养殖户平等分享产业化利益。在与养殖户交易时，不会将销售价格、销售利润等信息及时传递给养殖户，使养殖户成为最终受害者，严重挫伤养殖户参与渔业产业化经营的积极性。因此，需要渔业行业协会、合作经济组织等中介组织充分发挥组织协调功能。通过中介组织将龙头企业、渔业经济联合体、渔业经济合作组织和广大渔农民组织起来，统一生产计划、统一组织苗种、技术、资金、信息服务，统一采购渔药、鱼饲料等投入品，统一产品的收购加工与销售，统一把握产品质量，统一整治渔业生态环境与渔业资源保护，将分散的渔业生产纳入统一规范化管理轨道，全面落实宏观调控任务，提升产业的组织化程度。

（二）行业协会

行业协会主要是渔业行业协会作为渔业管理部门与渔业组织之间联系的桥梁与纽带，发挥政府和养殖户之间的中介和桥梁功能。协会协同政府制定行业标准，及时向会员提供相关技术信息、资料，为会员提供服务，有效抵御来自国内外两个市场的风险。协会的发起，主要是罗非鱼养殖大户或能人牵头。这种类型即以当地长期从事罗非鱼养殖的大户或能人为带头人，这些大户通常在当地较有威信，既能积极与政府等相关主体进行沟通，又能与养殖户形成紧密的联系（图7-5）。

图 7-5　协会连结型示意图

海南省琼海市罗非鱼养殖技术协会，积极引领养殖户依靠科技做大做强罗非鱼产业，打造无公害罗非鱼品牌。协会采用"协会、养殖户、服务"的模式，积极为广大养殖户解决鱼苗、饲料、技术及产品销售等一系列问题。协会现拥有会员150多人，养殖面积达3.5万亩，年总产量达7万吨，年创产值6.3亿元。该协会的主要做法如下：一是协会出面与海南通威饲料厂等多家饲料厂签订购销合同，以每吨饲料低于市场价50元的价格在琼海设立饲料直销点，直销点与养殖户之间订立赊账合同，养殖户可先赊饲料养殖罗非鱼，等成品鱼销售后再结帐，通过这种方式可以解决部分养殖户缺乏生产资金的问题；二是引进优质鱼苗直供养殖户，有利于提高罗非鱼的成活率和产量；三是协会利用手机等现代通讯手段，为养殖户及时发送养殖技术、鱼料价格、市场信息和气候信息等，充分利用农业科技"110"服务平台，快速为养殖户提供技术服务；四是组织配有增氧保活专业设备的销售队伍进行捕捞，保证养殖户的成品鱼直销厂家，使养殖户获得较高的经济收益。协会还经常组织会员进行技术培训、交流和外出参观考察，先后推广应用配合饲料及科学投饵技术、分级饲养技术和山塘、水库精养技术等10多项科技成果，引导会员发展绿色有机罗非鱼生产，使全市98%以上的养殖户由过去的年养一造发展为年养两造，年亩产量由过去的1000千克增加到2000千克，使罗非鱼养殖户的产值得到大幅增收。

协会现拥有会员106户，共有69户的养殖面积居于200～300亩之间。养殖面积达5600亩，年总产量达1.2万吨，亩产达2200千克，年创产值1.2亿元，亩产值达22000元，人均产值高达37万元。辐射带动全市130多个村1200户直接从事罗非鱼养殖业，直接受益人口6800人，年均每户增收5万多元，实现利润5940万元。

通过以上对三种不同组织模式的分析，对三种组织模式的绩效和优劣势进行简单的总结（表7-1）。

表 7-1　三种罗非鱼产业化经营组织模式的优劣势分析

	优势	劣势
企业基地一体化型	①公司负责收集分析市场信息，根据市场行情安排"产业工人"进行生产；②统一提供生产资料，进行标准化生产	①公司交易成本太高；②一旦发生大规模疫情对企业的影响较大
龙头企业带动型	①引进国内外新技术、新工艺、新品种，生产管理规范化；②降低交易费用和经营风险，维护了社员的利益，实现小养殖户与大市场的有效对接	为依赖产业链分工和合理的利益分配机制，对公司的产业链配套、区域布局、资金实力、供销规模、品牌信誉等方面要求较高
合作经济组织带动型	①收集、整理、分析和向社员提供相关技术信息、资料，为会员提供服务；②行业协会可以协同有关部门调解罗非鱼经营活动中的纠纷，接受投诉，向政府有关部门提出处理建议等	①缺乏资金支撑；②社员的信任危机

第五节　国外渔业产业组织模式经验借鉴

发达国家在传统渔业向现代渔业的转变过程中，高效率和规范的产业、行业和企业组织模式以及现代企业制度起到了关键作用。发达国家农民的组织化程度很高，如法国的 80% 以上农场都参加了合作经济组织；德国所有农户都是经济组织成员，超过 80% 的农场加入了合作经济组织；美国每 6 位农场主就有 5 位参加合作经济组织。合作经济组织的发展加快了先进技术的推广，扩大了渔业生产的规模效应，促进了渔业产业链的延伸，使渔业由弱质转向强质，促进了渔业的快速发展。

一、国外渔业产业化经营组织模式发展概述

国外渔业产业化的发展是伴随着工业化和城镇化逐步形成的，其发展经历了孕育、形成和发展阶段。在各国渔业产业化发展的浪潮中，不同国家发展模式多样，如北美、欧洲和一些发展中国家的畜牧、水产、林业等产业，都普遍推行了"农、工、商一体化"的经营体制，俄罗斯和东欧国家纷纷出现了"农、工、商综合体"之类的模式。

（一）合作社模式

此种模式在欧洲较为普遍，大多是中、小养殖户自愿联合集体生产加工或销售，社务由全体社员协商，一人一票的方式进行民主议决，其收入一般是在扣留必要的公积金后，按社员投入比例进行分配。合作社模式主要有渔业生产合作、生产资料供应合作、产品加工销售合作、经营管理和技术信息咨询合作以及信贷保险合作等。在合

作社巩固和发展的基础上，各地合作社又自愿按产业联合，逐步组成从地方到中央的合作联社。

（二）专业协会模式

此种模式是一种由养殖户为主体自愿组成的社会团体，把分散的渔场或养殖户通过市场开拓和技术、信息服务等环节联结起来，形成利益共摊、风险共担的社会化生产和销售服务体系。如日本的农业协同组合（简称农协），是以农民为主要成员，共同出资建立的农民自我服务组织，其组织系统包括中央、县、区三级，业务范围包括购买生产资料、销售产品、进行生产指导和信贷等，日本农协批发的农畜产品占批发总量的 60% 以上；澳大利亚设有全国羊毛协会、羊毛销售经纪人协会、羊毛出售商协会和羊毛加工者协会，分别代表羊毛生产者、经纪人、销售商和加工商的利益开展业务，这四方面的代表共同组成澳大利亚羊毛交易所，经营全澳 90% 以上的羊毛业务。

（三）企业集团模式

此种模式因由国内外资本投向农业形成的综合或专业的企业集团而得名。如意大利的全国农业合作社联合会菲亚特集团、皮雷利集团所经营的大型农场和公司以及水果收购、分级、贮存、保鲜、加工和销售的产、供、销一体化综合企业。企业集团向农业生产者提供财政、物资和技术援助，参与农场（养殖户）的经营管理，并根据市场情况对农畜产品的品种、数量、质量、供货时间等提出严格要求，农业生产者必须按合同的约定进行大批量的、均衡的、标准化和高质量的生产，不能满足合同要求的农业生产者将被淘汰。

（四）其他模式

还有很多其他的产业化经营模式，比如韩国的农协和产、学、管、研一体化模式。20 世纪 60 年代以来，韩国农协在发展现代农业中一直起着举足轻重的作用，其主要任务是围绕发展农业和农村社区福利，开展资金存贷、生产要素购买、农产品仓储、运输、加工、营销、保险，以及与农业有关的研究、出版和教育等支持性活动，深受农民欢迎。如泰国的"农业工业化"战略与"政府＋公司＋银行＋养殖户"模式，使农业从单纯的原料供给者上升为制造业的参与者，使产品加工业成为泰国出口业的支柱，使农业和工业的关系进入一个联系密切的新阶段，使国民经济保持了持续快速发展的势头。

二、美欧日韩渔业产业化经营组织模式发展概况

国外在渔业产业化经营中，不管采取哪种模式，都是以农业生产结构转变推进农业产业一体化发展，在一体化结构中加强农业社会化服务，政府也积极采取措施扶持

农业一体化的发展。美国、欧洲、日本等发达国家的渔业现代化之所以能够取得非常好的经济效益，最关键的是他们都培育了一批适应各自国情的农业产业化经营组织。下面主要以发展较为成熟的美国渔业产业化组织模式、日本农业协同组织、韩国农业协会和法国的农村合作经济为例进行介绍与评析。

（一）美国的渔业产业化组织模式

1. 完全一体化的农工商综合体

完全一体化的农工商综合体是指把渔业生产本身同生产资料的生产，以及水产品的加工、流通、销售过程的若干环节，由一个企业统筹安排，组成农工商综合体，综合体实行统一核算，形成完全垂直一体化的综合经营。这种方式主要是由私人工商企业投资渔业，通过购买或者租种土地兴办养殖场，雇用专业的管理人员和工人从事渔业生产经营活动。该模式主要借助于大工商企业雄厚的资金和技术力量，更借助大工商企业先进的内部分工和管理制度，完全按照现代企业的运作方式来开展渔业产业化经营。这种模式一般选择受土地等自然资源条件约束小的养殖业为主来实施产业化经营，其优点是规模化经营决策迅速，节约交易成本，但由于经营投入大、风险巨大，以及政府出于保护农场主和防止垄断等原因而立法阻止其发展，该模式在美国渔业产业化经营中占有不大的份额。

2. "企业＋农场主"组织模式

此模式即私人公司通过与农场主签订合同，在严格明确双方责任、权利和利益分配基础上，确定各种交易活动的时间、地点、内容、数量、质量和价格等事项，从而把农场主与有关企业联系在一起的经营方式，是一种不完全的垂直一体化模式。在这种以合同为纽带进行产业化经营的体系中，工商企业负责向农场主供应农用物资，提供技术服务，保证农产品的加工与销售，而农场主则必须按照合同规定向公司按期提供一定数量和质量的农产品。政府对这种经营形式在税收上给予一定优惠，因而使其成为战后美国私人公司与农场主结合的一种主导形式。对合同制要求高的，主要是那些专业化生产发达，实行集约化经营，产品易腐又不易运输或用于大规模加工的农业部门。

3. 渔业合作社

美国渔业部专门成立渔业合作社发展局，每年对渔业合作社的调查、统计、研究、服务等，政府都要投入大量的精力与财力，并且以立法的形式予以确定。美国国会也鼓励通过合作社的方式来解决渔民所面临的问题。渔业合作社的内部组织机构、董事会成员选举和财务运作等事项都由合作社章程决定，只要章程符合合作社有关法律规定，政府无权干涉。政府机构也会向合作社提供技术性的服务。合作社注重长期规划和发展，历史也较长。美国国会和政府重视用法律规范引导渔业合作社的发展，以法律的形式体现政府对渔业合作社的政策，以保证政府政策的延续性。

4. 美国的"新一代合作社"

20 世纪 70 年代以来，北美地区首先是美国北达科他州和明尼苏达州出现了一种被称为"新一代合作社"的模式。新一代合作社由于在运行机制等方面对传统的合作社进行了创新，大大提高了合作社的活力和竞争力，其主要有以下几个方面的特征：

（1）社员支付较高的首期投资。合作社实行附加值战略前期需要对生产和销售进行大量投资，社员必须事先支付大额股金，一般在 5000 美元到 15000 美元之间，从而促使社员关心自己的合作社和保障可靠的资本基数。股金与单位产品相联系，一个社员必须购买与其交货量相对应的股金。股金资本约占总资本的 40% ～ 50%，其余则从地方银行借入。

（2）社员享有同投资额相当的交货权。依靠投资的多少，社员取得相应的交货权，社员必须按这一数额交纳足够的初级农产品。当市场价格低于合作社收购价格时，合作社仍以议定价收购社员的产品，此时社员明显受益；但当市场价格高于合作社收购价格时，社员仍然要向合作社交够自己的份额，而不能转卖给其他营销商。这就将社员和合作社紧紧联系在一起，损益共担。

（3）交货权权益（包括增值收益和贬值损失）可以转让。股金在得到理事会批准以后可以交易。作为合作社提高产品价格能力的结果，股金价值在若干年内可以上升50% 或更多。这与传统合作社股金不能转让或者只能转让给本社社员明显不同。

（4）整个股本金具有稳定性。股本金具有封闭性，社员数量非常稳定。又由于股份的可交易性，因此，合作社的全部股本金具有永久性。正基于此，它可以获得银行的优惠贷款。

5. 美国的渔业行业协会

政府一般不给予渔业行业协会经济资助，行业协会均以服务会员，维护会员合法权益为宗旨。其业务职能包括：企业自律、提供信息咨询服务和政府事务帮助以及多向协调，包括协调政府与企业之间、企业与消费者之间、行业组织内部各企业之间的三方面关系。这些职能产生了两方面的积极效果：对于所代表的行业而言，起到了协调各方利益，保护行业发展的作用；对于整个社会而言，起到了降低政府管理成本，提高市场配置效率，推动市场有序竞争，维护社会稳定运行的作用。因此，美国的行业协会一般都具有较高的权威性和较强的凝聚力。

（二）欧洲的渔业中介组织

欧洲的渔业中介组织以丹麦和法国为代表。丹麦有形式多样的中介组织，渔业中介组织是其中的一种。丹麦的中介组织在丹麦社会中扮演着十分重要的角色，丹麦的渔协是一个独立于政府部门的民间组织。渔业协会的功能涵盖了技术服务、贷款与税收的安排与落实，金融和投资、法律援助和内部计划组织的实施，渔业企业之间的兼并和协调，基本建设项目的设计和审查，渔产品的加工和销售等方面的服务等。此外，丹麦还设有渔业加工业和出口商协会，该协会是丹麦水产品加工企业和水产品出口商行业协会。丹麦的中介组织既能充分体现行业的利益，也利于政府的决策更有针对性、更符合实际。同样，法国的渔业合作社在欧洲非常著名，与丹麦类似，法国的渔民基本上都加入了相应的渔业合作社和其他专业合作组织。法国的渔业服务既有公共的服务，也有集体和合作社的服务，还有私人工商业组织的渔业服务。政府机构提供公共的渔业服务，包括兴建渔业基础设施、发展渔业科研与教育推广事业、提供渔业信贷、组织与协调全国性的渔业服务活动等。

（三）日本的渔业协同组织

日本渔业的合作制以合作制为主体，健全渔业社会化服务体系应该成为中国渔业服务体系建设的主体和发展方向。通过渔业中介组织，把渔民联合起来走合作化道路，在为渔业生产服务中发挥了很大的作用。生产者只管生产，销售者只管销售，管理者尽心协调。日本渔业中介组织有很好的群众基础，又有参与市场竞争的实力，是渔场与市场，生产与流通，渔民与政府的相互结合与联系的桥梁和纽带，为渔民解决了生产的后顾之忧。

日本渔业协同组织（简称渔协），始建于1901年，是由日本广大的中小渔业生产者和渔民组合起来的经济合作组织，同时也是处于政府与渔民之间起中介作用的承担基层水产管理任务的机构。日本渔协的基本单位是地区渔协，由20个以上的有资格者组成，但必须是同一区的渔民。在此基础上，将同一地区或行政管辖区的若干个渔协再组织起来，形成渔业联合会，以地域命名，最高为"日本全国渔业协同组织联合会"；县以上渔联不享有渔业权，也不能有信用事业，除了和下级渔协联系，并进行信用事业以外的经济事业外，其工作就是协助地区渔协的活动。地区性渔协分为沿岸和内陆水面两种，分别有投资性和非投资性的渔协。日本渔协的主体是沿岸地区的投资性渔协，主要的经济事业有鱼品的销售事业、购买事业（渔用物资等）、渔业信用事业以及自营渔业生产等。经过一个世纪的发展与完善，日本渔协已成为组织化程度很高、体制和功能完备的渔业合作经济体系，形成了覆盖全国的组织网络，成为日本渔业界和社会的一支重要力量。维持这一体系的法律和最权威的保障是《日本水产业协同组合法》（简称"水协法"）。

日本渔业协同组织与政府的关系：首先，协同组织接受日本各级政府的领导。当渔业协同组织提出一个项目时，必须首先通过市政府、县政府和中央的渔业主管机构的审批，随后提交给财政部。一旦得到批准，第二年四月份基金就会发放到中央的渔业主管机构，通过县政府和市政府发放给渔业协同组织。其次，日本政府向渔业协同组织提供间接援助。这些援助包括渔业基础设施建设，为了渔业目的开发沿海地区，开发沿岸渔场，渔港地区的道路建设，改进渔业经营管理，沿海渔业结构改进项目（例如，提供补贴用于渔村社区中心、冷藏设施、加工厂和仓库的建设）和促进养殖业的发展等。

（四）韩国的渔业中介组织

韩国渔业协会发展早、体系健全、服务周全，值得学习和借鉴。韩国渔协是由渔民出资、代表渔民利益的互助合作组织，为渔民提供生产、流通、加工、技术、信用、保险等系列化服务。为了保护渔民的利益，韩国渔业中介组织就一些悬而未决的渔业问题向当地政府、中央政府、当地和国家立法团体提出建议以供参考和立法，使渔业管理和渔业经济的各项政策能合理运转。韩国渔业中介组织开展一些与政府相关的活动来保护渔民的权益，如在政府的各项政策中反映渔民的社会经济需要，督促政府将一些政策合法化，并要求政府修改不合适的政策。韩国渔业中介组织向政府和国会反映渔民的愿望，支持渔业和农村的发展，稳定和增加政府收购粮食的价格。为了解决渔民在各种法律问题中所遇到的困难，韩国渔业中介组织为渔民处理法采用以网络为基础并且易操作的销售系统，将传统渔业的供应及销售部门转变为一个与以前相比更增值的部门。韩国渔业中介组织通过渔业市场的自动反馈系统、成员合作咨询及培训项目等帮助生产者对快速变化的市场做出适当的决定。韩国渔业中介组织在帮助渔民更快地提供销售信息和引进数字化销售工具的同时，还鼓励渔民创造自己的标准化渔产品品牌，以此来建立与消费者之间的信赖关系。

三、国外渔业产业化经营组织模式对中国的启示

发达国家的渔业产业化经营组织经历了几十年甚至上百年的发展历程，形成了较为固定的发展模式，在发达国家长期的市场经济发展中被证明是比较科学合理的，因此对中国的渔业产业化经营组织的发展具有重要的参考价值和借鉴意义。借鉴以上几个市场经济国家的经验，结合中国渔业产业化经营组织的发展现状，得到的启示如下。

（一）选择渔业产业化组织模式要符合中国的基本国情

产业组织模式作为渔业产业化的实现形式和产业配置手段，其运营主要是在微观层次上进行的，每个国家实行什么样的产业化组织模式，应根据各国自然资源和农业生产的特点、生产力发展水平以及农村经济发育程度等，因地制宜地选择适合的组织

模式。除了根据当地农业生产特点和生产力发展水平外，还应根据当地农村市场经济体制的完备程度，在吸取成功经验的基础上不断创造新的发展，中国农民数量多，渔业产业化程度低，各种产业化经营组织在带动养殖户产业化经营方面更加任务艰巨，所以中国政府应该创造政策环境鼓励支持"龙头企业＋养殖户"、"合作社＋养殖户"、"龙头企业＋合作社＋养殖户"和家庭农场等多种组织模式的发展，利用龙头企业、合作社和行业协会等多种中介组织带动养殖户进行产业化经营，为它们创造公平的竞争环境，让它们在市场经济中自由竞争。

（二）政府扶持支持是保证渔业产业化组织模式健康发展的重要条件

发达国家渔业产业化组织模式的健康运行是和政府的引导和支持分不开的。发达国家对渔业产业化经营组织的支持大多体现在通过法律制定、信贷政策、财政政策、大力发展农业教育、提供完备市场信息服务等方面。政府一般不直接干预企业和合作社的日常经营活动，而是通过产业政策和法律法规等经济政策的制定，为企业和合作社创造一个公平竞争的环境，从宏观上协调经济与社会的发展，从微观上克服垄断、外部性、不完全信息等造成的市场失灵。而中国政府对渔业产业化经营的支持手段和方法比较直接，有明显的行政主导参与倾向，对于合作经济组织的发展，政府无论在立法还是在财政税收政策的支持上都没有形成统一有序的各种政策支持，导致中国产业化经营组织发展缓慢。中国政府应该学习发达国家的经验，在尊重企业、养殖户、合作经济组织市场主体地位的基础，为它们的发展提供完善的法律、财政、税收等政策支持。如日本是典型的小渔式生产经营模式，与中国现阶段的渔业经营模式有很多相似的地方，我们虽然不能照抄照搬，却可以借鉴其经验。日本渔业经济组织、行政辅助机构和政府压力团体三位于一体，这种组织形式使渔协在经济和政治上都形成巨大势力，有效地维护了渔民利益，同时也大大地减少了政府的社会管理成本。日本的经验表明，政府强有力的支持对渔协的稳步发展有着重要的作用。就中国而言，政府与企业应高度重视渔业中介组织在渔业经济发展过程中所起到的不可替代的作用。中介组织越规范就越能起到市场调控的目的，市场经济秩序才会有规范基础。政府应通过制定完善的合作法规，指导合作经济组织的发展，在财政、信贷、税收等方面对合作经济组织的发展提供支持和帮助。进一步引导和规范现有的渔民协会，按照政府引导、企业自主、市场化运作的总体要求，强化中介组织在渔业生产中的作用。

（三）优化渔业中介组织的服务质量

发达国家渔业中介组织的一个重要职能就是充当政府与企业间沟通的桥梁和纽带，及时传递双方信息和需求，做好二者间的互动交流，切实保护渔民的利益。而中国的中介组织则没有较好地扮演起这一角色，既未做好将政府的相关政策信息"上情下达"，也未做好将企业的要求希望"下情上达"，无形中反倒成了隔在政府与企业间的组织壁垒。中国要加强渔业中介组织的服务功能，增强他们的法制观念和责任意识，一切为渔民利益着想，设法减轻不利因素对渔民所造成的经济损失，为渔民提供一个良好的运作环境。

（四）明确政府、市场、中介组织的功能边界

行业协会实际上是企业的利益综合体，企业如果违规，将失去市场中的生存空间和竞争地位。目前中国的中介组织在企业自律方面做得还很不到位，尚未形成完善的约束机制，导致了一系列企业违规事件的出现，如低价竞争、相互毁誉等。发达国家渔业中介组织的服务是多角度全方位的。只要是与企业有关且需要协会办理的事情，协会就会有求必应、竭尽全力。各地方有关部门应当在取得经验的基础上，根据当地的实际情况对其加强微观性管理和指导，充分发挥地方政府职责和微观政策的导向作用，对其经营权限、业务范围、内部结构和自治规程等等做出必要的规定，特别是涉及渔业中介组织内部积累的提留方法及比例、盈余分配办法、成员民主参与决策管理和监督办法等关系到整个组织兴衰成败的关键性问题，更应明确规定。渔业中介组织也要注意参照和引入一些现代企业的经营管理方式，将其办成产权清晰、政企分开、权责明确、管理科学的中介组织；同时还要注意加强相关管理人才的培养，从而在更高的层次上进一步发展和壮大渔业中介组织。

（五）提高渔业中介组织人员的整体素质

高素质的工作人员是渔业中介组织高速运转的关键，渔业中介组织工作人员自身素质的高低是影响其服务质量和效率的重要因素，也影响着渔业中介组织在社会公众中的形象和信誉。研究发现，国外中介组织的工作人员数量都比较少，素质很高。目前中国的中介组织普遍缺乏经费、整体素质较低。因此，应从以下几方面不断提高渔业中介组织的整体素质：一是提高从业人员的素质，既要加强现有在职人员的教育，提高他们的思想觉悟和业务素质，增强他们的法制观念和责任意识，又要把握好进入渔业中介组织人员的质量关，充实一批德才兼备的中介人才；二是要依法对渔业中介组织及其从业人员进行相对严格的资格审查和执业登记，并把它作为一项长期、连续的工作。资格的审定应提倡公平竞争并形成一定层次，发给执业许可证和从业资格证书，从而保证中介组织及其从业人员的专业水准和责任能力；三是规范中介机构的内部结构，完善内部的用人机制和工作制度，逐步改革会费制度，强化自我管理。

从以上分析可以看出，培养发展以龙头企业、合作社、行业协会为主导形式的渔

业产业化经营组织是推进渔业产业化经营深入发展的需要。虽然中国渔业产业化经营组织在资金、技术、管理等方面与发达国家相比有很多的问题，但是必须认识到它的存在和发展，有助于完善市场经济秩序和规则，促进其他产业化经营组织的发展，也为养殖户、企业和政府等方面所需要，是未来中国渔业产业化组织发展的重点。

第六节　中国罗非鱼产业组织模式发展趋势与建议

由于区域经济发展的非均衡性以及产业之间发展水平的差异性，因此，要因地制宜，根据不同地域的经济发展水平，选取合适的罗非鱼产业化经营组织模式发展罗非鱼产业。

一、中国罗非鱼产业组织模式发展趋势

重点加强政策的倾斜力度，对科技含量高、出口竞争力强的企业给予在产业发展政策方面的优惠，同时给予龙头企业特别是民营龙头企业，在财税政策、工商注册管理、企业融资等方面的扶持，建立相应的科研基金，鼓励和支持龙头企业自己研发新技术，推动企业自身研发能力和创新力的提高。

加强罗非鱼行业协会和专业合作社的组织化建设，根据《农民专业合作社法》的"民办、民管、民受益"三项基本原则，鼓励和扶持罗非鱼龙头企业、养殖大户与养殖户共同建立专业合作社，支持养殖渔业村或者渔业乡组建大型的罗非鱼专业合作社。引导具有专业技术优势的罗非鱼行业协会，为广大养殖户提供多元化的服务，逐步建立以罗非鱼产品为纽带、多环节相互联系的合作组织网络体系。建立严格的规章制度和惩罚机制，使罗非鱼合作组织和行业协会的发展走上法制化、规范化、正规化的道路。

因此，在中国罗非鱼产业发展的形成期，经济较为发达地区一般以"龙头企业＋养殖户"的经营模式为主；经济较不发达地区则以罗非鱼养殖专业合作社或养殖协会的经营模式为主。随着中国经济发展水平的不断提高，中国罗非鱼产业已步入产业发展的成长期，建议建立"罗非鱼龙头企业＋合作社＋养殖户"的产业化经营组织模式。个体养殖户以养殖水面入股成立合作组织，养殖户脱离生产成为股东享受收益、承担损失。由合作组织寻找农业龙头企业进行合作，维护养殖户的权益。合作组织可以以提供养殖水面的方式与农业企业组建新公司进行生产，也可以以委托的方式由农业企业直接生产。采取产前、产中、产后上下游连通式全产业链模式，建立种苗繁育、饲料供应、标准化养殖、产品加工、包装储运、产品经销等相互配套、综合经营的"一

条龙"产业体系，稳步提高罗非鱼生产标准化与规模化水平。这种产业化经营组织模式可以很好的克服其他组织模式的缺陷，降低龙头企业与养殖户之间的交易费用，增强养殖户在与龙头企业合作过程中的谈判与议价能力，更好地保护广大养殖户的利益，从而提高养殖户参与罗非鱼产业化经营的积极性，三方合力共同促进罗非鱼产业的健康持续发展。

二、罗非鱼产业组织模式发展建议

（一）打造龙头企业与品牌效应

扶持培育大型罗非鱼行业龙头企业，对罗非鱼龙头企业在贷款、贷款贴息、科研立项、技改资金等方面给予各种政策的扶持，使其不断发展壮大，可以推进龙头企业上市融资，形成具有国际竞争力的企业群体。实施龙头加工企业带动战略，扶持、发展、壮大一批具有竞争力的水产加工流通企业，加快中国罗非鱼加工企业的产业化、规模化建设。建立以市场为导向，以产品为龙头，以养殖户为基础、以龙头企业为媒介的产业链模式，把一家一户的小生产纳入社会化大生产轨道，建立产前、产中及产后完善产业链条，实现产销有机衔接，形成利益共同体，共同面对市场。

在培育罗非鱼产业化龙头企业的过程中，要注重引导企业实施水产品品牌战略，全方位树立水产品品牌形象，提高产品市场竞争力。创立自我品牌，促进价值链向"微笑曲线"两边延伸，是解决中国罗非鱼产业结构优化的瓶颈问题的重要途径。优先扶持龙头企业进行品牌建设，进行产品差异化建设，在国际市场中逐渐形成品牌效应的同时达到产业结构优化升级的目的。创建罗非鱼中国品牌和地区精品品牌，不断提高产品规格和质量，应对世贸组织的技术壁垒，扩大市场占有份额。建立规模化、集团化大渔业生产体系。积极鼓励渔业生产单位在不断改善渔业生产技术装备的同时，发挥资金实力雄厚的优势，围绕渔业办工业和跳出渔业办二、三产业，引导有条件的渔业公司在双方自愿的前提下对周边贫困村庄进行兼并，实行优势互补。

实施企业集团发展战略，引导龙头企业建立现代企业制度，推进产业集聚和企业集群发展。主要通过兼并、联合、重组、控股、买断等方式，加快促进资源向优势企业的集聚、集中，形成一批行业主导型、企业主导型和产品主导型的大型罗非鱼企业集团。积极推行"公司＋合作社＋养殖户"、"公司＋基地"等一体化组织形式。发挥公司的龙头带动作用，促进罗非鱼产业化的进一步发展。

（二）加快开展罗非鱼协会工作

渔业行业协会上联渔业行政主管部门，下联广大养殖户和养殖企业，在实施罗非鱼产业宏观调控中起着重要的作用。应尽快建立健全各级罗非鱼行业协会，完善其职能。按照市场经济规律和产业自身发展需要，大力推进民间组织、特别是行业协会建设，为罗非鱼产业健康发展创造良好的条件。如鼓励乡、村、渔民能人、龙头企业、乡村渔技站所以及各类社会团体组织，领办渔业专业合作社或渔业专业服务组织。鼓励、倡导渔民群众自发、自愿加入渔业专业合作组织。未建的应在养殖户和罗非鱼龙头企业自愿互利的基础上尽快建立起来；已建的应充实力量，完善职能。

领头羊的角色可以由行业协会来担任，由行业协会来规范企业行为。政府要加强对罗非鱼产业行业协会的扶持，强化行业协会职能，为协会独立有效运作提供基础。发挥行业协会的凝聚和指挥力度，辅助进行某些出口政策的引导和实施。作为独立于政府部门与罗非鱼加工企业的第三机构，行业协会不仅仅起到桥梁纽带的作用，更有利于促进双方的沟通与具体政策的颁布与实施。争取省、市对协会在经费上进行支持，帮助协会开展好前期工作，落实协会的办公场地和专职工作人员，制订完善工作制度，制定工作计划，掌握罗非鱼产业各环节的概况，使协会真正能够有责任、有能力为该市罗非鱼产业服务。加强信息平台建设，及时发布各类市场信息，在生产技术、产品质量、价格信息、定单生产等方面互相交流、互帮互助，统一对外竞争。充分发挥行业协会的功能，规范企业行为，减少企业之间因不正当竞争造成的损失，减少企业之间的内耗，防止恶性竞争，努力增强罗非鱼产品在国际市场的竞争力。

同时渔业行业协会应从同级渔业行政主管部门中脱离出来，渔业行业协会会长应由具有较强经济实力，较强带动能力又愿意为大家服务的企业负责人担任，其办事机构人员应采取招聘的办法，聘用一批有真才实学有朝气的年轻人，将罗非鱼行业协会办成真正为广大养殖户和罗非鱼企业谋福利的群众团体。制定和完善罗非鱼行业协会开展工作的有关法律法规，明确其责任、权利与义务，规范其工作和行业行为，发挥其组织协调功能，更好地为罗非鱼实施宏观调控服务。充分发挥罗非鱼行业协会的桥梁和纽带作用，围绕水产主体品种产业化的三个环节，协调会员一起进行技术、品种更新，组织经验、信息交流，开展投资、贸易中介，加快市场、产业开拓步伐，推动产业的快速发展和技术进步。充分发挥罗非鱼行业协会的中介功能。渔业行业协会应积极帮助广大养殖户和龙头企业开拓国内外市场，组织出国考察了解世界罗非鱼贸易行情，开展水产贸易谈判，签订产销加工出口合同；举办水产品展销会、推介会，组织渔业经济论坛，开展国际交流，扩大中国水产品在国际上的影响，为中国的水产品寻找更多的出路。还要协助渔业行政主管部门将科研院所的力量组织起来，围绕渔业发展需要解决的关键技术，组织科研攻关，为中国的渔业谋求新的发展，提供新的技术装备。

（三）推广罗非鱼"龙头企业+合作社+养殖户"的产业化组织形式

加快罗非鱼专业合作经济组织建设，是提高罗非鱼主体的市场谈判地位、谋取罗非鱼产品的高价提供有效的组织保证。以罗非鱼产品龙头企业为主体，积极探寻罗非鱼"龙头企业＋合作社＋养殖户"的订单运行机制，充分发挥龙头企业的辐射带动功能，确保罗非鱼经营主体能够分享来自流通环节的经营利润，为罗非鱼产品谋取高价提供有效的运行机制。把生产、加工、营销紧密地联系起来，通过延长产业链来提高养殖户经营的附加价值，通过各种专业合作社等中介组织为养殖户提供产前、产中、产后服务，使养殖户根据价格信息来自觉调节和安排生产经营活动，帮助养殖户避免、抵御自然风险和市场风险，提高养殖户经营的效益，促使养殖户走专业化、规模化、商品化和企业化经营的道路。

综上，坚持"政府引导、企业推动、科技支撑、市场运作"的方式才能有效地促进罗非鱼产业协调成长，因此政府要充分发挥引导、监督、协调等作用，转变政府职能，制定并完善相应政策，才能对产业进行有效调控，保证罗非鱼产业可持续发展。政府要做到规章制度明确，加强政策实施的监管力度，在政策实施过程中要注意各项政策间的协调配合，尤其是产业政策和财政政策的组合，以弹性较大的市场为杠杆，进一步培育产业的内生动力，达到良好的政策执行绩效。政府及相关组织机构可以通过灵活的经济杠杆鼓励引进、吸收、开发与罗非鱼相关的生物技术和信息技术，在适宜地区发展罗非鱼的工厂化育种，同时要积极邀请科研技术人员开展座谈、讲座、交流会、培训班、科普大会等，促进科研院校和企业的沟通和合作，使罗非鱼的优良品种能够及时提供给企业，围绕罗非鱼产业的关键性技术问题，充分调动企业内部资源和引入外部智力因素，制定相应的操作规范，建立合理有效的、便于实施的标准化生产流通体系，对于中国罗非鱼的优质高效、增产增收意义重大，有利于构建合理的区域布局，提升产业整体竞争力。

中国罗非鱼产业发展迅速，面临的环境、趋势以及自身发展问题都比较复杂，相关产业组织模式的选择也处于发展阶段，还在不断完善与创新之中。本章仅仅是在调研、搜集、归纳相关材料基础上加以简单分析，目的是起到抛砖引玉和推动组织模式研究的点滴作用。

参考文献

1. BERGSTRAND J. The Generalized Gravity Equation，Monopolistic Competition, and the Factor-Proportions Theory in International Trade[J]. Review of Economics and Statistics，1989, (71):143−153.

2. Bernard Andrew B, Jonathan Eaton J. Bradford Jensen and Samuel Kortum. Plants and Productivity in International Trade. American Economic Review, 2003, 93:1268−1290.

3. Learner. E. Levinsohn J. International trade theory: The evidence[M]. Grossman and Handbook of International Economics, Amsterdam: North-Holland, 1995.

4. Melitz, M.J. The Impact ofTrade on Intra-industry Reallocations and Aggregate Industry Productivity. Econometrica, 2003, 71(6):695−725.

5. Nesar Ahmed, James A. Young, Madan M. Dey, James F. Muir. From production to consumption: a case study of tilapia marketing systems in Bangladesh[J]. Aquaculture International, 2012, 20(1): 51−70.

6. Poyhonen. P. A Tentative Model for the Flows of Trade Between Countries[J]. Wehwirtschatilliches Archiv, 1963, 90(1):93−100.

7. Tinbergen, J. Shaping the World Economy: Suggestions for an International Economic Policy[M]. New York: The Twentieth Century Fund, 1962.

8. 别必雄 . 农民合作经济组织与农业产业化的深化发展研究 [D]. 武汉：华中师范大学 , 2006.

9. 岑剑伟 , 李来好 , 杨贤庆等 . 美国罗非鱼贸易现状及展望 [J]. 南方水产 , 2006, 2(2):71−75.

10. 曾铮 , 张亚斌 . 人民币实际汇率升值与中国出口商品结构调整 . 世界经济 , 2007,5.

11. 陈蓝荪 . 世界罗非鱼捕捞和养殖的动态特征研究 [J]. 上海水产大学学报 , 2006(4):477−482.

12. 陈蓝荪 . 中国罗非鱼产业可持续发展的政策建议（上）[J]. 科学养鱼 , 2011(11):1−4.

13. 陈蓝荪 . 中国罗非鱼产业可持续发展的政策建议（下）[J]. 科学养鱼 , 2012(1):1−5.

14. 储霞玲 , 曹俊明 , 白雪娜 , 等 . 2011 年广东罗非鱼产业发展现状分析 [J]. 广东农业科学 , 2012(8):12−14.

15. 崔丽莉 , 缪祥军 . 云南省罗非鱼产业发展历程及现状 [J]. 农学学报 , 2014, 4(8):105−109.

16. 单航宇 , 杨弘 . 罗非鱼行业协会发展现状及问题探讨 [J]. 中国渔业经济 , 2010, 28(6): 33−37.

17. 邓炳云 , 王贺等 . 罗非鱼 - 鱼腥草立体生态养殖模式 [J]. 海洋与渔业 , 2014(9):68−69.

18. 邓蓉 , 张存根 . 中国畜产品进出口贸易现状分析 . 商业研究 , 2004, 23.

19. 邓云锋 . 中国渔业中介组织研究 [D]. 青岛：中国海洋大学 , 2007.

20. 董桂才 . 我国农产品出口市场结构及依赖性研究 . 国际贸易问题 , 2008,7.

21. 董明 . 中国苹果出口贸易的影响因素研究 [J]. 中国商贸 , 2014 (31). 121−122.

22. 董银果.SPS 对我国禽肉出口影响的经济学分析 [J]. 对外经济贸易大学学报：国际商务版，2007 (5).

23. 高颖，田维明.基于引力模型的中国大豆贸易影响因素分析 [J]. 农业技术经济，2008 (1). 27-33.

24. 耿献辉，张晓恒，周应恒.中国梨出口影响因素及贸易潜力 [J]. 华南农业大学学报（社会科学版），2013(1):101-104.

25. 郭恩彦，郭忠宝等.罗非鱼与淡水白鲳池塘生态养殖试验 [J]. 中国水产 2011, 3:46-47.

26. 郭芳，王咏红，高瑛.技术壁垒影响我国水产品出口的实证分析 [J]. 中国农村经济，2007 (11): 45-51.

27. 郭晓鸣，廖祖君，付娆.龙头企业带动型、中介组织联动型和合作社一体化三种农业产业化模式的比较——基于制度经济学视角的分析 [J]. 中国农村经济.2007(04):40-47.

28. 韩德光.中国对外贸易中影响进口额的因素分析 [J]. 北方经贸，2001(12). 48-50.

29. 韩立民，陈明宝.渔业：靠什么发展——兼论渔业基本经营制度 [J]. 中共青岛市委党校.青岛行政学院学报.2010(01):12-16.

30. 贺艳辉，张红燕等.我国罗非鱼养殖品种及养殖发展分析 [J]. 水产养殖，2009, 2:12-14.

31. 胡求光，霍学喜.我国水产品出口贸易影响因素与发展潜力——基于引力模型的实证分析 [J]. 农业技术经济，2008(3):100-105.

32. 黄祖辉，王鑫鑫，宋海英.中国农产品出口贸易结构和变化趋势.农业技术经济，2009, 1:11-20.

33. 贾艳.我国农业产业化生产经营模式研究 [D]. 重庆：重庆大学，2009.

34. 简伟业.茂名罗非鱼产业发展对策探讨 [J]. 南方论刊，2008(5):22-24.

35. 江小涓.中国出口增长与结构变化：外商投资企业的贡献.南开经济研究，2002, 2.

36. 蒋高中，孙斐，李群，等.福建罗非鱼苗种业发展现状、问题与对策 [J]. 中国渔业经济，2012(3):117-121.

37. 蒋乃华，辛贤，尹坚.中国畜产品供给、需求与贸易行为研究.中国农业出版社，2003.

38. 蒋永穆，王学林.我国农业产业化经营组织发展的阶段划分及其相关措施 [J]. 西南民族大学学报（人文社科版）.2003(08):44-48.

39. 雷光英，曹俊明，万忠等.2008 年度广东省罗非鱼产业发展现状分析 [J]. 广东农业科学.2009(7):240-243.

40. 李杰，覃伟权，黄丽云.海南省农民专业合作组织发展中存在的问题及对策建议 [A]. 中国热带作物学会 2007 年学术年会论文集 [C]. 2007.

41. 李惊雷.人民币汇率变动对中国农产品的贸易条件效应的实证分析 [J]. 农业技术经济，2009(5).

42. 李琳，权锡鉴.鲜活水产品流通模式演进机理研究 [J]. 中国渔业经济，2011(6):54-59.

43. 李思发，李家乐.养殖新品种简介吉富品系尼罗罗非鱼 [J]. 中国水产，1998, 4:36-36, 27.

44. 李嵩.山东省渔业产业化经营问题与对策研究 [D]. 青岛：中国海洋大学，2009.

45. 李晓红，金兆国，卢凤君等．我国鲜活水产品流通组织模式现状及特征分析 [J]. 安徽农业科学，2011, 39(7):4376-4378.

46. 李长云，刘畅，赵淑华．美、日、欧农业产业化经营组织模式比较 [J]. 商业研究．2009(12):203-204.

47. 李众敏，唐忠．东亚区域合作对中国农产品贸易的影响研究．中国农村观察，2006, 3:10-15.

48. 林毅夫，蔡昉，李周．中国的奇迹：发展战略与经济改革．上海三联书店，1994.

49. 林毅夫，李永军．比较优势、竞争优势与发展中国家的经济发展 [J]. 管理世界，2003, 7:21-28.

50. 刘峰，谢新民，郑艳红等．罗非鱼优良品系 - 吉富罗非鱼的育成始末 .[J] 水产科技情报，2006, 33(1):8-10.

51. 刘拥军．对世界农产品贸易中的比较优势的检验．经济学（季刊），2004，4:553-568.

52. 刘志彪，张杰．全球代工体系下发展中国家俘获型网络的形成、突破与对策．中国工业经济，2007. 5.

53. 刘志彪，张杰．我国本土制造业企业出口决定因素的实证分析．经济研究，2009, 8:99-112.

54. 卢锋．中国国际收支双顺差现象研究：对中国外汇储备突破万亿美元的理论思考．世界经济，2006, 11.

55. 卢锋．比较优势与食物贸易结构 - 我国食物政策调整的第三种选择．经济研究，1997. 2：3-11.

56. 骆建忠．基于营养目标的粮食消费需求研究 [D]. 中国农业科学院，2008.

57. 吕业坚，黄玉玲．广西罗非鱼产业发展战略研究 [J]. 广西农学报，2011(4):46-50.

58. 马强．国内外农业产业化组织模式对比研究 [D]. 太原：山西财经大学，2006.

59. 明俊超，袁新华，袁永明．广西罗非鱼产业链发展的现状、问题和对策 [J] 中国水产，2012, 11:20-23.

60. 潘向东，廖进中，赖明勇．经济制度安排、国际贸易与经济增长影响机理的经验研究．经济研究，2005, 11.

61. 庞成芳．渔业行业协会的理论与实践研究 [D]. 青岛：中国海洋大学，2007.

62. 庞守林，田志宏．中国苹果国际贸易结构比较分析与优化．中国农村经济，2004 ,2:38-43.

63. 钱学锋，熊平．中国出口增长的二元边际及其因素决定．经济研究，2010, 1: 65-79.

64. 钱学锋．企业异质性、贸易成本与中国出口增长的二元边际．管理世界，2008, 9:48-56, 66.

65. 屈小博，霍学喜．我国农产品出口结构与竞争力的实证分析．国际贸易问题，2007, 3.

66. 施炳展．中国出口增长的三元边际．经济学（季刊），2010. 9(4):1312-1329.

67. 史朝兴，顾海英．贸易引力模型研究新进展及其在我国的应用 [J]. 财贸研究，2005(3):27-32.

68. 史朝兴，顾海英．我国蔬菜出口贸易流量和流向—基于行业贸易引力模型的分析．新疆农业大学学报，2005, 33(3):5-8.

69. 宋海英，陈志钢.SPS 措施影响国际农产品贸易的研究述评 [J].农业经济问题，2008 (6).

70. 宋海英.人民币汇率变动影响中国农产品出口贸易的实证研究 [J].农业经济问题，2005(3).

71. 孙东升，周锦秀，杨秀平.我国农产品出口日本遭遇技术性贸易壁垒的影响研究 [J].农业技术经济，2005(5).

72. 孙东升.技术性贸易壁垒与农产品贸易.中国农业科学技术出版社，2006.

73. 孙斐.福建省罗非鱼产业发展研究 [D].南京农业大学，2012.

74. 孙林，谭晶荣，宋海英.区域自由贸易安排对国际农产品出口的影响：基于引力模型的实证分析 [J].中国农村经济，2010 (1).

75. 孙笑丹.国际农产品贸易的动态结构与增长研究.经济科学出版社，2005: 70-71, 108-115.

76. 谭耿瑞.茂名建立新型罗非鱼养殖专业合作社 [J].海洋与渔业.2008(01):17.

77. 唐瞻杨.广西罗非鱼产业化发展现状的研究 [D].广西大学，2011.

78. 田磊.百洋股份—中国罗非鱼产业旗舰 [J].股市动态分析，2012(8):84.

79. 田维明.中日韩农产品贸易现状和前景展望.农业经济问题，2007, 5.

80. 王德强，佟延南，李芳远等.吉富罗非鱼与锯缘青蟹混养经济效益分析 [J] 中国渔业经济，2014(32), 5:51-54.

81. 王慧芝，车斌.我国罗非鱼产业的 SWOT 分析与对策研究 [J].湖南农业科学，2010(1):125-127.

82. 王剑，韩兴勇.渔业产业政策对产业结构的影响——以舟山渔民转产转业为例 [J].中国渔业经济，2007(03):16-18.

83. 卫龙宝，杨金风.TBT 规则及其对我国农产品出口影响的研究综述 [J].农业经济问题，2004(11).

84. 吴福象，刘志彪.中国贸易量增长之谜的微观经济分析：1978—2007.中国社会科学，2009, 1: 70-83.

85. 吴润.论中国农业产业化龙头企业 [J].理论导刊.1999(10):32-33.

86. 冼季夏.南宁市农业产业化经营模式分析 [D].南宁：广西大学，2008.

87. 许明强，唐浩.产业政策研究若干基本问题的反思 [J].社会科学家，2009(2):61-65.

88. 杨弘.罗非鱼产业发展趋势与建议 [J].山东科技报，2010(6):1-2.

89. 杨弘.我国罗非鱼产业现状及产业技术体系建设 [J].中国水产，2010(9):6-10.

90. 杨林，王均环.渔业产业化经营的施行路径：问题与对策——以山东省为例 [J].中国海洋大学学报 (社会科学版).2009(04):32-37.

91. 姚洋，张晔.中国出口品国内技术含量升级的动态研究 - 来自全国及江苏省、广东省的证据.中国社会科学，2008, 2: 67-82.

92. 张帆，潘佐红.本土市场效应及其对中国省间生产和贸易的影响.世界经济研究，2007, 12.

93. 张海森，谢杰.我国 - 非洲农产品贸易的决定因素与潜力——基于引力模型的实证研究 [J].国际贸易问题，2011(3): 45-51.

94. 张玫，霍增辉，易法海.中国水产品出口贸易结构的现状及其优化对策.世界农业，2006，11.

95. 张乃丽，石芳芳.中德机电产品的出口竞争力：基于美国市场的比较分析 [J].山东大学学报（哲学社会科学版），2014 (3):68–77.

96. 张胜利.农民合作经济组织模式比较研究 [D].芜湖：安徽师范大学，2010.

97. 张维迎.恶性竞争的产权基础 [J].经济研究，1999(6):11–20.

98. 张宇慧，汪建辉.中国罗非鱼国际市场竞争力影响因素研究－以海南省为例 [J].世界农业，2012(7):96–100.

99. 赵文.国内支持与次优农产品国际贸易格局研究.南京农业大学博士论文，2009.

100. 赵一夫，田志宏，乔忠.中国农产品对外贸易的产品结构特征分析.农业技术经济，2005，4.

101. 郑杰.广西渔业发展现状与对策研究 [D].南宁：广西大学，2012.

102. 钟甫宁，羊文辉.中国对欧盟主要农产品比较优势变动分析，中国农村经济，2000，2.

103. 周丽.潍坊市蔬菜产业化组织模式研究 [D].泰安：山东农业大学，2011.

104. 朱晶.中国劳动力密集型农产品出口市场结构与定位分析.中国农村经济，2004，9:14–19.

105. 朱希伟，金祥荣，罗德明.国内市场分割与中国的出口贸易扩张.经济研究，2005，12.

106. 朱再清，王红斌.中国肉类出口格局及在世界肉类贸易中的地位.农业经济问题，2008，2.

107. 祝世京.金融支持农业产业化：广东茂名案例 [J].南方论刊，2012(5):12–15.

108. 邹统钎，周三多.从比较优势到竞争优势：国际贸易格局决定因素的大转变.北京第二外国语学院学报，2001，5.